普通高等教育"十三五"规划教材

液压与气动技术

宁辰校　主编

扫描各章标题后二维码
免费下载教学课件PPT

·北京·

本书在较全面地阐述液压与气动技术的基本内容的基础上，力求反映我国液压与气动行业发展的最新情况。在液压与气动的基础知识部分，重点介绍基本理论和基本概念；在液压和气动元件部分，强调对各类元件的组成、类型和基本工作原理的理解及掌握；在基本回路和典型系统的介绍中，则尽可能结合生产实际，突出实用性。本书在编写过程中，追求系统性、基础性、先进性和实用性的统一，贯彻通俗易懂、少而精、理论联系实际的原则，在全书结构上，内容完整、循序渐进。

本书主要作为普通高等院校机械类各专业的通用教材，也可作为高等职业教育、成人教育、技术培训的基础教材，同时可供从事流体传动及控制技术的工程技术人员参考。

图书在版编目（CIP）数据

液压与气动技术/宁辰校主编. —北京：化学工业出版社，2017.10（2023.8重印）
ISBN 978-7-122-30515-2

Ⅰ.①液… Ⅱ.①宁… Ⅲ.①液压传动-高等学校-教材②气压传动-高等学校-教材　Ⅳ.①TH137②TH138

中国版本图书馆 CIP 数据核字（2017）第 209890 号

责任编辑：黄　滢　　　　　　　　　　文字编辑：冯国庆
责任校对：宋　夏　　　　　　　　　　装帧设计：刘丽华

出版发行：化学工业出版社（北京市东城区青年湖南街 13 号　邮政编码 100011）
印　　装：涿州市般润文化传播有限公司
787mm×1092mm　1/16　印张 15　字数 381 千字　2023 年 8 月北京第 1 版第 7 次印刷

购书咨询：010-64518888　　　　　　　售后服务：010-64518899
网　　址：http://www.cip.com.cn
凡购买本书，如有缺损质量问题，本社销售中心负责调换。

定　价：49.00 元　　　　　　　　　　　　　　　　　　　　　版权所有　违者必究

前言

液压与气动技术作为动力传递和控制技术的重要组成部分，是当前自动化生产中典型的先进科学技术之一，广泛应用于机械、化工、冶金、汽车、船舶、军工以及轻工、食品等行业中。在几乎所有自动化控制、程序控制和数控加工中发挥了不可替代的重要作用，液压气动技术的发展程度已经成为衡量一个国家工业水平的重要标志。

液压与气动技术既是机械工程学科机械设计制造及其自动化、机械电子工程、过程装备与控制、车辆工程、材料成型及控制工程等专业的专业基础课程，也是自动化、轻工机械等专业的重要支撑性技术课程。

本书分为液压传动和气压传动两大部分，全书共15章。第1~9章为液压传动，主要内容包括液压传动基础知识、液压元件、液压基本回路、典型液压传动系统等；第10~15章为气动部分，主要内容包括气压传动基础知识、气源装置及气动辅助元件、气动执行元件、气动控制元件和气动基本回路及典型系统等。

本书在编写过程中，追求系统性、基础性、先进性和实用性的统一，贯彻通俗易懂、少而精、理论联系实际的原则，在全书结构上，内容完整、循序渐进。本书在较全面地阐述液压与气动技术的基本内容的基础上，力求反映我国液压与气动行业发展的最新情况。在液压与气动的基础知识部分，重点介绍基本理论和基本概念；在液压和气动元件部分，强调对各类元件的组成、类型和基本工作原理的理解及掌握；在基本回路和典型系统的介绍中，则尽可能结合生产实际，突出实用性。本书的液压气动图形符号、名词术语、物理符号及单位等都统一采用最新国家标准。

本书主要作为普通高等院校机械类各专业的通用教材，也可作为高等职业教育、成人教育、技术培训的基础教材，同时可供从事流体传动及控制技术的工程技术人员参考。

本书由宁辰校主编，编写安排为纪运广（第1、2章）、齐习娟（第3~5章）、宁辰校（第6~9章）、刘永强（第10~15章）。

由于编者水平所限，书中不足之处在所难免，恳请广大读者批评指正。

编者

目录

扫一扫看课件

第1章　液压与气动技术概述 ··· 1
  1.1　液压与气动技术的研究内容 ·· 1
  1.2　液压与气压传动系统的工作原理与组成 ··· 1
    1.2.1　液压与气压传动的工作原理和特征 ·· 1
    1.2.2　液压与气动传动系统的组成 ·· 3
    1.2.3　液压与气动系统原理图和图形符号 ·· 5
  1.3　液压与气动技术的特点 ··· 6
    1.3.1　液压技术的特点 ·· 6
    1.3.2　气动技术的特点 ·· 7
  1.4　液压与气动技术的应用和发展 ·· 8
    1.4.1　液压与气动技术的应用 ·· 8
    1.4.2　液压与气动技术的发展 ·· 8
  思考题与习题 ·· 9

第2章　液压工作介质及其力学基础 ·· 10
  2.1　液压工作介质 ·· 10
    2.1.1　液压工作介质的物理特性 ··· 10
    2.1.2　工作介质的种类和特性 ·· 12
    2.1.3　对工作介质的要求 ··· 13
    2.1.4　工作介质的选用 ··· 14
    2.1.5　工作介质的使用和污染控制 ·· 15
  2.2　液体静力学 ·· 15
    2.2.1　液体静压力及其特性 ··· 15
    2.2.2　静压力的分布 ·· 15
    2.2.3　压力的表示方法、单位和分级 ··· 16
    2.2.4　液体静压力的传递 ··· 17
    2.2.5　液压静压力对固体壁面的作用力 ·· 18
  2.3　液体动力学 ·· 19
    2.3.1　基本概念 ·· 19
    2.3.2　连续性方程 ·· 20
    2.3.3　伯努利方程 ·· 21
    2.3.4　动量方程 ·· 23
  2.4　管道内压力损失的计算 ··· 24

    2.4.1 等径直圆管中的沿程压力损失 …… 24
    2.4.2 局部压力损失 …… 25
    2.4.3 管路系统中的总压力损失 …… 26
  2.5 孔口及缝隙液流特性 …… 26
    2.5.1 孔口压力流量特性 …… 26
    2.5.2 缝隙压力流量特性 …… 27
  2.6 液压冲击及气穴现象 …… 30
    2.6.1 液压冲击现象 …… 30
    2.6.2 气穴现象 …… 31
  思考题与习题 …… 31

第3章 液压能源元件 …… 34
  3.1 液压泵的工作原理与类型 …… 34
    3.1.1 液压泵的工作原理 …… 34
    3.1.2 液压泵的类型及图形符号 …… 35
  3.2 液压泵的主要性能参数 …… 35
    3.2.1 压力 …… 35
    3.2.2 排量和流量 …… 35
    3.2.3 功率和效率 …… 36
  3.3 齿轮泵 …… 37
    3.3.1 外啮合齿轮泵 …… 37
    3.3.2 外啮合齿轮泵的结构特点和应用 …… 39
    3.3.3 内啮合齿轮泵 …… 40
  3.4 叶片泵 …… 41
    3.4.1 单作用叶片泵 …… 41
    3.4.2 限压式变量叶片泵 …… 42
    3.4.3 双作用叶片泵 …… 44
  3.5 柱塞泵 …… 46
    3.5.1 轴向柱塞泵 …… 46
    3.5.2 径向柱塞泵 …… 49
  3.6 各类液压泵的性能比较及选择 …… 50
  思考题与习题 …… 51

第4章 液压执行元件 …… 52
  4.1 液压马达 …… 52
    4.1.1 液压马达的工作原理 …… 52
    4.1.2 液压马达的类型及图形符号 …… 53
    4.1.3 液压马达的主要性能参数 …… 53
  4.2 摆动液压马达 …… 55

4.3 液压缸 ··· 55
　4.3.1 液压缸类型及工作参数 ··· 56
　4.3.2 液压缸的组成 ·· 60
　4.3.3 液压缸的选型与设计要点 ·· 63
思考题与习题 ··· 64

第5章　液压控制元件 ·· 65
5.1 液压阀概述 ·· 65
　5.1.1 液压阀的基本原理及结构 ·· 65
　5.1.2 液压阀的分类 ·· 65
　5.1.3 液压阀的基本性能参数 ··· 66
　5.1.4 对液压阀的基本要求 ··· 66
5.2 方向控制阀 ·· 66
　5.2.1 单向阀 ··· 66
　5.2.2 换向阀 ··· 69
5.3 压力控制阀 ·· 78
　5.3.1 溢流阀 ··· 78
　5.3.2 减压阀 ··· 81
　5.3.3 顺序阀 ··· 83
　5.3.4 压力继电器 ·· 85
5.4 流量控制阀 ·· 85
　5.4.1 普通节流阀 ·· 85
　5.4.2 调速阀 ··· 87
　5.4.3 分流集流阀 ·· 88
5.5 其他液压阀 ·· 89
　5.5.1 插装阀 ··· 89
　5.5.2 叠加阀 ··· 90
　5.5.3 电液控制阀 ·· 91
思考题与习题 ··· 94

第6章　液压辅助元件 ·· 97
6.1 油箱 ··· 97
　6.1.1 油箱的功用和结构 ··· 97
　6.1.2 油箱的设计要点 ·· 98
6.2 过滤器 ··· 98
　6.2.1 过滤器的功用和类型 ··· 98
　6.2.2 过滤器的主要性能指标 ··· 100
　6.2.3 过滤器的选用和安装 ··· 100
6.3 蓄能器 ··· 102

6.3.1 蓄能器的功用和类型 …………………………………………………………… 102
6.3.2 蓄能器的使用和安装 …………………………………………………………… 103
6.3.3 蓄能器的容量计算 ……………………………………………………………… 104
6.4 热交换器 ……………………………………………………………………………… 104
6.4.1 冷却器 …………………………………………………………………………… 104
6.4.2 加热器 …………………………………………………………………………… 105
6.5 管件及压力表辅件 …………………………………………………………………… 105
6.5.1 油管 ……………………………………………………………………………… 105
6.5.2 管接头 …………………………………………………………………………… 106
6.5.3 压力表辅件 ……………………………………………………………………… 107
6.6 密封装置 ……………………………………………………………………………… 108
6.6.1 功用及要求 ……………………………………………………………………… 108
6.6.2 密封装置的类型和特点 ………………………………………………………… 108
思考题与习题 ………………………………………………………………………………… 111

第7章 液压基本回路 ……………………………………………………………………… **112**
7.1 速度控制回路 ………………………………………………………………………… 112
7.1.1 调速回路 ………………………………………………………………………… 112
7.1.2 快速运动回路 …………………………………………………………………… 122
7.1.3 速度换接回路 …………………………………………………………………… 124
7.2 压力控制回路 ………………………………………………………………………… 126
7.2.1 调压回路 ………………………………………………………………………… 127
7.2.2 卸荷回路 ………………………………………………………………………… 128
7.2.3 减压回路 ………………………………………………………………………… 130
7.2.4 增压回路 ………………………………………………………………………… 131
7.2.5 平衡回路 ………………………………………………………………………… 131
7.2.6 保压回路 ………………………………………………………………………… 132
7.3 方向控制回路 ………………………………………………………………………… 133
7.3.1 换向回路 ………………………………………………………………………… 133
7.3.2 制动回路 ………………………………………………………………………… 136
7.3.3 锁紧回路 ………………………………………………………………………… 136
7.4 多缸动作控制回路 …………………………………………………………………… 137
7.4.1 顺序动作回路 …………………………………………………………………… 137
7.4.2 同步回路 ………………………………………………………………………… 139
7.4.3 多缸动作互不干扰回路 ………………………………………………………… 141
思考题与习题 ………………………………………………………………………………… 141

第8章 典型液压系统分析 ………………………………………………………………… **145**
8.1 组合机床动力滑台液压系统 ………………………………………………………… 145

8.1.1　主机功能 ………………………………………………………………………… 145
　　8.1.2　液压系统组成及工作原理 ……………………………………………………… 145
　　8.1.3　系统特点 ………………………………………………………………………… 147
8.2　压力机液压系统 ………………………………………………………………………… 148
　　8.2.1　主机功能及结构类型 …………………………………………………………… 148
　　8.2.2　液压机液压系统工作原理 ……………………………………………………… 148
　　8.2.3　液压系统性能分析 ……………………………………………………………… 150
8.3　汽车起重机液压系统 …………………………………………………………………… 151
　　8.3.1　主机功能 ………………………………………………………………………… 151
　　8.3.2　液压系统工作原理 ……………………………………………………………… 151
　　8.3.3　液压系统的特点 ………………………………………………………………… 153
8.4　塑料注射成型机液压系统 ……………………………………………………………… 153
　　8.4.1　主机功能结构 …………………………………………………………………… 153
　　8.4.2　注塑机液压系统工作原理 ……………………………………………………… 153
　　8.4.3　液压系统特点 …………………………………………………………………… 155
8.5　多轴钻床液压系统 ……………………………………………………………………… 156
　　8.5.1　液压系统工作原理 ……………………………………………………………… 156
　　8.5.2　系统组成及特点 ………………………………………………………………… 157
8.6　机械手液压系统 ………………………………………………………………………… 158
　　8.6.1　概述 ……………………………………………………………………………… 158
　　8.6.2　液压系统工作原理 ……………………………………………………………… 158
　　8.6.3　系统特点 ………………………………………………………………………… 159
思考题与习题 …………………………………………………………………………………… 160

第9章　液压系统的设计与计算　162

9.1　明确设计要求，进行工况分析 ………………………………………………………… 162
　　9.1.1　明确设计要求及工作环境 ……………………………………………………… 162
　　9.1.2　工况分析 ………………………………………………………………………… 162
9.2　液压元件的计算和选择 ………………………………………………………………… 165
　　9.2.1　执行元件的结构类型及参数确定 ……………………………………………… 165
　　9.2.2　选择液压泵 ……………………………………………………………………… 166
　　9.2.3　选择阀类元件 …………………………………………………………………… 167
　　9.2.4　选择液压辅助元件 ……………………………………………………………… 167
9.3　液压系统原理图的拟定 ………………………………………………………………… 167
9.4　液压系统技术性能验算 ………………………………………………………………… 168
9.5　绘制工作图和编制技术文件 …………………………………………………………… 169
9.6　液压系统设计举例 ……………………………………………………………………… 169
　　9.6.1　液压系统方案设计 ……………………………………………………………… 169
　　9.6.2　选择液压元件 …………………………………………………………………… 170
思考题与习题 …………………………………………………………………………………… 173

第 10 章　气压传动基础知识 174
10.1　空气的物理性质 174
10.1.1　空气的组成 174
10.1.2　空气的密度与比容 175
10.1.3　空气的黏度 175
10.1.4　湿度 176
10.2　空气的状态方程 176
10.2.1　理想气体状态方程 176
10.2.2　实际气体状态方程 176
10.2.3　空气的状态变化 177
10.3　气体流动的基本方程 178
10.3.1　连续性方程 178
10.3.2　伯努利方程 178
10.4　容器的充气和排气计算 178
10.4.1　充气温度和时间的计算 178
10.4.2　放气温度和时间的计算 179
思考题与习题 180

第 11 章　气源装置及辅助元件 181
11.1　气源装置 181
11.1.1　空气压缩机 181
11.1.2　后冷却器 182
11.1.3　储气罐 183
11.2　气源处理元件 184
11.2.1　概述 184
11.2.2　过滤器 185
11.2.3　干燥器 187
11.2.4　油雾器 188
11.2.5　空气组合元件 188
11.2.6　分水排水器 189
11.3　真空元件 189
11.3.1　真空发生器 190
11.3.2　真空吸盘 190
11.4　其他辅助元件 191
11.4.1　消声器 191
11.4.2　缓冲器 191
11.4.3　气液转换器 192
思考题与习题 192

第12章 气动执行元件 ··· 194
12.1 气缸 ··· 194
12.1.1 标准气缸 ··· 194
12.1.2 其他类型的气缸 ··· 196
12.2 摆动马达 ·· 198
12.2.1 摆动马达概述 ·· 198
12.2.2 叶片式摆动马达 ··· 198
12.2.3 齿轮齿条式摆动马达 ··· 199
12.3 气动手指气缸 ·· 199
12.3.1 气动手指气缸概述 ·· 199
12.3.2 平行手指气缸 ·· 199
12.3.3 3点手指气缸 ·· 200
12.3.4 摆动手指气缸 ·· 200
12.3.5 旋转手指气缸 ·· 200
12.4 气马达 ··· 200
12.4.1 气马达概述 ··· 200
12.4.2 叶片式气马达 ·· 201
12.4.3 活塞式气马达 ·· 201
12.4.4 齿轮式气马达 ·· 202
思考题与习题 ··· 202

第13章 气动控制元件 ··· 203
13.1 方向控制阀 ··· 203
13.1.1 单向型方向控制阀 ·· 203
13.1.2 换向型方向控制阀 ·· 204
13.2 压力控制阀 ··· 208
13.2.1 减压阀 ··· 208
13.2.2 安全阀和溢流阀 ··· 209
13.2.3 顺序阀 ··· 209
13.2.4 增压阀 ··· 210
13.3 流量控制阀 ··· 210
13.3.1 流量控制原理 ·· 210
13.3.2 节流阀 ··· 211
思考题与习题 ··· 212

第14章 气动基本回路 ··· 213
14.1 换向回路 ·· 213
14.2 调速回路 ·· 214
14.3 差动快速回路和速度换接回路 ··· 214

14.4 压力控制回路 ··· 215
14.5 "与"逻辑的双手操作回路 ·· 216
14.6 互锁回路 ··· 217
14.7 过载保护回路 ·· 217
14.8 往复回路 ··· 217
14.9 延时顺序动作控制回路 ··· 218
14.10 同步控制回路 ··· 219
14.11 计数回路 ··· 219
思考题与习题 ·· 220

第 15 章 典型气动系统 ·· 221
15.1 气动机械手 ··· 221
15.2 工件夹紧气动控制装置 ··· 222
15.3 气液动力滑台 ·· 223

习题参考答案 ·· 225

参考文献 ··· 227

第1章

液压与气动技术概述

1.1 液压与气动技术的研究内容

一部完整的机器一般由原动机、传动装置、控制系统和工作机构等构成,其中传动装置的作用是把原动机(电动机、内燃机等)输出的能量和动力经过各种形式的转换后传送给工作机构,实现机器对外做功。根据传动件(或工作介质)的类型,可把传动分为机械传动、电气传动、液压传动、气压传动以及它们的组合——复合传动等形式。

机械传动是通过机械构件如杠杆、凸轮、齿轮、轴、皮带、链条等把能量和动力传送给工作机构的传动方式;电气传动是利用电力设备,通过调节电参数来传递或控制能量和动力的传动方式;液压传动与气压传动(简称液压与气动)则是以有压液体或气体为工作介质,通过动力元件(泵或空气压缩机)把原动机输出的机械能转换为液体或气体的压力能,然后借助管道和控制元件(各种控制阀)把有压液体或气体输送到执行元件(缸或马达),从而把压力能转换为机械能,驱动负载,实现直线或回转运动。

液压与气动技术的研究内容包括:液压与气动工作介质的基本物理性质及其力学特性,各种元件的基本结构、工作原理和性能,各种基本回路的构成和性能,以及液压气动系统的分析和设计等。严格来说,液压与气动技术也包括液压与气动控制技术,本书主要讲述液压与气压传动(或统称流体传动)技术。

1.2 液压与气压传动系统的工作原理与组成

1.2.1 液压与气压传动的工作原理和特征

液压与气压传动的工作原理是相似的。液压传动的工作原理,可以用一个液压千斤顶的例子来说明。

图1-1中,大液压缸9为举升液压缸,其活塞8可竖直运动。杠杆手柄1、小液压缸2及其小活塞3、单向阀4和7组成手动液压泵。如提起手柄使小活塞3向上移动,则小活塞3下腔b容积增大,形成局部真空,这时单向阀4打开,通过吸油管5从油箱12中吸油;用力压下手柄,小活塞3下移,小液压缸2下腔b压力升高,单向阀4关闭,单向阀7打开,下腔的油液经管道6输入举升缸9的下腔a,迫使大活塞8向上移动,顶起重物。再次

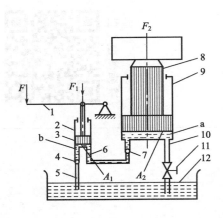

图 1-1 液压千斤顶工作原理图
1—杠杆手柄；2—小液压缸；3—小活塞；4,7—单向阀；5—吸油管；6,10—管道；8—大活塞；9—大液压缸；11—截止阀；12—油箱

提起杠杆手柄 1 吸油时，单向阀 7 自动关闭，使油液不能倒流，从而保证了重物不会自行下落。不断地往复扳动手动液压泵杠杆手柄 1，就能不断地把油液压入举升缸 9 下腔 a，使重物逐渐地升起。如果打开截止阀 11，举升缸 9 下腔 a 的油液通过管道 10、截止阀 11 流回油箱，重物就向下移动。

通过对上面液压千斤顶工作过程的分析，可以初步了解到液压传动的基本工作原理和工作特征。液压传动利用有压力的油液作为传递能量和动力的工作介质。压下杠杆时，小液压缸 2 输出压力油，把机械能转换成油液的压力能，压力油经过管道 6 及单向阀 7，推动大活塞 8 举起重物（重力 F_2），又将油液的压力能转换成机械能。由此可见，液压传动是一个不同能量的转换过程，其工作特征如下。

① 力的传递是由液体的压力实现的，系统工作压力取决于负载。

以 F_2 表示作用在大活塞 8 上的作用力，A_2 表示大活塞 8 的截面积，p_2 表示力 F_2 在 b 腔中产生的液体压力；以 F_1 表示作用在小活塞 3 上的作用力，A_1 表示小活塞 3 的截面积，p_1 表示力 F_1 在 a 腔中产生的液体压力（液压泵的排油压力），则大活塞 8 与小活塞 3 的静力平衡方程分别为

$$\left.\begin{array}{c}F_2=p_2A_2\\F_1=p_1A_1\end{array}\right\} \tag{1-1}$$

如果不考虑管路的压力损失，则液压泵的排油压力（a 腔中的液体压力）p_1 和 b 腔中的液体压力相等，即

$$p_2=p_1=p \tag{1-2}$$

在液压缸活塞受力平衡的状态下，活塞静止或匀速运动，此时系统可以克服的负载为

$$F_2=p_2A_2=p_1A_1=pA_2 \tag{1-3}$$

即在系统结构参数（此处为活塞面积 A_1 和 A_2）不变的情况下，系统的工作压力 p 取决于负载，而与流入的液体体积大小无关。这是液压与气动的第一个工作特征。

② 运动速度的传递靠容积变化相等原则实现，不取决于负载。

如果不考虑液体的压缩性和泄漏损失等因素，则液压泵排出的液体体积等于进入举升液压缸的液体体积，即容积变化相等，可表示为

$$A_1x_1=A_2x_2 \tag{1-4}$$

式中，x_1 和 x_2 分别为液压泵活塞和举升液压缸活塞的位移。

式(1-4)两边分别除以运动时间 t，可以得到

$$A_1\frac{x_1}{t}=A_2\frac{x_2}{t} \tag{1-5}$$

$$A_1v_1=A_2v_2 \tag{1-6}$$

$$A_1\frac{x_1}{t}=A_2\frac{x_2}{t} \tag{1-7}$$

式中，v_1 和 v_2 分别为液压泵活塞和举升液压缸活塞的平均运动速度，可以看出，活塞的运动速度与活塞的作用面积成反比。

$A\dfrac{x}{t}$ 为单位时间内液体流过截面积 A 的液体体积,称为流量 q,即

$$q = Av \tag{1-8}$$

如果知道进入液压缸的流量 q,则活塞的运动速度为

$$v = \dfrac{q}{A} \tag{1-9}$$

由上可得到液压与气动的第二个工作特征:在系统结构参数一定的情况下,运动速度的传递是靠工作容积变化相等的原则实现的。活塞的运动速度取决于输入流量的大小,与外负载无关。调节进入液压缸(气缸)的流体流量 q,可以调节活塞的运动速度 v。

③ 系统的动力传递遵守能量守恒定律,压力与流量的乘积等于功率。

如果忽略任何损失,则系统的输出功率 P_2 等于输入功率 P_1,有

$$P_1 = F_1 v_1 = P_2 = F_2 v_2 \tag{1-10}$$

由式(1-1)和式(1-9),可以得到

$$P = P_1 = F_1 v_1 = pA_1\dfrac{q_1}{A_1} = P_2 = F_2 v_2 = pA_2\dfrac{q_2}{A_2} = pq \tag{1-11}$$

从式(1-11)可以得到液压与气动的第三个工作特征:液压和气动以流体的压力能传递动力,并且遵循能量守恒定律,压力与流量的乘积等于功率。

由上可以看出:

① 液压与气压传动中的工作介质(压力油或压缩气体)是在受调节和控制下工作的,流体可以传递动力、速度和能量,即起"传动"作用,也可以传递控制信号来改变操纵对象的工作状态,即起到"控制"作用,两者很难分开;

② 与外负载相对应的流体参数为压力,与运动速度对应的流体参数为流量,压力和流量是流体传动中两个最基本的参数;

③ 如果忽略各种损失,则流体可传递的力与速度无关,所以流体传动可实现与负载无关的任何运动规律,也可借助各种控制机构实现与负载相关的各种运动规律;

④ 流体传动遵循能量守恒定律,因而可以省力(如液压千斤顶),但不能省功。

1.2.2 液压与气动传动系统的组成

液压千斤顶是一种简单的液压传动装置。下面通过机床工作台液压传动系统来说明液压传动系统的组成。如图1-2所示,它由油箱19、过滤器18、液压泵17、溢流阀13、换向阀5和10、节流阀7、液压缸2以及连接这些元件的输油管道、接头组成。其工作原理如下:液压泵17由电动机驱动后,从油箱19经过滤器18吸取液压油。油液从泵出口进入管路,在图1-2(a)所示状态下,通过换向阀10、节流阀7和换向阀5进入液压缸2左腔,推动活塞3使工作台1向右移动。这时,液压缸右腔的油经换向阀5和回油管6排回油箱。

如果将换向阀5的换向手柄4转换成图1-2(b)所示状态,则压力管中的油将经过换向阀10、节流阀7和换向阀5进入液压缸2右腔,推动活塞3使工作台1向左移动,并使液压缸2左腔的油经换向阀5和回油管6排回油箱。当扳动换向阀10的换向手柄9,使其阀芯处于左端工作位置时,则油液流经换向阀10和回油管8直接排回油箱19,不再向液压缸供油,此时可扳动换向手柄4,使换向阀5的阀芯处于中间工作位置,则工作台1停止运动。

工作台1的移动速度是通过节流阀7来调节的。当节流阀开大时,进入液压缸的油量增多,工作台的移动速度增大;当节流阀关小时,进入液压缸的油量减小,工作台的移动速度减小。为了克服移动工作台时所受到的各种阻力,液压缸必须产生一个足够大的推力,这个

推力是由液压缸中的油液压力所产生的。要克服的阻力越大，缸中的油液压力越高；反之压力就越低。这种现象正说明了液压传动的一个基本原理——液压缸的工作压力取决于负载。

液压泵17的最大工作压力由溢流阀13调定，当油液对溢流阀13中钢球阀芯14的作用力略大于弹簧15对钢球阀芯14的作用力时，阀芯移动，使阀口打开，油液经溢流阀流回油箱19，泵出口的压力不再升高。溢流阀的调定值由弹簧调定，应为液压缸的最大工作压力和油液流经各元件（阀和管路等）的压力损失之和，因此液压缸的工作压力不会超过溢流阀的调定压力值，另外，溢流阀还可对系统起到超载保护作用。

如果把图1-2中的液压缸2竖直安装使活塞升降运动，则可用于起重设备（活塞杆向上）或冲压、铸压设备（活塞杆向下）。如果把液压缸换为液压马达，则可输出回转运动。

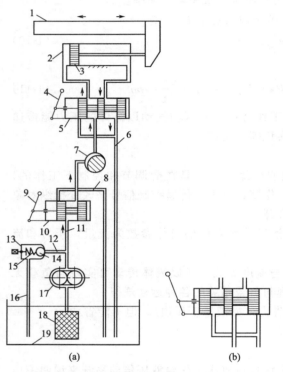

图1-2 机床工作台液压系统工作原理图
1—工作台；2—液压缸；3—活塞；4,9—换向手柄；
5,10—换向阀；6,8,11,12,16—管路；7—节流阀；
13—溢流阀；14—钢球阀芯；15—弹簧；17—液
压泵；18—过滤器；19—油箱

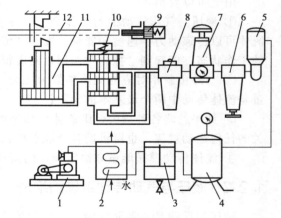

图1-3 剪切机气动系统
1—空气压缩机；2—冷却器；3—分水排水器；
4—储气罐；5—空气干燥器；6—空气过滤器；
7—减压阀；8—油雾器；9—机动阀；
10—气控换向阀；11—气缸；12—工料

如图1-3所示为用于切断金属线材、棒材的剪切机气动系统。工料12由上料装置（图中未画出）送入剪切机并到达规定位置时，机动阀9的顶杆受压而使阀内通路打开，气控换向阀10的控制腔便与大气相通，阀芯受弹簧力作用而下移。由空气压缩机1产生并经过初次净化处理后储存在储气罐4中的压缩空气，经空气干燥器5、空气过滤器6、减压阀7和油雾器8及气控换向阀10，进入气缸11的下腔；气缸上腔的压缩空气通过气控换向阀10排入大气。此时，气缸活塞向上运动，带动剪刀将工料切断。

工料剪下后，即与机动阀脱开，机动阀9复位，所在的排气通道被封死，气控换向阀10的控制腔气压升高，迫使阀芯上移，气路换向，气缸活塞带动剪刀复位，准备下一次工作循环。由此可以看出，剪切机构克服阻力切断工料的机械能是由压缩空气的压力能转换后得到的。同时，由于换向阀的控制作用使压缩空气的通路不断改变，气缸活塞带动剪切机机构频繁地实现剪切与复位的交替动作。

从以上液压系统和气动系统的例子可以看出，一个完整的、能够正常工作的液压与气动系统，除了传递能量的流体工作介质（液压油液或空气）外，一般还由四个主要部分组成。

（1）能源装置

将原动机（电动机或内燃机）输出的机械能转换为流体的压力能，供给系统具有一定压力的油液或空气。液压（气动）系统的能源装置是各种类型的液压泵（空气压缩机）。

（2）执行装置

把流体（油液或空气）的压力能转换成机械能，以驱动工作机械的负载做功。形式有做直线运动的液压缸（气缸），做回转运动的液压马达（气马达），以及做摆动的摆动液压马达（摆动气缸）。

（3）控制调节装置

对系统中的流体压力、流量或流动方向进行控制或调节，从而控制执行元件输出的力（转矩）、速度（转速）和方向，以满足工作机构的动作规律要求，如各种压力、流量、方向控制阀、逻辑控制元件及其他控制元件。

（4）辅助装置

上述三部分之外的其他装置，例如液压系统油箱、过滤器、管件、热交换器、蓄能器、指示仪表，气动系统的过滤器、管件、油雾器、消声器等。它们对保证系统正常工作是必不可少的。

1.2.3 液压与气动系统原理图和图形符号

如图 1-2 和图 1-3 所示的液压与气动系统是一种半结构式的工作原理图，直观性强、容易理解。当液压系统发生故障时，根据原理图检查十分方便，但图形比较复杂，绘制麻烦。因此，工程上普遍采用的是由元件的标准图形符号绘制的液压与气动原理图。图形符号只表示液压、气动元件的职能、连接系统的通路，不表示元件的具体结构和参数，也不表示元件在机器中的实际安装位置，简单明了、绘制方便、图面简明清晰，并且便于利用计算机图形库软件，可大大提高液压、气动系统原理图的设计、绘制效率和质量。

我国制定有液压、气动图形符号标准，规定了液压、气动元件标准图形符号和绘制方法。目前执行的标准是《液压气动图形符号》（GB/T 786.1—2009）。如图 1-4 所示为按标准 GB/T 786.1—2009 绘制的图 1-2 中机床工作台液压系统原理图。如图 1-5 所示为用图形符号绘制的剪切机气动系统原理图。

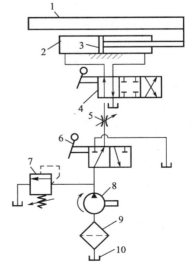

图 1-4　用图形符号绘制的机床
工作台液压系统原理图

1—工作台；2—液压；3—油塞；4，6—换向阀；5—节流阀；7—溢流阀；8—液压泵；9—滤油器；10—油箱

采用图形符号绘制液压原理图时，要注意以下几点：

① 符号均以元件的静态位置或零位（如电磁换向阀电时的工作位置，注意图 1-4 中换向阀 4 未以静态位置表示）表示，当组成系统其运动另有说明时，可以例外；

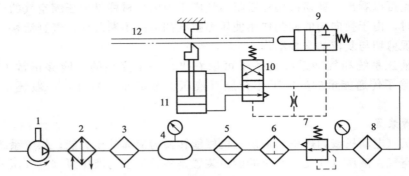

图 1-5 用图形符号绘制的剪切机气动系统原理图
1—空气压缩机；2—冷却器；3—分水排水器；4—储气罐；5—空气干燥器；6—空气过滤器；7—减压阀；8—油雾器；9—机动阀；10—换向阀；11—气缸；12—工料

② 元件符号的方向可按具体情况水平、竖直或反转 180°绘制，但液压油箱和仪表等必须水平绘制且开口向上；

③ 元件的名称、型号和参数（如压力、流量、功率、管径等），一般在系统原理图的元件明细表中标明，必要时可标注在元件符号旁边；

④ 元件符号的大小在保持符号本身比例的情况下，可根据图纸幅面适当增大或缩小绘制，以清晰美观为原则。

1.3 液压与气动技术的特点

1.3.1 液压技术的特点

(1) 液压技术的优点

① 布置灵活方便。借助油管的连接可以方便灵活地布置各液压元件，特别对于长距离传动，液压传动具有机械传动难以比拟的优势。由于液压缸的推力很大，并且极易布置，在挖掘机等重型工程机械上，液压传动已基本取代了老式的机械传动，不仅操作方便，而且外形美观。

② 单位功率的重量轻、结构紧凑、出力大。液压泵和液压马达单位功率的重量只是发电机和电动机的 1/10，相同功率液压马达的体积为电动机的 12%～13%。液压泵和液压马达可小至 0.0025N/W，发电机和电动机则约为 0.03N/W。利用液压泵可以得到极高压力的液压油，在执行元件中可推动很大的负载。因而液压系统具有重量轻、结构紧凑和出力大的特点，可容易实现传动系统的小型化和传递大功率，广泛用于各种运载工具中。

③ 可在大范围内实现无级调速。借助阀或变量泵、变量马达，可以实现无级调速，调速范围可达 1：2000，并可在液压装置运行的过程中进行调速。

④ 传递运动均匀平稳，负载变化时速度较稳定，快速性好。油液具有可压缩性，可吸收冲击，易于实现快速启动、制动和频繁换向，故液压系统传动均匀平稳。正因为此特点，金属切削机床中的磨床传动现在几乎都采用液压传动。

⑤ 易于实现过载保护。通过安装溢流阀等可以实现系统的过载保护；同时液压件能自行润滑，可以延长使用寿命。

⑥ 易于实现自动化。借助于各种控制阀，特别是采用液压控制和电气控制结合使用，组成机-电-液一体化系统，可很容易地实现复杂的自动工作循环，而且可以实现遥控。

⑦ 系统设计、制造和使用维护方便。液压元件已实现了标准化、系列化和通用化，便于设计、制造和推广使用。

(2) 液压技术的缺点

① 不能保证严格的传动比。由于油液的可压缩性和泄漏等因素，液压传动不能保证严格的传动比。

② 工作稳定性易受温度影响。液压传动对油温的变化比较敏感，温度变化时，液体黏性发生变化，引起运动特性的变化，使得工作的稳定性受到影响，所以它不宜在温度变化很大的环境条件下工作。

③ 制造工艺复杂，造价较高。为了减少泄漏，以及为了满足某些性能上的要求，液压元件制造精度要求较高，加工工艺较复杂，因而造价较高。

④ 液压传动要求有单独的能源，不像电源那样使用方便。

⑤ 故障排查困难。液压系统易因油液污染等发生故障，且不易查找和排除。

1.3.2 气动技术的特点

(1) 气动技术的优点

① 气动动作迅速、反应快 (0.02s)，调节控制方便，维护简单，不存在介质变质、补充等问题。

② 便于集中供气和远距离输送控制；因空气黏度小（约为液压的万分之一），在管内流动阻力小，压力损失小。

③ 气动系统对工作环境适应性好，特别在易燃、易爆、多尘埃、强磁、辐射、振动等恶劣工作环境工作时，安全可靠性优于液压、电子和电气系统。

④ 由于空气具有可压缩性，能够实现过载保护，也便于储气罐储存能量，以备急需。

⑤ 以空气为工作介质，易于取得，节省了购买、储存、运输介质的费用和麻烦，用后的空气直接排入大气，处理方便，也不污染环境。

⑥ 气动元件结构简单，成本低，寿命长，易于标准化、系列化和通用化。

⑦ 因排气时气体膨胀，温度降低，可以自动降温。

⑧ 与液压传动一样，操作控制方便，易于实现自动控制。

(2) 气动技术的缺点

① 运动平稳性较差，因空气可压缩性较大，其工作速度受外负载影响大。

② 工作压力较低 (0.3~1MPa)，不易获得较大的输出力或转矩。

③ 空气净化处理较复杂，气源中的杂质及水蒸气必须净化处理。

④ 因空气黏度小，润滑性差，因此需设润滑装置。

⑤ 有较大的排气噪声。

气压传动区别于液压传动的特点主要为：气动系统的工作介质来自大气，工作完毕，气体一般排向大气而不回收；工作压力（一般≤1MPa）较液压系统低（一般为几兆帕甚至几十兆帕）；空气的压缩性远大于液压油的压缩性，故气动系统的工作速度平衡性、动作响应能力较液压系统差。

1.4 液压与气动技术的应用和发展

1.4.1 液压与气动技术的应用

液压与气动技术独特的优点使其在机械制造、交通运输、能源冶金、工程机械、军事装备等行业得到广泛应用,已经成为现代机械工程和控制技术的重要组成部分。液压与气动技术的一些应用实例见表1-1。

1.4.2 液压与气动技术的发展

液压与气压传动相对机械和电气传动来说,是一门新兴的技术。虽然自18世纪末英国制成世界上第一台水压机算起,液压传动技术已有200多年的历史,但直到20世纪30年代它才较普遍地用于起重机、机床及工程机械。第二次世界大战期间,由于战争需要,出现了由响应迅速、精度高的液压控制机构所装备的各种军事武器,液压技术得到了迅速发展。第二次世界大战后液压技术迅速转向民用工业,不断应用于机械制造、起重运输和各类施工机械、船舶、航空等领域。20世纪60年代以来,随着原子能、航空航天、微电子和计算机技术的发展,液压技术也得到了极大进展并不断拓展应用领域。

表1-1 液压与气动技术的一些应用实例

应用行业	液压技术应用实例	气动技术应用实例
机械制造	金属切削机床、数控加工中心、机器人、机械手、液压机、焊接机等	造型机、压力机、组合机床、动力头、真空吸附工作台、机器人、机械手、输送设备等
交通运输与汽车工业	铺轨机、架桥机、自卸式汽车、平板车、高空作业车、汽车中的转向器、减振器、液压工具等	公共交通车门启闭、铁路机车制动、入口门控制、气动工具等
矿山、能源与冶金机械	凿岩机、开掘机、开采机、破碎机、提升机、煤矿液压支架及钻机、石油钻机、高电炉炉顶及电极升降机、轧钢机、板坯连铸机、压力机等	矿石开采辅助设备、核电站燃料和吸收器进给装置、轧钢机、捆绑机、卷线机、打标机、切断机等
建筑、工程机械及农林牧机械	打桩机、液压千斤顶、平地机、汽车吊、港口龙门吊、叉车、装卸机械、皮带运输机、挖掘机、装载机、推土机、压路机、铲运机、联合收割机、拖拉机、农具悬挂系统等	砖块、毛坯石和瓷砖成形机、吹型机、喷塑装置、挖掘机、推土机、收割机、采摘机、水果和蔬菜分选设备、包装机械等
轻工、纺织及化工机械	打包机、注塑机、折弯机、弯管机、校直机、橡胶硫化机、造纸机/纺丝机、印花机、吹塑机等	伐木机械、家具制造机械、冲压机、切断机、压边机、上料机、制鞋机、印刷机、造纸机、装配生产线等
航空航天、河海工程和武器装备	大型客机、飞机场地面设备、卫星发射设备、舰船设备、河流穿越设备、大型导弹舵机、水下机器人、地空导弹发射装置、地面武器可移动平台、炮塔俯仰装置等	飞机供油车气动联锁装置、飞行器推力喷嘴角度控制系统、小型导弹舵机、布雷系统、鱼雷发射管系统等

近代气动技术可以追溯到时1776年英国人John Wilkimson发明的能产生约1atm(101325Pa)的空气压缩机。1880年,用气缸做成的气动刹车装置成功应用于火车制动系统。20世纪30年代初,气动技术成功地应用于自动门的开闭及各种机械的辅助动作。进入到20世纪70年代,随着工业机械化和自动化技术的发展要求,气动元件技术取得很大进展,并且广泛应用于机械、电子、汽车、能源、冶金、轻工、食品、军事等各个领域,形成现代气动技术。

我国的液压与气动技术起步较晚，新中国成立后才得到较快发展。1952年试制出我国第一台液压齿轮泵，1959年建立国内首家专业液压元件厂，1967年开始设计与试制气动元件。经过半个多世纪的独立研制、引入技术、合资生产和仿制消化，已形成了一个门类比较齐全，有一定生产、研发能力和技术水平的工业体系，可以提供较为齐全的液压气动元件产品，并能基本满足各类设备的需要。目前我国液压气动行业几百家元件生产厂家和百余所相关研究院所，几十余所高校设有流体传动与控制专业和研究室、所；出版有《液压与气动》《机床与液压》和《液压气动与密封》等专业期刊；颁布了167项专业标准（截止到2014年12月31日）；建立有各级学术团体；每年举行多次学术会议和专业展览会。总之，目前我国的液压气动工业发展迅速，一些成果已具有世界领先水平；但技术水平与生产能力与先进国家相比尚有一定差距，主要表现在产品品种还不齐全、可靠性差、自主开发能力弱；在一些新的应用领域，如航空航天、水下和海洋工程、微型机械装置等一些特殊元件，研究还需加强。

当前，液压与气动技术已经发展成为包括传动、控制和检测在内的一门完整的自动化技术，液压与气动技术的应用程度已成为衡量一个国家工业发展水平的重要标志。液压与气动技术正向智能化、节能化、高压化、集成化、复合化、小型化、绿色化、大功率、长寿命、高可靠性的方向发展。同时，新型液压气动元件和系统的计算机辅助设计（CAD）、计算机辅助测试（CAT）、计算机直接控制（CDC）、机电一体化技术、可靠性技术等方面也是当前液压与气动技术发展和研究的方向。

思考题与习题

1-1 什么是液压与气压传动？各有什么主要优点？
1-2 液压系统与气动系统通常由哪几部分组成？各部分的功能是什么？
1-3 气压传动与液压传动有什么不同特点？
1-4 叙述液压传动与气压传动的工作特征。
1-5 试列举几例实际观察到的利用液压或气动系统的机器设备。

第 2 章
液压工作介质及其力学基础

2.1 液压工作介质

液压介质(液压油或合成液体等)的主要功能是传递能量和信号,而且还对液压装置的机构、零件起润滑、冷却和防锈作用。液压介质的质量优劣直接影响液压系统的工作可靠性、准确性和灵活性,因此,合理地选用液压油是很重要的。

2.1.1 液压工作介质的物理特性

(1) 密度

单位体积内包含的液体质量称为密度,用 ρ 表示。

$$\rho = \frac{m}{V} \tag{2-1}$$

式中,m 和 V 分别为液体的质量及体积。

液体的密度会受温度和压力变化的影响,当温度升高时液体密度略有减小,压力增加时液体密度略有增大。在工程应用中可认为液压工作的液体密度不随温度和压力的变化而变化。一般矿物油的密度为 $850 \sim 950 \text{kg/m}^3$。

(2) 可压缩性

在温度不变时,液体在压力作用下体积减小的特性称为液体的可压缩性。可压缩性用体积压缩系数(单位压力变化引起的体积相对变化量)k 或体积弹性模量 K_e 表示。

$$k = -\frac{1}{\Delta p} \times \frac{\Delta V}{V} \tag{2-2}$$

$$K_e = \frac{1}{k} \tag{2-3}$$

式中,Δp 为压力的增量;ΔV 为体积的变化量。

由于压力增加时液体体积减小,故式(2-2)中等号右边加一个负号,以使 k 为正值。

k 与 K_e 互为倒数,k 值越小,或 K_e 值越大时,液体的可压缩性越小。液压油液的体积弹性模量 K_e 为 $(1.2 \sim 20) \times 10^3 \text{MPa}$,数值很大,因而对一般液压系统可以忽略液体的可压缩性。只有在液体中混入空气、高压系统或考虑液压系统的动态特性时,才考虑因液体的可压缩性而引起的体积的变化。

（3）黏性

① 黏性的定义 液体在外力作用下流动（或有流动趋势时）时，由于液体分子间的内聚力而产生一种阻碍液体分子之间进行相对运动的内摩擦力，这种性质称为液体的黏性。由于液体具有黏性，当发生剪切变形时，液体内就产生阻滞变形的内摩擦力，由此可见，黏性表征了液体抵抗剪切变形的能力。处于相对静止状态的液体中不存在剪切变形，因而也不存在变形的抵抗，只有当运动液体流层间发生相对运动（或相对运动趋势）时，液体对剪切变形的抵抗，也就是黏性才表现出来。黏性所起的作用为阻滞液体内部的相互滑动，在任何情况下它都只能延缓滑动的过程而不能消除这种滑动。

图 2-1 所示的液体黏性平板试验，两平板之间充满液体，设上平板以速度 u_0 向右运动，下平板固定不动。紧贴于上平板上的液体黏附于上平板上，其速度为 u_0，与上平板相同。紧贴于下平板上的液体黏附于下平板上，其速度为 0。中间各层液体的速度按线性分布，可以把这种流动看成是许多无限薄的流体层在运动，相邻两层间因黏性产生的内摩擦力对上层液体起阻滞作用，而对下层起拖曳作用。实验结果表明，流体层间的内摩擦力 F 与流体层的接触面积 A 及流体层的相对流速 du 成正比，而与此两流体层间的距离 dy 成反比，即

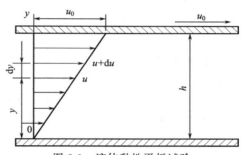

图 2-1 液体黏性平板试验

$$F = \eta A \frac{du}{dy} \tag{2-4}$$

以 τ 表示液层间单位面积上的内摩擦力，即摩擦应力，由式(2-4) 得

$$\tau = \frac{F}{A} = \eta \frac{du}{dy} \tag{2-5}$$

式中，η 为衡量流体黏性的比例系数，称为动力黏度；du/dz 表示流体层间速度差异的程度，称为速度梯度。

式(2-5)是液体内摩擦定律的数学表达式。当速度梯度变化时，η 为不变常数的液体称为牛顿液体，η 为变数的液体称为非牛顿液体。除高黏性或含有大量特种添加剂的液体外，一般的液压工作液体均可看作是牛顿液体。

② 黏性的表示 液体黏性的大小可用黏度来衡量，黏度是选择液压用流体的主要指标，是影响流动流体的重要物理性质。常用的黏度有三种，分别为动力黏度、运动黏度和相对黏度。

a. 动力黏度 η 动力黏度又称绝对黏度，其物理意义为单位速度梯度下单位面积上的内摩擦力的大小，即

$$\eta = \frac{F}{A \frac{du}{dy}} \tag{2-6}$$

动力黏度的国际（SI）计量单位为 $N \cdot s/m^2$（牛顿·秒/米^2），或 $Pa \cdot s$（帕·秒）。因其单位中含有动力学量纲（力、长度和时间），故称为动力黏度。

b. 运动黏度 ν 运动黏度是绝对黏度 η 与液体密度 ρ 的比值，即

$$\nu = \frac{\eta}{\rho} \tag{2-7}$$

运动黏度的国际计量单位为 m²/s（米²/秒），只含有运动学量纲（长度和时间）。

运动黏度 ν 没有明确的物理意义，只是由于在理论分析和计算中常常遇到绝对黏度与密度的比值，为方便起见采用运动黏度这个单位来代替 η/ρ。对于 ρ 值相近的流体，例如各种矿物油系液压油之间，还是可用来大致比较它们黏性的。

机械油的牌号就是表明以 mm²/s 为单位的，在温度 40℃时运动黏度 ν 的平均值。如 L-HL32 液压油就是指该油在 40℃时其运动黏度 ν 的平均值是 32mm²/s。

c. 相对黏度　动力黏度和运动黏度是理论分析和计算中经常使用的黏度单位。它们都难以直接测量，因此，工程上采用另一种可用仪器直接测量的黏度单位，即相对黏度。

相对黏度是以相对于蒸馏水的黏性的大小来表示该液体的黏性的。相对黏度又称条件黏度。各国采用的相对黏度单位有所不同，如我国、俄罗斯和德国等采用恩氏黏度（°E），英国采用雷氏黏度（R），美国采用国际赛氏秒（SSU）。

恩氏黏度的测定方法如下：测定 200cm³ 某一温度的被测液体在自重作用下流过直径 2.8mm 小孔所需的时间 t_1，然后测出同体积的蒸馏水在 20℃时流过同一孔所需时间 t_2（$t_2=50\sim52\text{s}$），t_1 与 t_2 的比值即为流体的恩氏黏度值。恩氏黏度用符号°E 表示。被测液体温度 t℃时的恩氏黏度用符号°E_t 表示。

$$°E_t = \frac{t_1}{t_2} \tag{2-8}$$

工业上一般以 20℃、50℃和 100℃作为测定恩氏黏度的标准温度，并相应地以符号°E_{20}、°E_{50} 和°E_{100} 来表示。

恩氏黏度和运动黏度可用下面的经验公式换算。

$$\nu = \left(7.31°E - \frac{6.31}{°E}\right) \times 10^{-6} \quad (\text{m}^2/\text{s}) \tag{2-9}$$

一般情况下，压力对黏度的影响比较小，当压力低于 5MPa 时，黏度值的变化很小，当液体所受的压力加大时，分子之间的距离缩小，内聚力增大，其黏度也随之增大，但数值增大很小，可忽略不计。液压油黏度对温度的变化十分敏感，当温度升高时，其分子之间的内聚力减小，黏度降低，液体流动性增加。

（4）其他性质

液压工作介质还有抗燃性、抗氧化性、抗凝性、抗泡沫性、抗乳化性、防锈性、润滑性、导热性、稳定性以及相容性（主要指对密封材料、软管等不侵蚀、不溶胀的性质）等其他一些物理化学性质，这些性质对液压系统的工作性能有重要影响，不同的液压系统对工作介质的性质要求不同。

2.1.2　工作介质的种类和特性

我国液压油（液）的品种、代号、组成和应用场合见表 2-1。液压油（液）的代号含义和命名表示方法如下。

代号：L-HL 32（简称 HL-32，常叫作 32 号 HL 油、32 号普通液压油），含义如下。

L：类别。润滑剂类。

HL：品种。H——液压油（液）组；L——防锈抗氧型。

32：牌号，黏度等级 VC32（40℃时运动黏度为 32mm²/s）。

各品种的液压油（液）有不同黏度等级，如 L-HL 油有 6 个黏度等级（15、22、32、46、68、100），参见 GB/T 11118.1—2011。

表 2-1 我国液压油（液）的品种、代号、组成和应用场合

分类	名称	产品代号	组成、特点和适用场合
液压油	精制矿油	L-HH	无抑制剂(抗磨和抗氧化等)，适用于一般循环润滑系统，很少直接用于液压系统
	普通液压油	L-HL	改善防锈和抗氧抵制剂的精制矿油，适用于低压液压系统
	抗磨液压油	L-HM	在 L-HL 油基础上改善抗磨性的液压油，适用于高负荷部件的一般液压系统
	低温液压油	L-HV	在 L-HM 油基础上改善黏温性的液压油，适用于车辆和轮船设备
	液压导轨油	L-HG	在 L-HM 油基础上改善黏滑性的液压油，适用于液压系统和导轨润滑系统合用的机床，也适用于其他要求油有良好黏附性的机械润滑部位
难燃液压液	水包油型(O/W)乳化液	L-HFAE	水包油型高水基液，通常含水 80% 以上，难燃性好，价格便宜。适用于煤矿液压支架液压系统和其他不要求回收废液及不要求有良好润滑性，但要求良好难燃性的液压系统
	化学水溶液	HFAS	含化学添加剂的高水基液，通常含水 80% 以上，低温性、黏温性和润滑性差，难燃性好，价格便宜。适用于需要难燃液的低压液压系统和金属加工设备
	水包油型(W/O)乳化液	L-HFB	常含油 60% 以上，其余为水和添加剂。适用于冶金、煤矿等行业的中压和高压，高温和易燃场合的液压系统
	含聚合物水溶液	L-HFC	常含水 35% 以上，为水-乙二醇或其他聚合物的水溶液，难燃性好。适用于冶金、煤矿等行业的低、中压液压系统
	磷酸酯无水合成液	L-HFDR	由无水的磷酸酯加各种添加剂制成，难燃性好，但黏温性和低温性差，可溶解多种非金属材料(故要选择合适的密封材料)，有毒。适用于冶金、火力发电、燃气轮机等高温、高压下操作的液压系统
	其他成分的无水合成液	HFDU	难燃液压液，根据各自特性选用
专用液压油(液)	航空液压油、航空难燃液压油、舰用液压油、炮用液压油、汽车制动液等，针对一些专门领域的工作条件添加一些添加剂制得，以适用于各种特定工作条件，产品品种和性能等见有关手册		

2.1.3 对工作介质的要求

通常来说，对工作介质有以下要求。

① 适宜的黏度和良好的黏温性能。一般液压系统所用的液压油其黏度范围为：$\nu = 11.5 \times 10^{-6} \sim 35.3 \times 10^{-6} \mathrm{m}^2/\mathrm{s}(2 \sim 5°E_{50})$

② 润滑性能好。在液压传动机械设备中，除液压元件外，其他一些有相对滑动的零件也要用液压油来润滑，因此，液压油应具有良好的润滑性能。为了改善液压油的润滑性能，可加入添加剂以增加其润滑性能。

③ 良好的化学稳定性，即对热、氧化、水解、相容都具有良好的稳定性。

④ 对液压装置及相对运动的元件具有良好的润滑性。

⑤ 对金属材料具有防锈性和防腐性，对金属和密封件有良好的相容性。

⑥ 比热容、热传导率大，体积热膨胀系数小，流动点和凝固点低，闪点(明火能使油面上油蒸气内燃，但油本身不燃烧的温度)和燃点高。

⑦ 抗泡沫性好，抗乳化性好。

⑧ 油液纯净，含杂质量少。

此外，对油液的无毒性、价格便宜等，也应根据不同的情况有所要求。

2.1.4 工作介质的选用

正确而合理地选用液压油液，对液压系统适应各种工作环境和工作状况的能力、延长系统和元件的寿命、提高主机设备的可靠性、防止事故的发生都有重要的影响。液压油液的选用原则见表 2-2。

表 2-2 液压油液的选用原则

选用原则	考虑因素
液压系统的环境条件	室内、露天、水上、水下、地上 热带、寒区、严寒区 固定式、移动式 抗燃要求（闪点、燃点） 抑制噪声的能力（空气溶解度、消泡性） 对毒性和气味的要求
液压系统的工作条件	压力范围（润滑性，承载能力） 温度范围（黏度、黏-温特性、热氧化稳定性、挥发度、低温流动性） 液压泵类型（抗磨性、防腐蚀性） 转速（气蚀、对轴承面的浸润力） 水、空气进入状况（水解安定性、抗乳化性、抗泡性）
工作液体的质量	物理化学指标、电学特性 与金属和密封件的相容性 防锈和防腐蚀能力 抗氧化稳定性 剪切稳定性
技术经济性	价格及使用寿命 维护保养的难易程度

可根据液压元件生产厂样本和说明书所推荐的品种号数来选用液压油，或者根据液压系统的工作压力、工作温度、液压元件种类及经济性等因素全面考虑，一般是先确定适用的黏度范围，再选择合适的液压油品种。同时还要考虑液压系统工作条件的特殊要求，如在寒冷地区工作的系统则要求油的黏度指数高、低温流动性好、凝固点低；伺服系统则要求油质纯、压缩性小；高压系统则要求油液抗磨性好。在选用液压油时，黏度是一个重要的参数。黏度的高低将影响运动部件的润滑、缝隙的泄漏以及流动时的压力损失、系统的发热温升等。所以，在环境温度较高、工作压力高或运动速度较低时，为减少泄漏，应选黏度较高的液压油，否则相反。

由于液压泵的工作条件要求很苛刻，所以一般可根据液压泵的要求确定液压油液的黏度和品种，见表 2-3。

表 2-3 按液压泵选择液压油液的黏度和品种

液压泵类型	压力	运动黏度范围 $\nu/(mm^2/s)$		适用品种
		5～40℃	40～80℃	
齿轮泵		30～70	65～165	HL 油
叶片泵	7MPa 以下 7MPa 以上	30～50 50～70	40～75 55～90	HM 油

续表

液压泵类型	压力	运动黏度范围 $\nu/(mm^2/s)$		适用品种
		5～40℃	40～80℃	
径向柱塞泵		30～50	65～240	HL 油
轴向柱塞泵		40	70～150	

2.1.5 工作介质的使用和污染控制

工作介质选定和配制好后,如果使用不当,工作介质的性质会发生变化而引起液压系统工作失常。国内外统计资料表明,70%～80%的液压系统故障是由于工作介质的污染引起的。在液压油液的使用中,要注意以下几点。

① 对长期使用的液压油液,应使其长期处于氧化温度界限(一般液压系统的工作温度控制在 65℃以下,机床液压系统则应控制在 55℃以下)内工作,以保持其热稳定性;油箱的储存量应充分,以利于系统散热。

② 在储存、搬运及液压设备设计、制造过程中,应采取一定的防护、过滤措施,以防止油液被污染(油液中污染物有固体颗粒、水、空气及各种化学物质;高水基液体中的微生物也是一种污染物质),使油液的清洁度符合相关标准的规定。

③ 应定期抽样检查液压油液,并建立定期换油制度。

④ 保持系统良好的密封性,发现泄漏应立即排除。

2.2 液体静力学

液体静力学研究的是液体处于相对平衡状态下,即静止液体的力学规律及其应用。所谓相对平衡是指液体内部各质点间没有相对运动,液体本身完全可以和容器一起做各种刚体运动。液体在相对平衡状态下不呈现黏性,不存在切应力,只有法向的压应力,即静压力。本节主要讨论液体静压力特性、分布、传递规律以及液体对固体壁面的作用力。

2.2.1 液体静压力及其特性

静压力是指静止液体单位面积上所受的法向力,简称压力 p(即物理学中的压强),即

$$P = \frac{F}{A} \tag{2-10}$$

式中,F 为作用在液体上的法向力;A 为液体承受法向力的面积。

压力具有下述两个重要特征。

① 液体压力垂直于作用面,其方向与该面的内法线方向一致。

② 静止液体中,任何一点所受到的各方向的静压力都相等。

2.2.2 静压力的分布

(1) 静压力基本方程

静止液体内部受力情况可用图 2-2 来说明。为了求得深度为 h 的 A 点 [图 2-2(a)] 的压力,可取 dAh 这个液柱为分离体,如图 2-2(b) 所示,设其面积为 ΔA,高为 h,体积为 ΔAh,则液柱的重力为 $\rho g h \Delta A$,并作用在液柱的重心上。液柱处于平衡状态,则液柱在竖直方向上受力平衡。

$$p\Delta A = p_0 \Delta A + \rho g h \Delta A$$

上式两端同除以 ΔA，则得到液体静压力基本方程。

$$p = p_0 + \rho g h \tag{2-11}$$

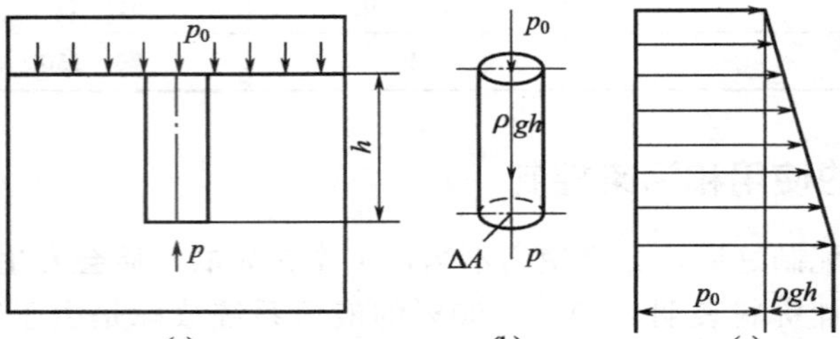

图 2-2 静压力的分布规律

分析式(2-11)可得以下内容。

① 静止液体中任一点的压力均由两部分组成，即液面上的表面压力 p_0 和该点以上液体自重形成的对该点的压力 $\rho g h$。当液面上只受到大气压力作用时，液体内深度为 h 的点的压力为

$$p = p_a + \rho g h \tag{2-12}$$

② 静止液体内的压力随液体深度呈线性规律递增 [图 2-2(c)]。

③ 同一液体中深度相同的各点压力相等；压力相等的所有点组成的面为等压面，显然，在重力作用下静止液体的等压面为水平面，与大气接触的液体自由表面也是等压面；两种密度不同且不相掺混的静止液体的分界面也是等压面。

(2) 静压力基本方程的物理意义

对静止液体，如液面与基准水平面的距离为 h_0，液面压力为 p_0，液体内任意一点的压力为 p，与基准水平面的距离为 h，则由式(2-11)容易得到静压力基本方程的另一种形式。

$$z + \frac{p}{\rho g} = z_0 + \frac{p_0}{\rho g} = \text{const}(常量) \tag{2-13}$$

式中，z 表示 A 点单位质量液体的位置势能（比位能），称为位置水头；$p/\rho g$ 表示单位质量液体的压力能（比压能），称为压力水头，比位能与比压能之和称为总比能，也称为总水头。所以，公式(2-12)的物理意义为：静止液体中某一切点相对于选定的基准面，总比能为一个常数，比位能和比压能可以互相转换，但其总和保持不变，即能量守恒。

式(2-11)与式(2-13)均称为静压力基本方程，两者的实质相同，不同之处在于液体高度，前者是以相对坐标表示的，后者则是以绝对坐标表示的。

2.2.3 压力的表示方法、单位和分级

液压系统中的压力是指物理学中的压强。根据压力度量起点的不同，液体压力有绝对压力、相对压力之分。以绝对真空为基准零值时所测得的压力，为绝对压力。超过大气压力的那部分压力叫作相对压力或表压力。因为在地球表面上，物体受大气压力的作用是自相平衡的，大多数测压仪表在大气压下并不动作，即示出的压力值为零，因此，它测出的压力即是以大气压为基准零值测到的一种压力，故相对压力也称为表压力。液压技术中所提到的压力，如不特别指明，一般均为相对压力。

当绝对压力低于大气压时，绝对压力低于大气压的那部分压力值，称为真空度。此时相对压力值为负值。绝对压力、相对压力（表压力）和真空度的关系如图 2-3 所示。

压力的法定计量单位是 Pa（帕斯卡，简称帕，$1Pa=1N/m^2$）。工程上常用 MPa（兆帕）表示，$1MPa=10^6Pa$。

我国以前曾用的压力单位有工程大气压 at（$1at=98066.5Pa$）、kgf/cm^2（$1kgf/cm^2=98000Pa$）、bar（$1bar=10^5Pa$）、水柱（$1mH_2O=9806Pa$）或汞柱（$1mHg=133322Pa$）等，在英制单位（美国等少数国家采用）中采用 $1b/in^2$（psi）。

液压系统所需的压力因用途不同而异。为了便于液压元件的设计、生产和使用，工程上通常将压力分为几个等级，如表 2-4 所示。

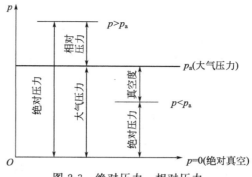

图 2-3 绝对压力、相对压力（表压力）和真空度的关系

表 2-4 压力等级

压力等级	低压	中压	中高压	高压	超高压
压力范围/MPa	≤2.5	2.5～8	8～16	16～32	＞32

GB/T 2346—2003 规定了流体传动系统及元件公称压力系列，液压系统中常用压力（MPa）为 1、1.6、2.5、4、6.3、10、12.5、16、20、25、31.5、40 等。

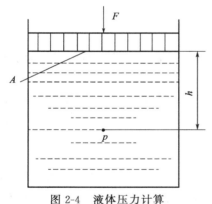

图 2-4 液体压力计算

【例 2-1】 如图 2-4 所示为一个充满油液的容器，活塞上的作用力 $F=1000N$，活塞面积 $A=1\times10^{-3}m^2$，忽略活塞的质量。试计算活塞下方深度为 $h=0.5m$ 处的压力 p。油液的密度 $\rho=900kg/m^3$。

解：根据式（2-10）和式（2-11），活塞和油液接触面的压力为

$$P_0 = \frac{F}{A} = \frac{1000}{1\times10^{-3}} N/m^3 = 10^6 MPa$$

则深度为 $h=0.5m$ 处的液体压力为

$$p = p_0 + \rho g h = (10^6 + 900\times9.8\times0.5) N/m^3$$
$$= 1.0044\times10^6 MPa \approx 1MPa$$

由此例可以看到，液体在外界力情况下，其液柱自重所产生的静压力 $\rho g h$ 与液压系统几兆帕、几十兆帕乃至上百兆帕的工作压力相比非常小，计算中可以忽略不计，从而认为整个静止液体内部的压力近乎相等。以后章节中在分析计算压力时，将采用这一结论。

2.2.4 液体静压力的传递

液压系统中静压力的传递服从帕斯卡原理（Pascal's Low），即静压传递原理，是指密封容器内施加于静止液体任一点的压力将以等值传递到液体各点。

根据帕斯卡原理和静压力的特性，液压传动不仅可以进行力的传递，而且还能将力放大和改变力的方向。如图 2-5 所示是应用帕斯卡原理推导压力与负载关系的实例。图中作为输出装置的垂直液压缸（面积为 A_2，作用在活塞上的负载为 F_2）和作为输入装置的水平液压缸（面积为 A_1，作用在活塞上的负载为 F_1），由连通管而构成密闭容积系统。根据帕斯卡原理，密闭容积内压力处处相等，$p_1=p_2$，即

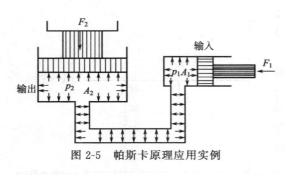

$$p_2 = \frac{F_2}{A_2} = \frac{F_1}{A_1} = p_1$$

或

$$F_2 = F_1 \frac{A_2}{A_1}$$

上式表明，只要 $A_1/A_2 > 1$，用一个很小的输入力 F_1 就可推动一个比较大的负载 F_2。所以液压系统可视为一个力的放大机构，液压千斤顶和水压机就是按此原理制成的。

图 2-5 帕斯卡原理应用实例

如果负载 $F_2 = 0$，则当略去活塞重量及其他阻力时，不论怎样推动水平液压缸的活塞也不能在液体中形成压力，这说明液压系统中的压力是由外界负载决定的；反之，只有外负载 F_2 的作用，没有小活塞的输入力 F_1，液体中也不会产生压力，因而，液压系统中的压力是在所谓"前推后阻"条件下产生的。

2.2.5 液压静压力对固体壁面的作用力

静止液体和固体壁面接触时，固体壁面上各点在某一方向上受到的液体静压作用力的总和，即为液体在该方向上对固体壁面的作用力。

当承受压力的固体壁面为平面时，不计重力作用，则该平面上各点的静压力大小相等，液体对该平面的总作用力 F 等于液体的压力 p 与该平面面积 A 的乘积，其方向与该平面相垂直，即

$$F_2 = pA \tag{2-14}$$

例如压力为 p 的油液作用在直径为 D 的液压缸活塞上，则油液对活塞的作用力为 $F = pA = p\pi d^2/4$。

当固体壁面为曲面时，由于压力总是垂直于承受压力的表面，所以作用在曲面上各点的力不平行但相等。液体对曲面某 x 方向上的作用力 F_x，等于液体静压力 p 与曲面在该方向投影面积 A_x 的乘积，即

$$F_x = pA_x \tag{2-15}$$

【例 2-2】 试计算液体对图 2-6 所示的液压缸活塞和球阀部分球面 A 的作用力。液压缸的活塞直径为 D，球阀进口直径为 d；进油压力为 p_1，回油压力（称为背压力）$p_2 \approx 0$。

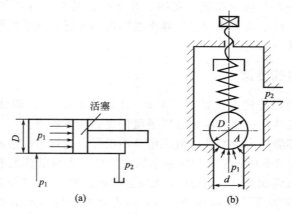

图 2-6 液压力作用在平面和曲面上的力

解：图 2-6(a) 所示的液压缸活塞属于平面固壁，故可按式(2-14)求出油压作用在活塞上的总作用力。

$$F = p_1 A = p_1 \frac{\pi D^2}{4}$$

图 2-6(b) 所示的球阀属于曲面固壁，因为 A 面对垂直轴是对称的，所以油压对球面的总作用力的水平分力为零。总作用力等于垂直方向的分力，由式(2-14)可知，其大小等于油压与部分球面 A 在水平方向的投影面积（$A_z = \pi d^2/4$）的乘积，即

$$F_z = p_1 A_z = p_1 \frac{\pi d^2}{4}$$

该力方向竖直向上，通过投影圆圆心。

2.3 液体动力学

本节主要讨论三个基本方程式，即液流的连续性方程、伯努力方程和动量方程，它们分别是刚体力学中的质量守恒、能量守恒及动量守恒原理在流体力学中的具体应用。前两个方程描述了压力、流速与流量之间的关系，以及液体能量相互间的变换关系，后者描述了流动液体与固体壁面之间作用力的情况。

2.3.1 基本概念

(1) 理想液体与定常流动

液体具有黏性和压缩性，并在流动时表现出来，因为黏性问题非常复杂，因此，引入理想液体的概念，理想液体就是指没有黏性、不可压缩的液体。首先对理想液体进行研究，建立流体整体平均参数间的基本规律，再通过实验验证的方法对所得的结论进行补充和修正，以得到实际液体流动的基本规律。这样，不仅使问题简单化，而且得到的结论在实际应用中仍具有足够的精确性。我们把既具有黏性又可压缩的液体称为实际液体。

液体流动时，可以将流动空间（流场）任一点上质点的运动参数，例如压力 p、流速 u 及密度 ρ 表示为空间坐标和时间的函数，如在直角坐标下 $p = p(x,y,z,t)$，$u = u(x,y,z,t)$，$\rho = \rho(x,y,z,t)$。如果流场中任意一点的运动参数只随空间点坐标的变化而变化，不随时间 t 变化，这样的流动称为定常流动（或恒定流动）。但只要有一个运动参数随时间而变化，则为非定常流动或非恒定流动。

(2) 流线、流束和通流截面

流线是某瞬时流场中液体质点组成的一条光滑空间曲线 [图 2-7 中点 1~3]。在该线上，各点的速度方向与曲线在该点的切线方向重合，并指向液体流动的方向。在非定常流动时，因为各质点的速度可能随时间改变，所以流线形状也随时间改变。在定常流动时，流线形状不随时间而改变。由于任一瞬间液体质点只有一个速度方向，所以流线不能相交，也不能折转。

对于某一瞬时 t，在流场中画一条封闭曲线，经过曲线的每一点作流线，由这些流线组成的表面称流管 [图 2-7(b)]。充满在流管内的流线的总体，称为流束。封闭曲线的面积 $A \to 0$，即面积为 dA 的流束称为微小流束。

垂直于流束的截面称为通流截面（过流断面）。通流截面可能是平面，也可能是曲面。由于微小流束的通流截面很小，可以认为其通流截面上各点的运动参数，如压力 p、流速 u、密度 ρ 等相同。

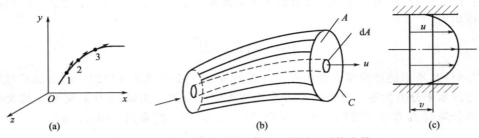

图 2-7 流线、流管、通流截面、流量和平均流量

(3) 流量和平均流速

单位时间内流过通流截面的流体的体积称为流量，用 q 表示，流量的常用单位为 m^3/s 或 L/min。

对于微小流束，通过 dA 上的流量为 dq，$dq = u\,dA$，如果已知通流截面上的流速 u 的变化规律，则流过该通流截面的流量为

$$q = \int_A u\,dA \tag{2-16}$$

在实际液体流动中，由于黏性摩擦力的作用，通流截面上流速 u 的分布规律 [图 2-7(c)] 难以确定，因此引入平均流速的概念，即认为通流截面上各点的流速均为平均流速，用 v 表示。

$$v = \frac{q}{A} = \frac{\int_A u\,dA}{A} \tag{2-17}$$

在工程计算中，平均流速才具有应用价值。若未加声明，v 一般指平均流速。

(4) 流动状态和雷诺判据

19 世纪，英国物理学家雷诺（Reynolds）通过大量试验发现，液体在管道中流动时存在层流和紊流（又称湍流）两种流动状态。层流时，液体质点没有横向脉动，不引起液体质点混杂，沿管轴呈线状或层状流动；紊流时，流体质点具有横向脉动，引起流层间质点相互错杂交换，流动呈混杂紊乱状态。液体的这两种流态，可用雷诺数来判别。

实验证明，液体在圆管中的流动状态不仅与管内的平均流速 v 有关，还与管径（或流道）的水力直径 d_H、液体的运动黏度 ν 有关。这三个参数组成称为雷诺数 Re 的无量纲纯数。

$$Re = \frac{v d_H}{\nu} \tag{2-18}$$

式中，$d_H = 4A/x$；A 为液体通流截面面积；x 为通流截面的湿周长度，即与液体相接触的固体壁面的周长。

在管道几何形状相似的情况下，如果雷诺数相同，液体流动状态也相同。流动状态由层流转变为紊流或由紊流转变为层流的雷诺数称为临界雷诺数，记为 Re_c。当 $Re < Re_c$ 时，液流为层流；当 $Re > Re_c$ 时，液流为紊流。常见液流管道的临界雷诺数由实验确定，光滑圆管的临界雷诺数 Re_c 为 2320，橡胶软管的临界雷诺数 Re_c 为 1600。

2.3.2 连续性方程

连续性方程是质量守恒定律在流体力学中的一种表达形式。

如图 2-8 所示，非等截面管中液体作定常流动时，根据质量守恒定律，流过两个任意截

面的液体质量流量相等，即

$$\rho_1 v_1 A_1 = \rho_2 v_2 A_2 \tag{2-19}$$

式中，ρ_1、ρ_2、v_1、v_2、A_1、A_2 分别为两截面的面积、平均流速和液体密度。

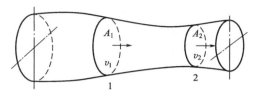

图 2-8　管中液体连续流动

式(2-19)即是可压缩液体定常流动时的连续性方程。如果不考虑液体的可压缩性，有 $\rho_1 = \rho_2$，则不可压缩液体定常流动的连续性方程为

$$v_1 A_1 = v_2 A_2 \tag{2-20}$$

或写为

$$q = vA = \text{const}(常数)$$

式(2-20)表明，不可压缩液体定常流动时，流管内任一通流截面上的流量相等；当流量一定时，流速与通流截面面积成反比。

2.3.3　伯努利方程

伯努利方程是能量守恒定律在流体力学中的一种表达形式。

(1) 理想液体的伯努利方程

理想液体没有黏性，在管道内作定常流动时没有能量损失。根据能量守恒定律，同一管道每一截面上的总能量都是相等的。

对于静止液体，由公式(2-12)可知，单位质量液体的总能量为单位质量液体的位能 z（比位能）与压力能 $p/\rho g$（比压能）之和；对于流动液体，除以上两种能量外，还有单位质量的动能 $u^2/2g$（比动能，或称动力水头）。

在图 2-9 所示的管道中取两个通流截面 A_1 和 A_2，它们距基准水平面的距离分别为 z_1 和 z_2。如两截面的平均流速分别为 v_1 和 v_2，压力分别为 p_1 和 p_2，根据能量守恒定律即可得到理想液体的伯努利方程。

$$z_1 + \frac{p_1}{\rho g} + \frac{v_1^2}{2g} = z_2 + \frac{p_2}{\rho g} + \frac{v_2^2}{2g} \tag{2-21}$$

或

$$z + \frac{p}{\rho g} + \frac{v^2}{2g} = \text{const}(常数) \tag{2-22}$$

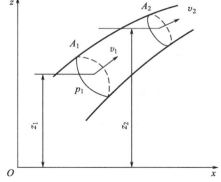

图 2-9　伯努利方程推导简图

理想液体的伯努利方程的物理意义为：在管道内作定常流动的理想液体的总比能（单位质量液体的总能量）由比位能 z、比压能 $\dfrac{p}{\rho g}$ 和比动能 $\dfrac{v^2}{2g}$ 三种形式的能量组成，在任一通流截面上三者之和是一个恒定的常量，但三者可以相互转换，即能量守恒。

(2) 实际液体的伯努利方程

实际液体在管内流动时，因为黏性力使液体与管壁间、液体质点之间产生摩擦而损消能量；管道形状和尺寸的变化也会对液流产生扰动而使其损消能量。所以实际液体流动时，液流的总能量或总比能在不断减少。设单位质量液体在管道两截面之间流动的能量损失为h_w。另外，用平均流速v代替实际流速u计算比动能会产生误差，为此，引入动能修正系数α，它等于单位时间内某截面处的实际动能与按平均流速计算的动能之比，即

$$\alpha = \frac{\frac{1}{2}\int_A u^2 \rho u \, dA}{\frac{1}{2}\rho v A v^2} = \frac{\int_A u^3 \, dA}{v^3 A} \tag{2-23}$$

动能修正系统α的数值与管道中液体的流态有关，液体在圆管中层流时$\alpha=2$；紊流时$\alpha\approx1.05$（实际计算常取$\alpha\approx1$）。

根据能量守恒定律，在考虑能量损失h_w和引入动能修正系数α后，实际液体伯努利方程为

$$z_1 + \frac{p_1}{\rho g} + \frac{v_1^2}{2g} = z_2 + \frac{p_2}{\rho g} + \frac{v_2^2}{2g} + h_w \tag{2-24}$$

伯努利方程的适用条件和应用方法如下。

① 管道内稳定流动的不可压缩液体，即密度为常数；液体所受的力只有重力，忽略惯性力的影响。

② 所选择的两个通流截面必须在同一个连续流动的流场中，是渐变流（即流线近于平行线，通流截面近于平面），而不考虑两截面间的流动状况。

③ 计算时，一般将截面几何中心处的z和p作为计算参数，并选取与大气相通的截面为基准面，以简化计算；两截面的压力表示方法（相对压力或绝对压力）应一致。

④ 能量损失h_w的量纲也为长度，计算方法参见2.4节。

【例 2-3】 如图 2-10 所示，液压泵从油箱中吸油，油箱液面与大气接触（即油面上的压力为大气压p_a），泵吸油口至油箱液的高度为H。试分析计算液压泵正常吸油的条件。

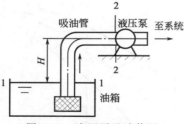

图 2-10 液压泵吸油装置

解： 选取油箱液面为基准面，油箱液面1—1和泵吸油口处截面2—2为所研究通流截面，并设两截面间的液流能量损失为h_w，以绝对压力表示两截面的压力p_1和p_2。

列写两截面的伯努利方程（动能修正系数取为$\alpha_1=\alpha_2=1$）。

$$z_1 + \frac{p_1}{\rho g} + \frac{v_1^2}{2g} = z_2 + \frac{p_2}{\rho g} + \frac{v_2^2}{2g} + h_w$$

由于油箱液面面积远大于液压泵吸油管截面积，故油箱液面流速$v_1 \ll v_2$（液压泵吸油口处流速），可视v_1为零；又由于$z_1=0$，$z_2-z_1=H$，$p_1=p_a$，代入上式并整理，液压泵吸油口处的真空度为

$$p_a - p_2 = \rho g \left(H + \frac{v_2^2}{2g} + h_w \right) = \rho g H + \frac{\rho v_2^2}{2} + \Delta p$$

由上式可看出，液压泵吸油口处的真空度由把油液提升到H所需压力、产生一定流速v_2所需压力和吸油管的压力损失Δp三部分组成。

为保证液压泵正常吸油工作,其吸油口处的真空度不能太大,否则在绝对压力低于空气分离压时,溶于油液中的空气将分离析出,形成气泡,产生气穴现象(参见 2.6 节),引起振动和噪声。因而必须限制液压泵吸油口处的真空度(应使其小于 0.03MPa),其措施包括增大吸油管直径、缩短吸油管长度和减小局部阻力使 $\rho v_2^2/2 + \Delta p$ 两项降低;再就是限制液压泵的吸油高度 H。各类液压泵允许的吸油高度不同,通常取 $H \leqslant 0.5 \mathrm{m}$。也可将液压泵安装在油箱液面以下形成倒灌(此时 H 为负值),对降低液压泵吸油口处的真空度更为有利。

2.3.4 动量方程

动量方程是动量定理在流体力学中的具体应用和表达形式,可用来计算液流作用在限制其流动的固体壁面上的力。

如图 2-11 所示,截面 1、2 间的液体控制体积的全部外力之和 $\sum F$ 等于单位时间内流出控制表面与流入控制表面的液体动能之差,表示为如下动量方程。

$$\sum F = \frac{\mathrm{d}(mv)}{\mathrm{d}t} = \rho q (\beta_2 v_2 - \beta_1 v_1) \tag{2-25}$$

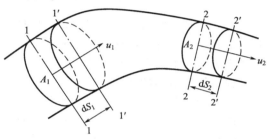

图 2-11 动量方程简图

式中,q 为流量;β_1、β_2 为动量修正系数,以修正用平均流速代替实际流速计算动量带来的误差,其值与流态有关,液体在圆管中层流时 $\beta = 4/3$,紊流时 $\beta = 1$,实际计算时可都取 $\beta = 1$。

动量方程是矢量表达式,计算时可根据具体要求,向指定方向投影,求得该方向的分量。根据作用力与反作用力大小相等、方向相反的原理,动量方程可用来计算流动液体对固体壁面的作用力。

【例 2-4】 如图 2-12 所示的外流式锥阀,其锥角为 2α,阀座孔直径为 d。液压在压力 p 的作用下以流量 q 流经阀口,流入、流出速度为 v_1、v_2,设流出压力为 $p_2 = 0$。试求作用在锥阀阀芯上的轴向力。

解:设阀芯在控制体上的作用力为 F,即动量修正系数为 $\beta_2 = \beta_2 = 1$。

控制体取在阀口下方(图中阴影部分),列出竖直方向的动量方程。

$$p \frac{\pi d^2}{4} - F = \rho g (v_2 \cos\theta_2 - v_1 \cos\theta_1)$$

通常锥阀开口很小,$v_2 \gg v_1$,因此可忽略 v_1,而 $\theta_2 = \alpha$,$\theta_2 = 0$,代入上式,整理后得锥阀阀芯对控制体内液体的轴向力。

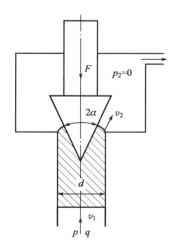

图 2-12 锥阀的稳态液动力

$$F = p \frac{\pi d^2}{4} - \rho g v_2 \cos\alpha$$

液流对锥阀阀芯的轴向作用力 F' 与 F 大小相等,方向相反,即方向向上。稳态液动力 $\rho g v_2 \cos\alpha$ 使阀芯趋于关闭,与液压力 $F = p\pi d^2/4$ 反向。

2.4 管道内压力损失的计算

实际液体流动的伯努利方程式中的 h_w 项为能量损失,在液体传动中主要表现为压力损失。液压系统中的压力损失分为两类,一类是油液沿等直径直管流动时所产生的压力损失,称为沿程压力损失,这类压力损失是由液体流动时的内、外摩擦力所引起的;另一类是油液流经局部障碍(如弯头、接头、管道截面突然扩大或收缩)时,由于液流的方向和速度的突然变化,在局部形成漩涡引起油液质点间以及质点与固体壁面间相互碰撞和剧烈摩擦而产生的压力损失,称为局部压力损失。

压力损失过大也就是液压系统中功率损耗的增加,将导致油液发热加剧,泄漏量增加,效率下降,液压系统性能变差。

2.4.1 等径直圆管中的沿程压力损失

液体在等径直圆管中流动时由黏性摩擦引起的压力损失称为沿程压力损失,它主要取决于管路的长度、内径、液体的流速和黏度等。液体的流态不同,沿程压力损失也不同。液体在圆管中处于层流流动,在液压传动中最为常见,因此,在设计液压系统时,常希望管道中的液流保持层流流动的状态。

(1) 等径圆管中层流的沿程压力损失

如图 2-13(a) 所示,液体在直径 $d=2R$ 的等径直圆管中作定常层流运动,在管内取一段与管轴线重合的微小液柱,设其半径为 r,长度为 l。作用在液柱两端面的压力分别为 p_1 和 p_2,圆柱侧面上的摩擦力为 F_f。液压匀速运动时,液柱的力平衡方程式为

$$(p_1-p_2)\pi r^2=F_f \tag{2-26}$$

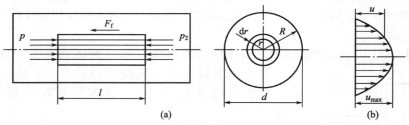

图 2-13 圆管中的层流

由内摩擦定律 [式(2-5)] 可得 $F_f=2\pi rl\tau=2\pi rl(-\eta du/dr)$ (因流速 u 随 r 的增大而减小,故速度梯度 du/dr 为负值)。令 $\Delta p=p_1-p_2$,代入式(2-25) 整理后得

$$\frac{du}{dr}=\frac{\Delta p}{2\eta l}rdr \tag{2-27}$$

对式(2-27) 积分,并由边界条件 $u|_{r=R}=0$ 确定积分常数,可得液流在圆管截面上的速度分布表达式。

$$u=\frac{\Delta p}{4\eta l}(R^2-r^2) \tag{2-28}$$

由式(2-28) 可知,在通流截面上,速度沿半径方向按抛物线规律分布,最大流速在轴线上 ($r=0$),其值为

$$u_{max}=\frac{\Delta pR^2}{4\eta l}=\frac{\Delta pd^2}{16\eta l} \tag{2-29}$$

流经等径直圆管的流量为

$$q = \int_A u \, dA = \int_0^R 2\pi r u \, dr = \frac{\pi \Delta p}{2\eta l} \int_0^R (R^2 - r^2) r \, dr = \frac{\pi R^4}{8\eta l} \Delta p = \frac{\pi d^4}{128\eta l} \Delta p \quad (2\text{-}30)$$

这就是著名的哈根-泊肃叶（Hagen-Poseulle）公式，它表明圆管层流流量 q 与管径 d 的 4 次方成正比。引入平均流 v

$$v = \frac{q}{A} = \frac{q}{\frac{\pi d^2}{4}} = \frac{\Delta p d^2}{32\eta l} = \frac{1}{2} u_{\max} \quad (2\text{-}31)$$

即平均流速是最大流速的一半。变换式(2-31)可得液体流经等径直圆管的沿程压力损失。

$$\Delta p = \frac{32\eta l v}{d^2} = \frac{64}{Re} \times \frac{l}{d} \times \frac{\rho v^2}{2} = \lambda \frac{l}{d} \times \frac{\rho v^2}{2} \quad (2\text{-}32)$$

式中，$\lambda = 64/Re$，为沿程阻力系数，实际计算中考虑温度变化不均匀等，对光滑金属圆管取 $\lambda = 75/Re$，对橡胶管取 $\lambda = 80/Re$。

(2) 等径直圆管中紊流的沿程压力损失

液体在等径直圆管中紊流时的沿程压力损失公式与层流时相同，即

$$\Delta p = \lambda \frac{l}{d} \times \frac{\rho v^2}{2}$$

但式中的沿程阻力系数 λ 值不仅与雷诺数 Re 有关，还与管壁的相对表面粗糙度 Δ/d 有关（Δ 为管内壁的绝对粗糙度，它的值与管道材质有关，见表 2-5）。λ 值可按表 2-6 中的公式进行计算，也可从液压手册的线图中查得。

表 2-5　不同材质管子（新管）的内壁绝对粗糙度 Δ 值　　　　单位：mm

材质	钢管	铸铁	铜管	铝管	塑料管	带钢丝层的橡胶管
绝对粗糙度 Δ	0.04	0.25	0.0015～0.01	0.0015～0.06	0.0015～0.01	0.3～0.4

表 2-6　圆管紊流时的沿程阻力系数 λ 的计算公式

Re	λ 的计算公式
$4000 < Re < 10^5$	$\lambda = 0.3164 Re^{-0.25}$
$10^5 < Re < 3 \times 10^6$	$\lambda = 0.032 + 0.221 Re^{-0.237}$
$3 \times 10^6 < Re < 900\Delta/d$	$\lambda = [2\lg(\Delta/d) + 1.74]^{-2}$

2.4.2　局部压力损失

局部压力损失是液体流经阀口、弯管、管接头、突然扩大或缩小的通流截面等局部阻力装置时所引起的压力损失。液流通过局部阻力装置时，由于液流方向和速度将发生急剧变化，会在局部形成漩涡，液体质点间相互碰撞，从而产生动能能量损耗。

局部压力损失 Δp_ζ 一般可按下式计算。

$$\Delta p_\zeta = \zeta \frac{\rho v^2}{2} \quad (2\text{-}33)$$

式中，ζ 为局部阻力系数，其具体数值可根据局部阻力装置的类型从有关手册查得；ρ 为液体密度（kg/m^3）；v 为液体的平均流速（m/s），一般情况下指局部阻力下游处的流速。

液体流经液压系统中各种控制阀的局部压力损失，可按下式计算

$$\Delta p_\zeta = \Delta p_s (q/q_s)^2 \quad (2\text{-}34)$$

式中，q 为阀的实际流量；q_s 为阀的额定流量；Δp_s 为阀在额定流量 q_s 下的压力损失。Q_s 和 Δp_s 的值可从产品样本或手册中查得。

2.4.3 管路系统中的总压力损失

管路系统的总压力损失等于所有沿程压力损失和所有局部压力损失之和，即

$$\Sigma \Delta p = \Sigma \Delta p_\lambda + \Sigma \Delta p_\zeta = \Sigma \lambda \frac{l}{d} \times \frac{\rho v^2}{2} + \Sigma \zeta \frac{\rho v^2}{2} \quad (2\text{-}35)$$

式(2-35)适用于两相邻局部阻力装置间的距离大于管道内径 10～20 倍的场合，否则计算出来的压力损失值小于实际数值。其原因是若局部阻力装置距离太近，则液流经第一个局部阻力装置后还没稳定就进入下一个局部阻力装置，这时液流扰动更强烈，阻力系高于正常值 2～3 倍。

液压系统中的压力损失使功率丧失、油温升高，从而工况恶化。因此在设计液压系统时应采取措施减小压力损失，如采用合适黏度的油液和流速，力求管内壁光滑，尽量减少连接管的长度和局部阻力装置，选用压降小的控制阀等。

2.5 孔口及缝隙液流特性

孔口或间隙是液压元件中的常见结构，例如节流调速中的节流小孔，液压元件相对运动表面间的各种间隙等。液体流经这些孔口和间隙的流量压力特性，是研究节流调速性能和计算液压元件泄漏的理论基础。

2.5.1 孔口压力流量特性

孔口可根据孔长 l 与孔径 d 的比值分为三种形式：$l/d \leqslant 0.5$ 时，称为薄壁小孔；$0.5 < l/d \leqslant 4$ 时，称为短孔；$l/d > 4$ 时，称为细长孔。

(1) 薄壁小孔

液体流经薄壁小孔（图 2-14）时，液流在小孔上游大约 $d/2$ 处开始加速并从四周流向小孔。由于流线不能突然转折到与管轴线平行，在液体惯性的作用下，外层流线逐渐向管轴方向收缩，逐渐过渡到与管轴线方向平行，从而形成收缩截面 A_c。对于圆孔，约在小孔下游 $d/2$ 处完成收缩。通常把最小收缩面积 A_c 与孔口截面积之比值称为收缩系数 C_c，即 $C_c = A_c/A_0$。式中，A_0 为小孔的通流截面积。

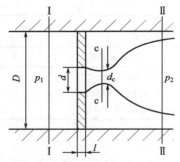

图 2-14 液体在薄壁小孔中的流动

对于如图 2-14 所示的通过薄壁小孔的液流，取截面 Ⅰ—Ⅰ 和 c—c 为计算截面，设截面 Ⅰ—Ⅰ 处的压力和平均速度分别为 p_1、v_1，截面 c—c 处的压力和平均速度分别为 p_c、v_c。选轴线为参考基准，则 $z_1 = z_c$，列伯努利方程为

$$\frac{p_1}{\rho g} + \frac{v_1^2}{2g} = \frac{p_c}{\rho g} + \frac{v_c^2}{2g} + \Sigma h_w$$

$A_1 \gg A_0$，故 $v_c \gg v_1$，v_1 可忽略不计。式中的 h_w 部分主要是局部压力损失，由于 c—c 通流截面取在最小收缩截面处，所以，它只有管道突然收缩而引起的压力损失。

$$h_w = \zeta v_c^2 / 2g$$

令 $\Delta p_c = p_1 - p_c$，可求得液体流经薄壁小孔的平均速度 v_2 为：

$$v_2 = \frac{1}{(\alpha_2+\zeta)}\sqrt{\frac{2\Delta p_c}{\rho}} \tag{2-36}$$

令 $C_v=1/(\alpha_2+\zeta)$ 为小孔流速系数，$C_c=A_c/A_0$ 为截面收缩系数，则流经小孔的流量为

$$q = A_c v_2 = C_c C_v A_0 \sqrt{\frac{2\Delta p_c}{\rho}} = C_d A_0 \sqrt{\frac{2\Delta p_c}{\rho}} \tag{2-37}$$

式中，$C_d = C_c C_v$，为流量系数。

流量系数一般由实验确定。在液流完全收缩的情况下，当 $Re \leq 10^5$ 时，C_d 可按下式计算。

$$C_d = 0.964 Re^{-0.05}$$

当 $Re > 10^5$ 时，C_d 可视为常数，取值为 $C_d = 0.60 \sim 0.62$。

当液流为不完全收缩时，其流量系数为 $C_d \approx 0.7 \sim 0.8$。

必须指出，当液流通过控制阀口时，要确定收缩断面的位置和测定收缩断面的压力 p_c 是非常困难的，也无此必要。一般总是用阀口两端压差 $\Delta p = p_1 - p_2$ 来代替 $\Delta p_c = p_1 - p_c$，故式(2-37) 可写为

$$q = C_d A_0 \sqrt{\frac{2\Delta p}{\rho}} \tag{2-38}$$

此时，流量系数取值为 $C_d = 0.62 \sim 0.63$。

由式(2-38)可知，通过薄壁小孔的液流流量与小孔前后的压差的平方根以及孔口面积成正比，而与黏度无关，因而对油温的变化不敏感。因这一优良特性，薄壁小孔常用来做液压元件及系统的节流器使用。

(2) 细长孔

液体流经细长孔（$l/d > 4$）时，一般都是层流状态，所以其流量可直接应用前述哈根-泊肃叶公式［式(2-30)］来计算，即

$$q = \frac{\pi d^4}{128 \eta l} \Delta p \tag{2-39}$$

可知，油液流经细长小孔的流量与小孔前后的压差 Δp 成正比，由于公式中也包含油液的黏度 η，因此流量受油温变化的影响较大。

(3) 短孔

液流流经短孔（$0.5 \leq l/d \leq 4$）的流量仍可用薄壁小孔的流量计算式，即

$$q = C_d A_0 \sqrt{\frac{2\Delta p}{\rho}} \tag{2-40}$$

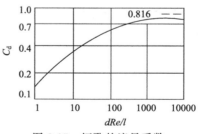

图 2-15 短孔的流量系数

但其流量系数 C_d 不同，可按图 2-15 中的曲线查取。短孔比薄壁小孔容易加工，故常用作固定的节流器。

2.5.2 缝隙压力流量特性

液压元件内各零件间有相对运动，必须要有适当缝隙。缝隙过大，会造成泄漏；缝隙过小，会使零件卡死。如图 2-16 所示为内泄漏与外泄漏，泄漏是由压差和缝隙造成的。内泄漏的损失转换为热能，使油温升高；外泄漏污染环境，两者均影响系统的性能与效率，因此，研究液体流经缝隙的泄漏量、压差与缝隙量之间的关系，对提高元件性能及保证系统正

常工作是必要的。

液压元件中常见的缝隙有平行平板缝隙和环形缝隙两种，且缝隙高度（间隙）相对其长度和宽度（或直径）小得多。缝隙中的流动一般为层流。

(1) 平行平板缝隙

① 联合流动　液体流经平行平板间隙的一般情况是液体受压差 $\Delta p = p_1 - p_2$ 和两平行平板相对运动（上平板运动，下平板固定，相对速度为 v）的联合剪切作用而在缝隙中作定常流动，故称联合流动。

如图 2-17 所示的平行平板缝隙，长度为 l，宽度为 b，缝隙高度为 h，且 l 和 b 都远大于 h，设液体为理想液体，重力忽略不计。在液体中取一个微元体 $\mathrm{d}x\mathrm{d}y$（宽度方向取单位长），作用在它与液流相垂直的两个表面上的压力为 p 和 $p+\mathrm{d}p$，作用在它与液流相平行的上下两个表面上的切应力为 τ 和 $\tau+\mathrm{d}\tau$，其在 x 方向的力平衡方程为

$$p\mathrm{d}y + (\tau+\mathrm{d}\tau)\mathrm{d}x = (p+\mathrm{d}p)\mathrm{d}y + \tau\mathrm{d}x$$

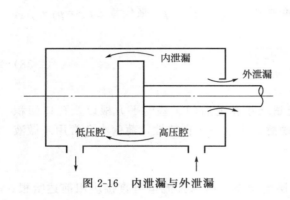

图 2-16　内泄漏与外泄漏

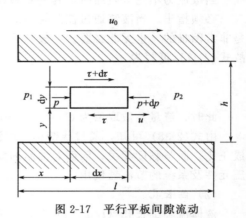

图 2-17　平行平板间隙流动

整理上式并将 $\tau = \eta \mathrm{d}u/\mathrm{d}y$ 代入得

$$\frac{\mathrm{d}^2 u}{\mathrm{d}y^2} = \frac{1}{\eta} \times \frac{\mathrm{d}p}{\mathrm{d}x}$$

上式对 y 进行两次积分并利用边界条件 $u|_{y=0}=0$ 和 $u|_{y=h}=v$ 定出积分常数，同时考虑到层流时 p 是 x 的线性函数，即 $\mathrm{d}p/\mathrm{d}x = -\Delta p/l$，则可得平行平板缝隙中液流速度分布规律。

$$u = \frac{y(h-y)}{2\eta l}\Delta p + \frac{v}{h}y \tag{2-41}$$

由此可得平行平板缝隙的流量为

$$q = \int_0^h ub\,\mathrm{d}y = \int_0^h \left[\frac{y(h-y)}{2\eta l}\Delta p + \frac{v}{h}y\right]b\,\mathrm{d}y = \frac{bh^3}{12\eta l}\Delta p + \frac{bh}{2}v \tag{2-42}$$

② 压差流动　如果两平板无相对运动，即 $v=0$，液体在缝隙压差 $\Delta p = p_1 - p_2$ 的作用下流动，称为压差流动，其流量公式为

$$q = \frac{bh^3}{12\eta l}\Delta p \tag{2-43}$$

③ 剪切流动　如果两平行平板缝隙两端无压差 Δp，液体只在两平行平板的相对运动（速度为 v）的作用下流动，称为剪切流动，其流量公式为

$$q = \frac{bh}{2}v \tag{2-44}$$

由式(2-44)可看出，在压差作用下，流经平行平板缝隙的流量与缝隙高度的三次方成正比，此流量为泄漏量，可见液压元件内零件间缝隙的大小对泄漏量影响非常大。

(2) 圆柱环形缝隙

① 同心环形缝隙　如图 2-18 所示为同心环形缝隙间的液流，长度为 l，当缝隙高度 h 与圆柱体直径 ($d=2r$) 之比 $h/d \ll 1$ 时，可以将同心环形缝隙间的流动近似看作平行平板间隙间的流动，即将环形缝隙沿圆周方向展开，并使缝隙宽度 $b=\pi d$ 代入式(2-40)，可得同心环形缝隙的流量公式。

$$q = \frac{\pi d h^3}{12\eta l}\Delta p \pm \frac{\pi d h}{2}v \tag{2-45}$$

式中，当圆柱体移动方向与压差 Δp 方向相同时，取"+"号，反之取"-"号。如果两柱面无相对运动，$v=0$，则流量为

$$q = \frac{\pi d h^3}{12\eta l}\Delta p \tag{2-46}$$

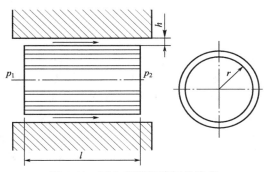

图 2-18　同心环形缝隙间的液流

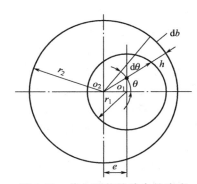

图 2-19　偏心环状缝隙中的液流

② 偏心环形缝隙　液压元件中经常出现偏心环状的情况，例如活塞与油缸不同心时就形成了偏向环状缝隙。如图 2-19 所示，偏心环状缝隙的偏心距为 e，设在任一角度 θ 处的缝隙为 h，因缝隙很小，$r_1 \approx r_2 = r$，可将微小圆弧 db 所对应的环形缝隙流动视为平行平板缝隙流动。将 $b=rd\theta$ 代入式(2-42)，可得微分流量。

$$dq = \frac{rd\theta h^3}{12\eta l}\Delta p \pm \frac{rd\theta h}{2}v \tag{2-47}$$

由图 2-19 中几何关系可知，$h \approx h_0 - e\cos\theta \approx h_0(1-\varepsilon\cos\theta)$，式中，$h_0$ 为内外圆柱面同心时半径方向的缝隙值；ε 为相对偏心率，$\varepsilon = e/h_0$，其最大值 $\varepsilon_{max}=1$。

将 h 值代入式(2-46)并积分可得偏心圆柱环形缝隙的流量公式。

$$q = \frac{\pi d h_0^3}{12\eta l}\Delta p(1+1.5\varepsilon^2) \pm \frac{\pi d h_0}{2}v \tag{2-48}$$

式中，"±"取法同前。若两圆柱面无相对运动，$v=0$，则流量为

$$q = \frac{\pi d h_0^3}{12\eta l}\Delta p(1+1.5\varepsilon^2) \tag{2-49}$$

比较式(2-46)和式(2-49)可知，当偏心距 $e=h_0$（即 $\varepsilon_{max}=1$）时，通过偏心圆柱圆形缝隙的流量（不考虑相对运动时）是通过同心环形缝隙的 2.5 倍，因此，在液压元件中为减小缝隙泄漏量，应采取措施，尽量使圆柱配合副处于同心状态。

除上述的平行平板缝隙、圆柱环形缝隙外，液压和气动元件还有圆锥环形缝隙（因加工

误差使圆柱配合副带有锥度时形成)、圆环平面缝隙等,其流量公式可参阅有关手册。

2.6 液压冲击及气穴现象

2.6.1 液压冲击现象

在液压系统中,由于某些原因引起的液体压力发生急剧交替升降的波动过程称为液压冲击。出现液压冲击时,液体中的瞬时峰值压力往往比正常工作压力高出几倍,它不仅会损坏密封装置、管道和液压元件,而且还会引起振动和噪声;有时使顺序阀、压力断电器等压力控制元件产生误动作,破坏系统的工作循环,降低设备的工作质量或造成设备的损坏。

(1) 液压冲击的类型

按发生的原因,液压冲击可分为三种类型。

① 阀门迅速关闭或开启时产生的液压冲击 在液压系统中,如图 2-20(a) 所示为液压管路的某一部分,在管道的一端装有较大的容腔(如液压缸、液压马达、蓄能器等)与管道连接,在管道的另一输出端装有一个阀门 K。

当阀门开启时,管道中的液体以流速 v 流过,若不考虑管道中的压力损失,管路中的压力均等于 p (因容腔的容积较大)。当阀门迅速关闭时,液流不能再从输出端排出,在这一瞬间,靠近阀门 K 处的液体立即停止运动,使流速降为零,液体被高度压缩,根据能量守恒定律,这时液体的动能转变为液体的压力能,从而使液体的压力急剧上升而产生液压冲击波。这个液压冲击波以高速(即液体介质中的声速,实验得知,矿物油中声速为 1330m/s)在管内往复传递,使管路中压力不断振荡。但由于管路的弹性变形和液压阻力的影响,液压冲击波将逐渐衰减,最后趋向稳定,其冲击压力与时间的关系曲线如图 2-20(b) 所示。当阀门骤然开启时,则会出现压力迅速降低。

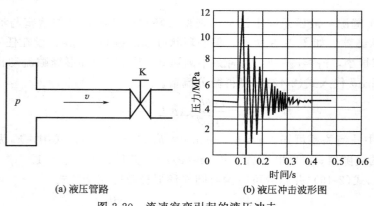

(a) 液压管路　　　　　　(b) 液压冲击波形图

图 2-20　流速突变引起的液压冲击

② 运动部件制动时产生的液压冲击 在液压系统中,高速运动的执行部件的惯性力也会引起液压冲击。例如,当马达或液压缸的运动部件被制动时,运动部件由于惯性作用仍在向前运动,经过一段时间后运动才能完全停止,使执行元件和管道中的压力急剧上升而产生液压冲击。

③ 液压元件动作不灵敏时产生的液压冲击 在液压系统中溢流阀作安全阀使用时,当系统过载使压力升高时,溢流阀会反应迟钝,不能及时、迅速打开,导致系统管道内压力急剧升高而产生液压冲击;限压式自动调节的变量液压泵,当油压升高不能及时减小输出流量

时，也会使系统产生液压冲击。

（2）减小液压冲击的措施

① 尽可能延长换向阀或运动部件的换向制动时间，可采用换向时间可调的换向阀。

② 在容易发生液压冲击的部位采用橡胶软管或设置蓄能器，以吸收冲击压力；也可以在这些部位安装安全阀，以限制压力升高。

③ 适当加大管径，限制管道中的液流速度；尽可能缩短管长，以减小压力冲击波的传播时间；避免不必要的管道弯曲。

④ 在液压元件（如液压缸）中设置缓冲装置。

2.6.2 气穴现象

（1）气穴现象的产生原因和危害

一般液体中都含有一定量的空气，空气可溶解于液体中或以气泡的形式混合在液体中。空气的溶解量与液体的绝对压力成正比，在1atm（101325Pa）下，石油型液压油常温时溶解有6%～12%（体积分数）的空气。在液压系统中，当管道或元件内绝对压力低于所在温度下的空气分离压（小于1atm）时，液压油液中的溶解气体会以很高的速度分离出来并形成气泡的现象，这种现象称为气穴。气穴现象会破坏液流的连续状态，造成流量和压力的不稳定。

发生气穴现象时，气泡随着液流进入高压区时，体积急剧缩小或溃灭，气泡又凝结成液体，形成局部真空，周围液体质点以极大速度来填补这一空间，使气泡凝结处瞬间局部压力和温度急剧升高，引起强烈振动和噪声，并加速油液的氧化变质。在气泡凝结附近的金属壁面，因反复受到液压冲击与高温作用，以及油液中逸出空气中氧的侵蚀，将产生剥落，或出现海绵状的小洞穴，这种现象称为气蚀。

泵吸入管路连接或密封不严使空气进入管道，回油管高出油面使空气冲入油中而被泵吸入油路，以及泵吸油管道阻力过大、流速过高，通常是造成气穴的原因。

此外，当油液流经节流部位，流速增高，压力降低，在节流部位前后压力比 $p_1/p_2 \geq 3.5$ 时，也会发生节流气穴。

（2）气穴与气蚀的预防措施

气穴现象引起系统的振动，产生冲击、噪声、气蚀而使工作状态恶化。为防止气穴现象的产生，就要防止液压系统中的压力过度降低（多发生在液压泵吸油口和液压阀的阀口处），具体可采取以下措施。

① 限制液压泵吸油口距油箱油面的安装高度，泵吸油口要有足够的管径，过滤器压力损失要小；必要时可将液压泵浸入油箱的油液中或采用倒灌吸油（泵置于油箱下方），以改善吸油条件。

② 减少阀孔或缝隙前后的压差，一般控制阀孔或缝隙前后的压力比 $p_1/p_2 < 3.5$。

③ 提高各元件接合处管道的密封性，防止空气侵入。

④ 提高零件的抗气蚀能力，如采用抗腐蚀能力强的材料，增加零件的机械强度，并减小其表面粗糙度等。

思考题与习题

2-1　液压油液的黏度有几种表示方法？它们各用什么符号表示？它们又各用什么单位？

2-2　L-HM 68 液压油，设其密度为 $900 kg/m^3$，其动力黏度和恩氏黏度各是多少？

2-3 液压油的选用应考虑哪几个因素？

2-4 液压传动的介质污染原因主要来自哪几个方面？应该怎样控制介质的污染？

2-5 什么是绝对压力、相对压力、真空度？它们的关系如何？设液体中某处的表压力为 10MPa，其绝对压力是多少？某处的绝对压力是 0.03MPa，其真空度是多少？

2-6 解释下列概念：理想液体、定常流动、流线、通流截面、流量、平均流速。

2-7 连续性方程的本质是什么？它的物理意义是什么？

2-8 说明伯努利方程的物理意义，并指出理想液体伯努利方程和实际液体伯努利方程的区别。

2-9 什么是层流和紊流？如何判别？

2-10 什么是液压冲击？可采取哪些措施来减少液压冲击？

2-11 什么是气穴现象？它有哪些危害？一般采取哪些措施防止气穴和气蚀？

2-12 如图 2-21 所示，一个直径为 d、质量为 m 的活塞浸在液体中，并在力 F 的作用下处于静止状态。若液体的密度为 ρ，活塞浸入深度为 h，试确定液体在测压管内的上升高度 x。

2-13 如图 2-22 所示，充满液体的倒置 U 形管，一端位于液面与大气相通的容器中，另一端位于密封容器中。容器与管中液体相同，密度 $\rho=1000\text{kg/m}^3$。在静止状态下，$h_1=0.5\text{m}$，$h_2=2\text{m}$。试求在 A、B 两处的真空度。

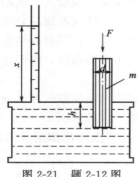

图 2-21 题 2-12 图

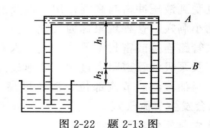

图 2-22 题 2-13 图

2-14 如图 2-23 所示的压力阀，当 $p_1=6\text{MPa}$ 时，液压阀动作。若 $d_1=10\text{mm}$，$d_2=15\text{mm}$，$p_2=0.5\text{MPa}$，试求：(1) 弹簧的预压力 F_s；(2) 当弹簧刚度 $k=10\text{N/mm}$ 时的弹簧预压缩量 x_0。

2-15 若通过一个薄壁小孔的流量 $q=25\text{L/min}$ 时，孔前后压差为 0.3MPa，孔的流量系数 $C_d=0.61$，油液密度 $\rho=900\text{kg/m}^3$。试求该小孔的通流面积。

2-16 已知管道直径 $d=50\text{mm}$，油液运动黏度为 $\nu=0.2\text{cm}^2/\text{s}$，若油液处于层流状态，问通过的最大流量 q 是多少？

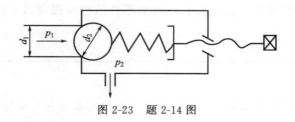

图 2-23 题 2-14 图

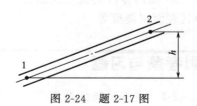

图 2-24 题 2-17 图

2-17 如图 2-24 所示的管道输入密度为 $\rho=880\text{kg/m}^3$ 的油液，已知 $h=15\text{m}$，如果测得压力有如下两种情况，求油液流动方向。

(1) $p_1=450\text{kPa}$，$p_2=400\text{kPa}$。

(2) $p_1=450\text{kPa}$，$p_2=250\text{kPa}$。

2-18 如图 2-25 所示，液压泵的流量 $q=25\text{L/min}$，吸油管直径 $d=25\text{mm}$，泵口比油箱液面高出 $h=400\text{mm}$。如果只考虑吸油管中的沿程压力损失，当用 32 号液压油，并且油温为 40℃时，液压油的密度 $\rho=900\text{kg/m}^3$。试求油泵吸油口处的真空度是多少？

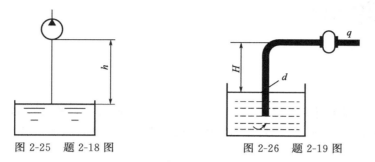

图 2-25 题 2-18 图　　　　图 2-26 题 2-19 图

2-19 如图 2-26 所示，液压泵从一个大容积的油池中抽吸润滑油，流量为 $q=1.2\text{L/s}$，油液的黏度 °$E=40$，密度 $\rho=900\text{kg/m}^3$，假设液压油的空气分离压为 $2.8\text{mH}_2\text{O}$，吸油管长度 $l=10\text{m}$，直径 $d=40\text{mm}$，如果只考虑管中的摩擦损失，求液压泵在油箱液面以上的最大允许安装高度是多少？

2-20 如图 2-27 所示，已知液压泵的供油压力为 $p=3.2\text{MPa}$，薄壁小孔节流阀的开口面积为 $A_1=2\text{mm}^2$，$A_2=1\text{mm}^2$，试求活塞向右运动的速度是多少？活塞面积 $A=1\times10^{-2}\text{m}^2$，油的密度 $\rho=900\text{kg/m}^3$，负载 $F=16000\text{N}$，油液的流量系数 $C_d=0.6$。

2-21 动力黏度 $\eta=0.138\text{Pa·s}$ 的润滑油，从压力为 $p=1.6\times10^5\text{Pa}$ 的总管，经过长 $l_0=0.8\text{m}$、直径 $d_0=6\text{mm}$ 的支管流至轴承中部宽 $b=100\text{mm}$ 的环形槽中，轴承长 $l=120\text{mm}$，轴径 $d=60\text{mm}$，缝隙高度 $h_0=0.1\text{mm}$（图 2-28），假设管道和缝隙中都是层流。试确定：

(1) 轴与轴承同心时；(2) 轴与轴承有相对偏心比 $\varepsilon=0.5$ 时，这两种情况下从轴承两端流出的流量。设轴转动的影响忽略不计。

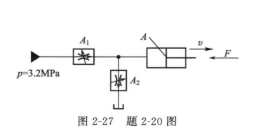

图 2-27 题 2-20 图

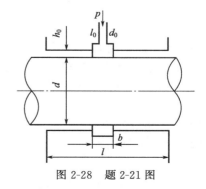

图 2-28 题 2-21 图

第3章 液压能源元件

液压系统的能源元件是指各类液压泵,其功用是将原动机的机械能转变为液体的压力能,为液压传动系统提供具有一定压力和流量的液体。它是液压系统不可缺少的核心元件。

3.1 液压泵的工作原理与类型

3.1.1 液压泵的工作原理

液压系统中使用的液压泵都是容积式的。现以单柱塞泵为例来说明容积式液压泵的工作原理,如图3-1所示为单柱塞液压泵的工作原理。凸轮1旋转时,柱塞2在凸轮1和弹簧3的作用下,在缸体的柱塞孔内左、右往复移动,缸体与柱塞之间构成了容积可变的密封工作腔4。柱塞向右移动时,密封工作腔4的容积变大,产生真空,油液便通过吸油阀5吸入;柱塞2向左移动时,工作腔4的容积变小,已吸入的油液便通过压油阀6排到系统中去。在工作过程中,吸油阀5和压油阀6在逻辑上互逆,不会同时开启。由此可见,泵是靠密封工作腔的容积变化进行工作的。

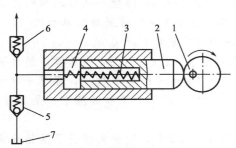

图3-1 单柱塞液压泵的工作原理
1—凸轮;2—柱塞;3—弹簧;4—密封工作腔;
5—吸油阀;6—压油阀;7—油箱

根据工作腔的容积变化而进行吸油和排油是液压泵的共同特点,因而这种泵又称为容积泵。构成容积泵必须具备以下基本条件。

① 结构上具有能实现密封性能的可变工作容积。

② 工作腔能周而复始地增大和减小;当它增大时与吸油口相通,当它减小时与排油口相通。

③ 具有相应的配油机构,将吸油腔和压油腔隔开,保证泵有规律地吸压液体。配油机构也因液压泵的结构不同而不同,图3-1中,单柱塞液压泵的配油机构为吸油阀5和压油阀6。

④ 为保证正常吸油,油箱必须与大气相通或采用密闭的充气油箱。

从容积式液压泵的工作原理可以看出,在不考虑泄漏的情况下,液压泵在每个工作周期中吸入或排出的油液体积只取决于工作构件的几何尺寸,如柱塞泵的柱塞直径和工作行程。

在不考虑泄漏等影响时,液压泵单位时间排出的油液体积与泵密封容积变化频率成正比,也与泵密封容积的变化量成正比;在不考虑液体的压缩性时,液压泵单位时间排出的液体体积与工作压力无关。

3.1.2 液压泵的类型及图形符号

液压泵的类型有很多,按照结构形式的不同,液压泵有齿轮泵、叶片泵和柱塞泵等类型;按其单位时间内所能输出油液体积是否可调节分为定量泵和变量泵;按其输出油液的方向能否改变,又有单向泵和双向泵之分。

常见液压泵的图形符号如图 3-2 所示。

(a) 单向定量泵　　(b) 单向变量泵　　(c) 双向定量泵　　(d) 双向变量泵

图 3-2　常用液压泵图形符号

3.2 液压泵的主要性能参数

3.2.1 压力

(1) 工作压力 p

工作压力是指液压泵实际工作时的出口压力,单位为 Pa 或 MPa。工作压力取决于外负载的大小和排油管路上的压力损失,而与流量无关。

(2) 额定压力 p_n

液压泵在正常工作条件下,按试验标准规定连续运转所允许的最高压力称为液压泵的额定压力,单位为 Pa 或 MPa。额定压力取决于液压泵零部件的结构强度和密封性,超过此值就是过载。

(3) 最高允许压力 p_{max}

在超过额定压力的条件下,根据试验标准规定,允许液压泵短暂运行的最高压力值称为液压泵的最高允许压力。最高允许压力也取决于液压泵零部件的结构强度和密封性。一般最高允许压力为额定压力的 1.1 倍,超过这个压力液压泵将很快损坏。

3.2.2 排量和流量

(1) 排量 V

在不考虑泄漏的情况下,液压泵主轴每转一转,所排出油液的体积称为排量,其国际标准单位为 m^3/r,常用的单位为 mL/r。排量的大小由密封容积几何尺寸的变化计算而得。

(2) 理论流量 q_t

理论流量是指在不考虑泄漏的情况下,液压泵在单位时间内所排出油液的体积。如果液压泵的排量为 V,其主轴转速为 n,则该液压泵的理论流量 q_t 为

$$q_t = Vn \tag{3-1}$$

(3) 实际流量 q

实际流量是在具体实际工况下,液压泵在单位时间内所排出油液的体积,单位为 m^3/s。

它等于理论流量减去泄漏流量 q_1，即

$$q = q_t - q_1 = q_t - k_1 p \tag{3-2}$$

式中，k_1 为泵的泄漏系数。

由式(3-2)可知，液压泵的泄漏流量 q_1 随工作压力 p 的增大而增大，所以液压泵的实际流量 q 随工作压力 p 的增大而减小。

（4）额定流量 q_n

额定流量是指液压泵在额定压力和额定转速下输出的实际流量，单位为 m^3/s。由于泵存在泄漏，所以泵的实际流量 q 和额定流量 q_n 都小于理论流量 q_t。

3.2.3 功率和效率

液压泵是能量转换元件，输入的是机械能，表现为转矩 T 和转速 n；输出的是液体的压力能，表现为液体的压力 p 和流量 q。如果不考虑液压泵在能量转换过程中的能量损失，则输出功率等于输入功率，即理论上输入的机械能被 100% 转换为液体的压力能，用公式表示为

$$P_t = 2\pi T_t n = p q_t \tag{3-3}$$

式中，P_t 为理论功率；T_t 为理论转矩。

实际上，由于液压泵有泄漏和机械摩擦，所以液压泵在能量转换过程中是有能量损失的，输出功率总是小于输入功率。输入功率和输出功率之间的差值为功率损失，功率损失有容积损失和机械损失两部分。输出功率和输入功率之间的比值为总效率，总效率有容积效率和机械效率两部分。

（1）输入功率 P_i

输入功率是驱动液压泵的机械功率，即实际输入的机械功率。

$$P_i = 2\pi T n \tag{3-4}$$

式中，T 为驱动液压泵的实际输入转矩；n 为液压泵的主轴转速。

（2）输出功率 P_o

液压泵的输出功率是泵的进、出口压差 Δp 与泵的实际流量 q 的乘积。在实际的计算中，若油箱通大气，液压泵吸、压油口的压力差 Δp 往往用液压泵出口压力 p 代替，即

$$P_o = p q \tag{3-5}$$

（3）功率损失

如前文所述，液压泵的功率损失为输入功率减去输出功率，它包括容积损失和机械损失两部分。容积损失是因泄漏等原因造成的液压泵流量上的损失，容积损失可用容积效率来表征；机械损失是指因摩擦而造成的转矩上的损失，机械损失可用机械效率来表征。

（4）容积效率 η_v

液压泵在工作时，由于存在泄漏，液压泵的实际流量总是小于理论流量。容积效率等于液压泵的实际流量与理论流量的比值，即

$$\eta_v = \frac{q}{q_t} = \frac{q_t - q_1}{q_t} = 1 - \frac{q_1}{q_t} \tag{3-6}$$

由式(3-2)可知，工作压力越大，液压泵的泄漏流量越大，液压泵的容积效率随泄漏流量 q_1 的增大而减小，故液压泵的容积效率随工作压力的增大而减小。

液压泵的容积效率可以用来表征液压泵的容积损失，容积效率越低，说明它因泄漏而引起的容积损失越大。

(5) 机械效率 η_m

液压泵在工作时，由于液压泵内流体的黏性和机械摩擦，驱动液压泵的实际输入转矩总是大于理论上需要的转矩。机械效率等于驱动液压泵的理论转矩与实际转矩的比值，即

$$\eta_m = \frac{T_t}{T} \tag{3-7}$$

液压泵的机械效率可以用来表征液压泵的机械损失，机械效率越低，说明它因摩擦而引起的机械损失越大。

(6) 总效率 η

液压泵的总效率是实际输出功率与实际输入功率之比。

$$\eta = \frac{P_o}{P_i} \tag{3-8}$$

由式(3-6)~式(3-8)和式(3-3)可以得到

$$\eta = \frac{P_o}{P_i} = \frac{pq}{2\pi Tn} = \frac{pq_t \eta_v}{2\pi \frac{T_t}{\eta_m} n} = \eta_v \eta_m \tag{3-9}$$

式(3-9)说明，液压泵的总效率也等于容积效率和机械效率的乘积。

液压泵的各个参数和压力之间的关系如图3-3所示。

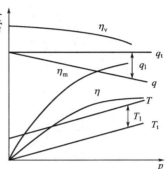

图 3-3 液压泵的各个参数和压力之间的关系

3.3 齿轮泵

齿轮泵是以成对齿轮啮合运动完成吸油和压油动作的一种定量液压泵，是液压传动系统中常用的液压泵。在结构上，齿轮泵可分为外啮合式和内啮合式两类。

3.3.1 外啮合齿轮泵

(1) 工作原理

外啮合齿轮泵的工作原理如图3-4所示。泵体内相互啮合的主、从动齿轮2和3与两端盖及泵体一起构成许多密封工作腔，齿轮的啮合点将左、右两腔隔开，形成了吸、压油腔，当齿轮按图示方向旋转时，右侧吸油腔内的轮齿脱离啮合，密封工作腔容积不断增大，形成部分真空，油液在大气压力作用下从油箱经吸油管进入吸油腔，并被旋转的轮齿带入左侧压油腔。左侧压油腔内的轮齿不断进行啮合，使密封工作腔容积减小，油液受到挤压被排往系统中，这就是齿轮泵的吸油和压油过程。齿轮连续运转，泵连续不断地吸油和压油。

齿轮啮合点处的齿面接触线将吸油腔和压油腔分开，起到了配油（配流）作用，因此不需要单独设置配油装置，这种配油方式称为直接配油。

如图3-5所示为CB-B齿轮泵的结构简图，

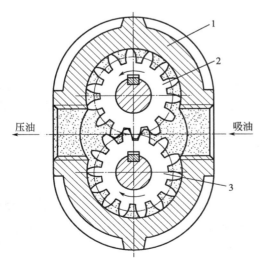

图 3-4 外啮合齿轮泵的工作原理
1—泵体；2—主动齿轮；3—从动齿轮

该齿轮泵为外啮合渐开线齿轮泵,广泛应用于机床和工程机械的液压系统,可作为液压系统的动力源,也可作为润滑泵、输油泵使用。

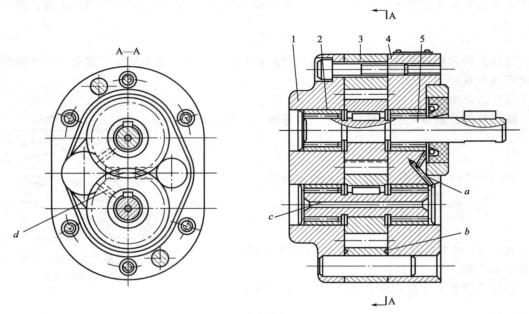

图 3-5 CB-B 齿轮泵的结构简图
1—后端盖;2—滚针轴承;3—泵体;4—前端盖;5—长轴

(2) 齿轮泵的排量和流量计算

齿轮泵排量和流量的精确计算比较复杂,因为当齿轮旋转时,齿轮的不同啮合点工作容腔容积的变化率是不一样的,故在每一个瞬间所排出的油液量也不相同。近似计算时可认为排量等于它的两个齿轮的齿间槽容积之总和,假设齿间槽的容积等于轮齿的体积,则齿轮泵的排量可以近似地等于其中一个齿轮的所有轮齿体积与齿间槽容积之和,即以齿顶圆为外圆、直径为 $(z-2)m$ 的圆为内圆的圆环为底,以齿宽为高所形成的环形筒的体积。当齿轮的模数为 m、齿宽为 B、齿数为 z 时,排量为

$$V = \frac{\pi}{4}\{[(z+2)m]^2 - [(z-2)m]^2\}B = 2\pi z m^2 B \tag{3-10}$$

实际上齿间槽的容积比轮齿的体积稍大些,所以通常取

$$V = 6.66 z m^2 B \tag{3-11}$$

因此,当驱动齿轮泵的原动机转速为 n 时,外啮合齿轮泵的理论流量和实际输出流量分别为

$$q_t = 6.66 z m^2 B n \tag{3-12}$$

$$q = 6.66 z m^2 B n \eta_v \tag{3-13}$$

式中,η_v 为外啮合齿轮泵的容积效率。

以上计算的是外啮合齿轮泵的平均流量,实际上随着啮合点位置的不断改变,吸、排油腔的每一瞬时的容积变化率是不均匀的,因此齿轮泵的瞬时流量是脉动的,设 q_{max}、q_{min} 分别表示最大、最小瞬时流量,则流量脉动率 σ 可用下式表示。

$$\sigma = \frac{q_{max} - q_{min}}{q} \times 100\% \tag{3-14}$$

理论研究表明，外啮合齿轮泵齿数越少，脉动率 σ 就越大，其值最高可达 20% 以上。流量脉动引起压力脉动，随之产生振动和噪声，故精度要求高的液压系统不宜采用齿轮泵。

3.3.2 外啮合齿轮泵的结构特点和应用

（1）外啮合齿轮泵的结构特点

① 困油问题　外啮合齿轮泵要连续平稳地工作，齿轮啮合时的重叠系数必须大于1，即至少有一对以上的轮齿同时啮合，因此，在工作过程中，就有一部分油液困在两对轮齿啮合时所形成的封闭油腔之内，该封闭油腔又称为困油区，如图3-6所示。这个密封油腔与泵的高、低压油腔均不相通，其容积的大小随齿轮转动而变化。从图3-6(a)到图3-6(b)，困油区容积逐渐减小；从图3-6(b)到图3-6(c)，困油区容积逐渐增大。如此产生了密封容积周期性的增大和减小。当困油区容积逐渐减小时，受困油液受到挤压而产生瞬间高压，密封容腔的受困油液若无油道与排油口相通，油液将从缝隙中被挤出，导致油液发热，轴承等零件也受到附加冲击载荷的作用；当困油区容积逐渐增大时，无油液的补充，又会造成局部真空，使溶于油液中的气体分离出来，产生气穴，这就是齿轮泵的困油现象。

困油现象使齿轮泵产生强烈的噪声，并引起振动和汽蚀，同时降低泵的容积效率，影响泵的工作平稳性和使用寿命。消除困油的方法，通常是在两端盖板上开卸荷槽，如图3-6中的虚线方框。当封闭容积减小时，通过左边的卸荷槽与压油腔相通，而封闭容积增大时，通过右边的卸荷槽与吸油腔通，两卸荷槽的间距必须确保在任何时候都不使吸、排油相通。

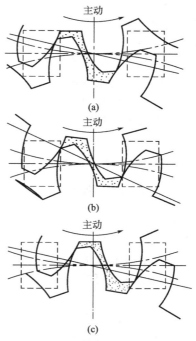

图 3-6　齿轮泵的困油现象

② 泄漏问题　在液压泵中，压油腔的油液通过间隙向吸油腔的泄漏是不可避免的，而且，压力越高，通过间隙泄漏的液压油越多。外啮合齿轮泵压油腔的压力油可通过三种途径泄漏到吸油腔去：一是通过齿轮啮合线处的间隙；二是通过泵体内孔和齿顶间的径向间隙；三是通过齿轮两端面和端盖间的轴向间隙。在这三类间隙中，轴向间隙的泄漏量最大，其泄漏量可占总泄漏量的 75%～80%。轴向间隙越大，泄漏量越大，会使容积效率过低；间隙过小，齿轮端面与泵的端盖间的机械摩擦损失增大，会使泵的机械效率降低。

为了提高齿轮泵的压力和容积效率，实现齿轮泵的高压化，需要从结构上采取措施，对轴向间隙进行自动补偿。如图3-7所示为采用浮动轴套的齿轮泵轴向间隙自动补偿原理，该齿轮泵的一端轴套是固定轴套，而另一端轴套是浮动安装的，浮动轴套外侧的空腔与泵的压油腔相通，当泵工作时，浮动轴套受油压的作用而压向齿轮端面，使轴套内侧始终紧贴在齿轮端面上，压力越

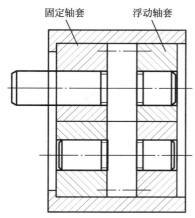

图 3-7　采用浮动轴套的齿轮泵轴向间隙自动补偿原理

高,轴向间隙越小,从而补偿了轴向间隙,减小了泵内通过轴向间隙的泄漏。

③ 径向不平衡力问题　在齿轮泵中,油液作用在齿轮外缘的压力是不均匀的,从低压腔到高压腔,压力沿齿轮旋转的方向逐齿递增,因此,齿轮和轴受到径向不平衡力的作用,工作压力越高,径向不平衡力越大,径向不平衡力很大时,能使泵轴弯曲,泵体内吸油口一侧的齿顶压向泵体,导致泵体内侧被轮齿刮伤,同时也加速轴承的磨损,降低轴承使用寿命。

为了减小径向不平衡力的影响,常采取缩小压油口尺寸的办法,使压油腔的压力仅作用在一个齿到两个齿的范围内,同时,适当增大径向间隙,使齿顶不与泵体内表面产生接触,并在支承上多采用滚针轴承或滑动轴承。有的高压齿轮泵采用在端盖上开设平衡槽的办法来减小径向不平衡力。

(2) 性能特点及应用

外啮合齿轮泵的优点是结构简单,制造方便,价格低廉,体积小,重量轻,工作可靠,维护方便,自吸能力强,对油液污染不敏感。它的缺点是容积效率低,轴承及齿轮轴上承受的径向载荷大,因而使工作压力的提高受到一定限制。此外,还存在着流量脉动大、噪声较大等不足之处。外啮合齿轮泵常用于负载小、功率小的机床设备及机床辅助装置(如送料、夹紧等场合),在工作环境较差的工程机械上也广泛应用。

3.3.3 内啮合齿轮泵

内啮合齿轮泵的工作原理与外啮合齿轮泵完全相同,也是利用齿间的密闭容积的变化来实现吸油和压油的。内啮合齿轮泵有渐开线内啮合齿轮泵和摆线内啮合齿轮泵两种。

内啮合齿轮泵的优点是结构紧凑,尺寸小,重量轻,噪声小,运转平稳,流量脉动较小,在高转速下可获得较大的容积效率。缺点是齿形复杂,加工精度高,加工难度大,造价较高。

(1) 摆线内啮合齿轮泵

如图 3-8 所示为摆线内啮合齿轮泵的工作原理,内齿轮 1 和外齿轮 2 只相差一个齿,不需要设置隔板,在内齿轮 1 和外齿轮 2 的各相对轮齿和两端盖间形成了几个独立的密封腔。随着齿轮的旋转,各密封腔的容积将发生增大或减小,从而完成吸、压油动作。

摆线内啮合齿轮泵在输油系统中可作传输、增压的输油泵。在燃油系统中可作传输、加压、喷射的燃油泵。在一切工业领域中均可作润滑泵用。

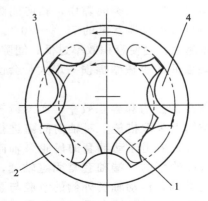

图 3-8　摆线内啮合齿轮泵的工作原理图
1—内齿轮;2—外齿轮;3—吸油腔;4—压油腔

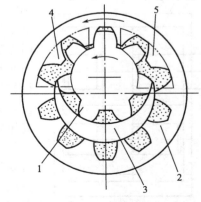

图 3-9　渐开线内啮合齿轮泵的工作原理
1—内齿轮;2—外齿轮;3—隔板;4—吸油腔;5—压油腔

(2) 渐开线内啮合齿轮泵

如图 3-9 所示为渐开线内啮合齿轮泵的工作原理，内齿轮 1 是主动轮，它和外齿轮 2 之间要装一块隔板 3，以便把吸油腔 4 和压油腔 5 隔开。内啮合渐开线齿轮泵的工作原理与内啮合摆线齿轮泵的工作原理完全相同，它们的结构特点及应用场合也基本相同。

3.4 叶片泵

叶片泵是靠叶片、定子和转子构成的密闭工作腔容积变化而实现吸油和压油的一类液压泵。根据各密封工作容积在转子旋转一周吸、压油次数的不同，叶片泵分为单作用叶片泵和双作用叶片泵两类。叶片泵具有结构紧凑、运转平稳、流量脉动小等优点，在工作机械的中高压系统中应用广泛。叶片泵的缺点是结构较复杂、吸油性能较差、对油液污染比较敏感。

3.4.1 单作用叶片泵

(1) 工作原理

如图 3-10 所示为单作用叶片泵的工作原理。它由转子 1、定子 2、叶片 3 和端盖等组成，定子 2 具有圆柱形内表面，定子 2 和转子 1 间有偏心距 e。叶片 3 装在转子 1 的槽中，并可在槽内滑动，当转子 1 转动时，由于离心力的作用，使叶片 3 紧靠在定子 2 内壁，这样在定子、转子、叶片和两侧配油盘间就形成若干个密封的工作腔，当转子 1 按图示的方向转动时，在图的右部，叶片逐渐伸出，叶片间的工作腔容积逐渐增大，从吸油口吸油，这是吸油腔。在图的左部，叶片被定子内壁逐渐压进槽内，工作腔容积逐渐缩小，将油液从压油口压出，这是压油腔。这种叶片泵在转子每转一转，每个工作腔完成一次吸油和压油，因此称为单作用叶片泵。转子不停地旋转，泵就不断地吸油和压油。

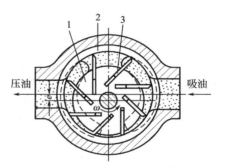

图 3-10 单作用叶片泵的工作原理
1—转子；2—定子；3—叶片

(2) 流量计算

单作用叶片泵的实际输出流量用下式计算。

$$q = 2\pi beDn\eta_v \tag{3-15}$$

式中，b 为叶片宽度；e 为转子与定子间的偏心距；D 为定子内径；其余符号意义同前。

单作用叶片泵的流量也是脉动的，泵内叶片数越多，流量脉动率越小。此外，奇数叶片的泵的脉动率比偶数叶片的脉动率小，所以单作用叶片泵的叶片数总取奇数，一般为 13 片或 15 片。

(3) 特点及应用

单作用叶片泵的优点是运转平稳，压力脉动小，噪声小，结构紧凑，尺寸小，流量大。其缺点是对油液要求高，如油液中有杂质，则叶片容易卡死；与齿轮泵相比，结构较复杂。它广泛用于专用机床，自动化生产线等中、低压液压系统中。

由式(3-15)可以看出，改变单作用叶片泵定子和转子之间的偏心距 e 便可改变排量，如果单作用叶片泵的偏心距 e 距不可调时是定量泵，如果偏心距 e 可调则是变量泵。实际生产中的单作用叶片泵多为变量泵，当偏心距 e 反向时，吸油和压油方向也相反；由于单作用叶片泵的转子受到不平衡的径向液压作用力，故又称为非平衡式泵，所以这种单作用叶片泵一般不宜用于高压场合；为了更有利于叶片在惯性力作用下向外伸出，而使叶片有一个与旋转方向相反的倾斜角，称后倾角，一般为 24°。

3.4.2 限压式变量叶片泵

如上所述，单作用叶片泵由于转子相对定子有一个偏心距 e，使泵轴在旋转时密封工作腔的容积产生变化，产生吸油和压油动作。如果单作用叶片泵设有偏心距 e 的调节机构，则该单作用叶片泵为变量泵。

改变偏心距 e 的方式可分为手动调节变量泵和自动调节变量泵两种。自动调节变量泵又有限压式变量泵、稳流量式变量泵和恒压式变量泵等多种型式，其中限压式变量泵的应用较普遍。限压式变量泵又分为外反馈式和内反馈式两种。下面介绍外反馈限压式变量叶片泵。

(1) 工作原理

限压式变量叶片泵是单作用叶片泵，根据单作用叶片泵的工作原理，改变定子和转子间的偏心距 e，就能改变泵的输出流量，限压式变量叶片泵能借助输出压力的大小自动改变偏心距 e 的大小来改变输出流量。当压力低于某一可调节的限定压力时，泵的输出流量最大；当压力高于限定压力时，随着压力增加，泵的输出流量线性地减少。

外反馈限压式变量叶片泵的工作原理如图 3-11 所示。它能根据外负载（泵出口压力）的大小自动调节泵的排量。图中转子 1 的中心 O 是固定不动的，定子 3 (其中心为 O_1) 可沿滑块滚针支承 4 左右移动。定子右边有反馈柱塞 5，它的油腔与泵的压油腔相通。设反馈柱塞 5 的受压面积为 A，则作用在定子 3 上的反馈力 pA 小于作用在定子上的弹簧力 F_s 时，弹簧 2 把定子推向最右边，反馈柱塞 5 和流量调节螺钉 6 用以调节泵的原始偏心，进而调节流量，当反馈柱塞 5 和流量调节螺钉 6 相接触时，偏心达到预调值 e_0，泵的输出流量最大。

当泵的压力升高到 $pA > F_s$ 时，反馈力克服弹簧预紧力，推动定子左移 x 距离，偏心减小，泵输出流量随之减小。泵出口压力越高，偏心越小，输出流量也越小。当压力达到使泵的偏心所产生的流量全部用于补偿泄漏时，泵的输出流量为零，不管外负载再怎样加大，

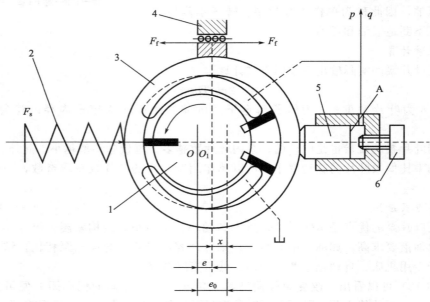

图 3-11 外反馈限压式变量叶片泵的工作原理
1—转子；2—弹簧；3—定子；4—滑块滚针支承；5—反馈柱塞；6—流量调节螺钉

泵的输出压力也不会再升高,所以这种泵被称为限压式变量叶片泵。外反馈的意义表示反馈力是通过柱塞从外面加到定子上的。

(2) 流量-压力特性

设泵的转子和定子间的预设偏心距为 e_0,此时弹簧的预压缩量为 x_0,弹簧刚度为 k_s,当压力逐渐增大,使定子开始移动时压力为 p_b,则有

$$p_b A = k_s x_0 \tag{3-16}$$

由此得

$$p_b = \frac{k_s x_0}{A} \tag{3-17}$$

当泵压力为 p 时,定子移动了 x 距离,亦即弹簧压缩量增加,这时的偏心量为

$$e = e_0 - x \tag{3-18}$$

如忽略泵在滑块滚针支承处的摩擦力 F_f,泵定子的受力方程为

$$pA = k_s(x_0 + x) \tag{3-19}$$

泵的实际输出流量为

$$q = k_q e - k_1 p \tag{3-20}$$

式中,k_q 为泵的流量系数;k_1 为泵的泄漏系数。

当 $pA < F_s$ 时,定子处于极右端位置,这是 $e = e_0$。

$$q = k_q e_0 - k_1 p \tag{3-21}$$

当 $pA > F_s$ 时,定子左移,泵的流量减小,由式(3-17)、式(3-18)、式(3-20) 得

$$q = k_q e - k_1 p = k_q (e_0 - x) - k_1 p = k_q \left(e_0 - \frac{pA - k_s x_0}{k_s} \right) - k_1 p \tag{3-22}$$

整理得外反馈限压式变量叶片泵的流量-压力特性方程为

$$q = k_q (e_0 + x_0) - \left(\frac{k_q A}{k_s} + k_1 \right) p \tag{3-23}$$

外反馈限压式变量叶片泵的静态特性曲线如图 3-12 所示,不变量的 AB 段与式(3-21)相对应,就像定量泵一样,压力增加时,实际输出流量因泄漏量增加减少;BC 段是泵的变量段,与式(3-22)相对应,这一区段内泵的实际流量随着压力增大而迅速下降,叶片泵处于变量泵工况,B 点叫作曲线的拐点,拐点处的压力值主要由弹簧预紧力确定,并可以由式(3-17)算出。

变量泵的最大输出压力 p_{max} 相当于实际输出流量为零时的压力,令式(3-23) 中 $q=0$,可得

$$p_{max} = \frac{k_s (x_0 + e_0)}{A + \frac{k_s k_1}{k_q}} \tag{3-24}$$

图 3-11 中,通过调节弹簧 2 的预紧力以改变 x_0,便可改变 p_b 和 p_{max} 的值,这时图 3-12 中 BC 段左右平移。调节右端的流量调节螺钉 6,便可改变 e_0,从而改变空载流量的大小,此时图 3-12 中的 AB 段上下平移,但曲线 BC 段不会左右平移,而 p_b 值则稍有变化。如把弹簧 2 更换成不同刚度的弹簧,则可改变 BC 段的斜率,弹簧越"软",BC 段越陡,p_{max} 值越小;反之,弹簧越"硬",BC 段越平坦,p_{max} 值越大。

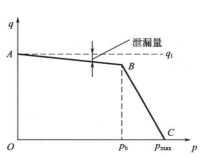

图 3-12 外反馈限压式变量叶片泵的流量-压力特性曲线

外反馈限压式变量叶片泵适用于执行元件既要实现快速运动，又要实现保压和工作进给的液压系统；快速运动需要大的流量，负载压力较低，正好使用其 AB 段曲线部分；保压和工作进给时负载压力升高，需要流量减小，正好使用其 BC 段曲线部分。

（3）特点及应用

与定量叶片泵相比，限压式变量叶片泵结构复杂，做相对运动的机件多，泄漏较大，轴上受不平衡的径向液压力，噪声较大，容积效率和机械效率都没有定量叶片泵高；但是，它能按负载压力自动调节流量，在功率使用上较为合理。限压式变量叶片泵在中、低压液压系统中应用较多，液压系统采用这种变量泵，可以省去溢流阀，并减少油液发热，从而减小油箱的尺寸，使液压系统比较紧凑。在机床液压系统中被广泛采用。

3.4.3 双作用叶片泵

（1）工作原理

双作用叶片泵的工作原理如图 3-13 所示，其与单作用叶片泵相似，也是由定子 1、转子 2、叶片 3 和配油盘等组成，不同之处在于双作用叶片泵的转子 2 和定子 1 的中心是重合的，且定子 1 内表面近似为椭圆柱形，该椭圆柱由两段长半径 R、两段短半径 r 和四段过渡曲线所组成。

当转子 2 转动时，叶片在离心力和根部压力油的作用下，在转子槽内作径向移动而压向定子内表面，由相邻叶片、定子的内表面、转子的外表面和两侧配油盘间形成若干个密封空间，当转子按图示方向旋转时，处在小圆弧上的密封空间经过渡曲线而运动到大圆弧的过程中，叶片外伸，密封空间的容积增大，吸入油液；再从大圆弧经过渡曲线运动到小圆弧的过程中，叶片被定子内壁逐渐压进槽内，密封空间容积变小，将油液从压油口压出。

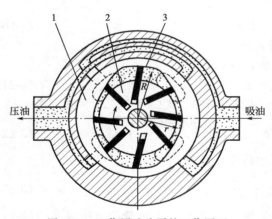

图 3-13　双作用叶片泵的工作原理
1—定子；2—转子；3—叶片

对于双作用叶片泵，当转子每转一转，每个密封空间要完成两次吸油和两次压油，所以称为双作用叶片泵，这种叶片泵由于有两个吸油腔和两个压油腔，并且各自的中心夹角是对称的，所以作用在转子上的油液压力相互平衡，因此双作用叶片泵又称为平衡式叶片泵，为了使径向力完全平衡，密封空间数（即叶片数）应当是双数。

（2）流量计算

由图 3-13 可知，当叶片每伸缩一次时，每相邻叶片间油液的排出量等于长半径圆弧段的容积与短半径圆弧段的容积之差。若叶片数为 z，则每转排油量为上述容积差的 2z 倍，因此双作用叶片泵的实际输出流量公式为

$$q = V n \eta_v = 2b\left[\pi(R^2 - r^2) - \frac{R-r}{\cos\theta}sz\right]n\eta_v \tag{3-25}$$

式中，b 为叶片宽度；R 和 r 分别为定子圆弧部分的长短半径；θ 为叶片的安放角；s 为叶片厚度；z 为叶片数；其余符号意义同前。

双作用叶片泵的流量脉动较小。流量脉动率在叶片数为 4 的倍数且大于 8 时最小，故双作用叶片泵一般叶片数为 12 片或 16 片。

(3) 结构要点

① 定子过渡线　双作用叶片泵的定子内表面的曲线由 4 段圆弧和 4 段过渡曲线组成，泵的动力学特性很大程度上受过渡曲线的影响。理想的过渡曲线不仅应使叶片在槽中滑动时的径向速度变化均匀，而且应使叶片转到过渡曲线和圆弧段交接点处的加速度突变不大，以减小冲击和噪声，同时，还应使泵的瞬时流量的脉动最小。目前双作用叶片泵定子过渡曲线广泛采用性能良好的等加速和等减速曲线，但还会产生一些柔性冲击。为了更好地改善这种情况，有些叶片泵定子过渡线采用了 3 次以上的高次曲线。

② 叶片的倾角　叶片在工作过程中，受离心力和叶片根部压力油的作用，使叶片和定子紧密接触。定子内表面迫使叶片推向转子中心，它的工作情况和凸轮相似。叶片与定子内表面接触，有一压力角为 φ，且大小是变化的，其变化规律与叶片径向速度变化规律相同，既从零逐渐增大到最大，又从最大逐渐减小到零。因而在双作用叶片泵中，将叶片顺着转子回转方向前倾一个 θ 角，这样可使压力角减小为 φ'，并使分力 F_T 减小，使叶片在槽中移动灵活，并可减小磨损，如图 3-14 所示。根据双作用叶片泵定子内表面的几何参数，其压力角的最大值 $\varphi_{max} \approx 24°$，一般取 $\theta = \frac{1}{2}\varphi_{max}$，因而叶片泵叶片的倾角 θ 一般取 $10°\sim 14°$。YB 型叶片泵的叶片相对于转子径

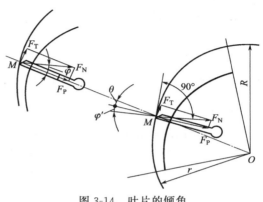

图 3-14　叶片的倾角

向连线前倾 13°。但近年的研究表明，叶片倾角并非完全必要，某些高压双作用叶片泵的转子槽是径向的，且使用情况良好。

(4) 高压化措施

由于一般双作用叶片泵的叶片底部通压力油，使得处于吸油区的叶片顶部和底部的液压作用力不平衡，叶片顶部以很大的压紧力抵在定子吸油区的内表面上，使磨损加剧，影响叶片泵的使用寿命，尤其是工作压力较高时，磨损更严重，因此吸油区叶片两端压力不平衡，限制了双作用叶片泵工作压力的提高。所以在高压叶片泵的结构上必须采取措施，使叶片压向定子的作用力减小，常用的措施如下。

① 减小作用在叶片底部的油液压力　将泵的压油腔的油液通过阻尼槽或内装式减压阀通到吸油区的叶片底部，使叶片经过吸油腔时，叶片压向定子内表面的作用力不致过大。

② 减小叶片底部承受压力油作用的面积　如图 3-15(a) 所示为复合式叶片（亦称子母叶片结构），通过配油盘使 K 腔总是接通压力油，并引入母子叶片间的 c 腔内，而母叶片底部 L 腔则借助于虚线所示的油道，使 L 腔油液压力始终与顶部油液的压力相同。这样，当叶片处在吸油腔时，只有 c 腔的高压油作用而压向定子内表面，减小了叶片和定子内表面间的作用力。

如图 3-15(b) 所示为阶梯叶片结构，在这里，油室 d 始终和压力油相通，而叶片的底部则和所在腔相通。这样，叶片在 d 室内油液压力作用下压向定子表面，由于作用面积减小，使其作用力不致太大，但这种结构的工艺性较差。

③ 使叶片顶部和底部的液压作用力平衡

a. 如图 3-16(a) 所示为双叶片结构，叶片槽中有两个可以作相对滑动的叶片 1 和 2，每个叶片都有一个棱边与定子内表面接触，在叶片的顶部形成一个油腔 a 相连通，因而使叶片

顶端和底部的液压作用力得到平衡。

b. 如图 3-16(b) 为叶片装弹簧的结构，这种结构叶片 1 较厚，顶部与底部也相通，叶片底部的油液是由叶片顶部经叶片中的孔引入的，因此叶片上下油腔油液的作用力基本平衡，为使叶片紧贴定子内表面，保证密封，在叶片根部装有弹簧。

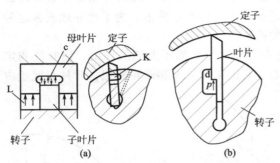 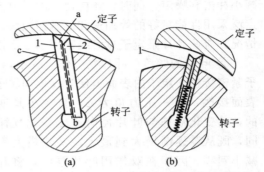

图 3-15　减小叶片作用面积的高压叶片泵叶片结构　　图 3-16　叶片液压力平衡的高压叶片泵叶片结构

(5) 特点及应用

由于双作用叶片泵的压油口对称分布，所以不仅作用在转子上的径向力是平衡力，而且运转平稳、输油量均匀、噪声小。因此在各类机床设备中得到广泛应用，尤其在注塑机、运输装卸机械、液压机和工程机械中得到很广泛的应用。

3.5　柱塞泵

柱塞泵是靠柱塞在缸体中做往复运动造成密封容积的变化来实现吸油与压油的液压泵。柱塞泵按柱塞的排列和运动方向不同，可分为径向柱塞泵和轴向柱塞泵两大类。

3.5.1　轴向柱塞泵

(1) 工作原理

轴向柱塞泵是将多个柱塞配置在一个共同缸体的圆周上，并使柱塞中心线和缸体中心线平行的一种泵。轴向柱塞泵有两种形式：斜盘式和斜轴式。

如图 3-17 所示为斜盘式轴向柱塞泵的工作原理。这种泵主要由缸体 1、配油盘 2、柱塞 3 和斜盘 4 等组成。柱塞沿圆周均匀分布在缸体内。斜盘轴线与缸体轴线倾斜一个角度 γ，柱塞靠机械装置或在低压油作用下压紧在斜盘上（图中为弹簧），配油盘 2 和斜盘 4 固定不转，当原动机通过传动轴 5 使缸体 1 转动时，由于斜盘和弹簧的作用，柱塞在缸体内做往复运动，并通过配油盘的配油口进行吸油和压油。如图 3-17 中所示回转方向，当缸体转角在 $\pi \sim 2\pi$ 范围内，柱塞向外伸出，柱塞底部的密封工作腔容积增大，通过配油盘的吸油口吸油；在 $0 \sim \pi$ 范围内，柱塞被斜盘推入缸体，使密封容积减小，通过配油盘的压油口压油。缸体每转一转，每个柱塞各完成吸、压油各一次，如改变斜盘倾角 γ，就能改变柱塞行程的长度，即改变液压泵的排量；改变斜盘倾角方向，就能改变吸油和压油的方向，即成为双向变量泵。

(2) 流量计算

图 3-17 中，轴向柱塞泵的实际输出流量用下式计算。

$$q = V n \eta_v = \frac{1}{4} \pi d^2 D z n \tan\gamma \eta_v \tag{3-26}$$

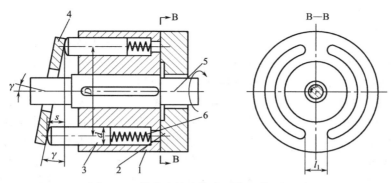

图 3-17 斜盘式轴向柱塞泵的工作原理图
1—缸体；2—配油盘；3—柱塞；4—斜盘；5—传动轴；6—弹簧

式中，z 为柱塞数；d 为柱塞直径；D 为柱塞分布圆直径；γ 为斜盘轴线与缸体轴线间的夹角；其余符号意义同前。

实际上，柱塞泵的输出流量也是脉动的，当柱塞数为单数时，脉动较小，因此一般常用的柱塞数视流量的大小，取 7 个、9 个或 11 个。

(3) 结构要点

① 摩擦副结构　斜盘式轴向柱塞泵有三对典型摩擦副：柱塞头部与斜盘；柱塞与缸体孔；缸体端面与配油盘。由于组成这些摩擦副的关键零件均处于高相对速度、高接触比压的摩擦工况，因此它们的摩擦、磨损情况直接影响泵的容积效率、机械效率、工作压力高低以及使用寿命。

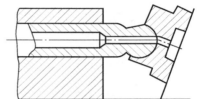

图 3-18 滑靴的静压支承原理

② 滑靴的静压支承结构　在斜盘式轴向柱塞泵中，若各柱塞以球形头部直接接触斜盘而滑动，这种泵称为点接触式轴向柱塞泵。点接触式轴向柱塞泵在工作时，由于柱塞球头与斜盘平面理论上为点接触，因而接触应力大，极易磨损。一般轴向柱塞泵都在柱塞头部装一个滑靴，如图 3-18 所示，滑靴是按静压轴承原理设计的，缸体中的压力油经过柱塞球头中间小孔流入滑靴油室，使滑靴和斜盘间形成液体润滑，改善了柱塞头部和斜盘的接触情况。有利于提高轴向柱塞泵的压力和其他参数，使其在高压、高速下工作。

③ 变量控制机构　在斜盘式轴向柱塞泵中，通过改变斜盘倾角的大小就可调节泵的排量。变量控制机构是用来调节变量柱塞泵斜盘倾角的机构，变量控制机构有手动控制、液压控制、电气控制等多种类型。这里以手动伺服变量机构为例说明变量机构的工作原理。

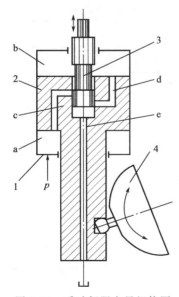

图 3-19 手动伺服变量机构图
1—缸筒；2—活塞；3—伺服阀芯；4—斜盘；
a—缸筒下腔；b—缸筒上腔；c～e—孔道

如图 3-19 所示是手动伺服变量机构简图，该机构由缸筒 1、活塞 2、伺服阀芯 3 和斜盘 4 组成。活塞 2 的内腔构成了伺服阀的阀体，并有 c、d 和 e 三个孔道分别沟通缸筒 1 下腔 a、上腔 b 和油箱。泵上的斜盘 4 通过适当的机构与活塞 2 下端铰接，利用活塞 2 的上下移动来改变斜盘倾角。当用手柄使伺服阀芯 3 向下移动时，上面的阀口打开，a 腔中的压力油经孔道 c 通向 b 腔，活塞因上腔的有效面积大于下腔的有效面积而向下移动，活塞 2 移动时又使伺服阀上的阀口关闭，最终使活塞 2 自身停止运动。同理，当手柄使伺服阀芯 3 向上移动时，下面的阀口打开，b 腔经孔道 d 和 e 接通油箱，活塞 2 在 a 腔压力油的作用下向上移动，并在该阀口关闭时自行停止运动。变量控制机构就是这样依照伺服阀的动作来实现其控制的。

如图 3-20 所示为斜盘式轴向柱塞泵的结构图。图中柱塞的球状头部装在滑履 4 内，以缸体作为支撑的弹簧通过钢球推压回程盘 3，回程盘 3 和柱塞滑履 4 一同转动。在压油过程中借助斜盘 2 推动柱塞做轴向运动；在吸油时依靠回程盘、钢球和弹簧组成的回程装置将滑履紧紧压在斜盘表面上滑动，弹簧一般称为回程弹簧，这样的泵具有自吸能力。在滑履与斜盘相接触的部分有一个油室，它通过柱塞中间的小孔与缸体中的工作腔相连，压力油进入油室后在滑履与斜盘的接触面间形成一层油膜，起着静压支承的作用，使滑履作用在斜盘上的力大大减小，因而磨损也减小。传动轴 8 通过左边的花键带动缸体 6 旋转，由于滑履 4 贴紧在斜盘表面上，柱塞在随缸体旋转的同时在缸体中做往复运动。缸体中柱塞底部的密封工作容积是通过配油盘 7 与泵的进出口相通的。随着传动轴的转动，液压泵就连续地吸油和压油。只要改变斜盘的倾角，即可改变轴向柱塞泵的排量和输出流量。

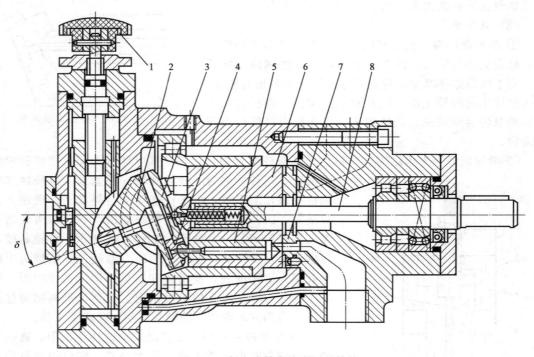

图 3-20　斜盘式轴向柱塞泵的结构
1—转动手轮；2—斜盘；3—回程盘；4—滑履；5—柱塞；6—缸体；7—配油盘；8—传动轴

（4）特点及应用

轴向柱塞泵的优点是：结构紧凑，径向尺寸小，惯性小，容积效率高，目前最高压力可达 40.0MPa，甚至更高，一般用于工程机械、压力机等高压系统中，但其轴向尺寸较大，轴向作用力也较大，结构比较复杂。

（5）斜轴式轴向柱塞泵简介

如图 3-21 所示为斜轴式轴向柱塞泵的工作原理，这种泵主要由缸体 3、配油盘 5、柱塞

4、连杆 2 和中心连杆 6 等组成。斜轴式轴向柱塞泵的缸体轴线相对传动轴轴线成一个倾角 γ，传动轴端部法兰与连杆 2 之间以及连杆 2 与缸体中的柱塞 4 之间采用万向铰链相铰接，当传动轴转动时，通过万向铰链、连杆 2 使柱塞 4 和缸体 3 一起转动，并迫使柱塞 4 在缸体 3 中做往复运动，当柱塞 4 在吸油区时，柱塞 4 在连杆 2 的作用下外伸，密封容积增大，形成局部真空，通过配油盘 5 上的吸油槽吸油，当柱塞 4 通过密封区后，进入压油区，在连杆 2 的作用下缩回时，密封容积减小，油液挤压，压力增大，通过配油盘 5 上的压油槽排油。

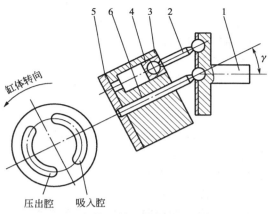

图 3-21 斜轴式轴向柱塞泵的工作原理
1—传动轴；2—连杆；3—缸体；4—柱塞；
5—配油盘；6—中心连杆

由于传动轴中心线和缸体中心线存在夹角 γ，因此称为斜轴式轴向柱塞泵；因为通过改变缸体倾角 γ 来改变泵的排量，所有又称为摆缸式轴向柱塞泵。

斜轴式轴向柱塞泵的缸体每转一转，每个柱塞各完成吸、压油一次。如果改变缸体的倾角 γ 角度大小，就能改变柱塞行程的长度，即改变液压泵的排量；改变缸体的倾角方向，就能改变吸油和压油的方向，即成为双向变量泵。

3.5.2 径向柱塞泵

(1) 工作原理

径向柱塞泵的工作原理如图 3-22 所示，柱塞 1 径向排列装在缸体 2 中，缸体由原动机带动连同柱塞 1 一起旋转，所以缸体 2 一般称为转子，柱塞 1 在离心力的（或在低压油）作用下抵紧定子 4 的内壁，当转子按图示方向旋转时，由于定子和转子之间有偏心距 e，柱塞绕经上半周时向外伸出，柱塞底部的容积逐渐增大，形成部分真空，因此便经过衬套 3（衬套 3 是压紧在转子内，并和转子一起回转）上的油孔从配油孔 5 和吸油口 b 吸油；当柱塞转到下半周时，定子内壁将柱塞向里推，柱塞底部的容积逐渐减小，向配油轴的压油口 c 压油，当转子回转一转时，每个柱塞底部的密封容积完成一次吸、压油，转子连续运转，即完成吸压油工作。

图 3-22 中，配油轴固定不动，油液从配油轴上半部的两个孔 a 流入，从下半部两个油

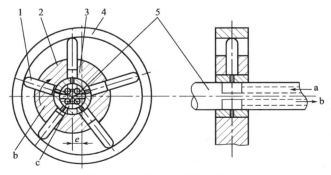

图 3-22 径向柱塞泵的工作原理
1—柱塞；2—缸体；3—衬套；4—定子；5—配油轴

孔 d 压出，为了进行配油，在配油轴和衬套 3 接触的一段加工出上下两个缺口，形成吸油口 b 和压油口 c，留下的部分形成封油区。封油区的宽度应能封住衬套上的吸油孔和压油孔，以防吸油口和压油口相连通，但尺寸也不能大得太多，以免产生困油现象。

（2）流量计算

径向柱塞泵的实际输出流量为

$$q = V n \eta_v = \frac{\pi}{2} d^2 e z n \eta_v \tag{3-27}$$

式中，e 为转子和定子间的偏心距；d 为柱塞直径；z 为柱塞数量，其余符号意义同前。当偏心距 e 不可调时为定量泵；当偏心距 e 可调时即为变量泵。通过改变偏心距 e 的方向，吸、压油方向也发生改变。

（3）特点及应用

径向柱塞泵的径向尺寸大，转动惯量大，自吸能力差，且配流轴受到径向不平衡液压力的作用，易于磨损，这些都限制了其转速和压力的提高，故应用范围较小。径向柱塞泵常用于 10MPa 以上的各类液压系统中，如拉床、压力机或船舶等大功率系统。

3.6 各类液压泵的性能比较及选择

液压泵是液压系统的动力元件，其作用是供给系统一定流量和压力的油液，因此也是液压系统的核心元件。合理地选择液压泵对于降低液压系统能耗、提高系统的效率、降低噪声、改善工作性能和保证系统可靠工作都十分重要。

选择液压泵的原则：应根据液压机的工况、功率大小和系统对工作性能的要求，首先确定泵的结构类型，然后按系统所要求的压力、流量的大小确定其规格型号。表 3-1 列出了各类液压泵的性能比较。

表 3-1 各类液压泵的性能比较

性能参数	齿轮泵	叶片泵		柱塞泵	
		单作用式（变量）	双作用式	轴向柱塞式	径向柱塞式
压力范围/MPa	2～21	2.5～6.3	6.3～21	21～40	10～20
排量范围/(mL/r)	0.3～650	1～320	0.5～480	0.2～3600	20～720
转速范围/(r/min)	300～7000	500～2000	500～4000	600～6000	700～1800
容积效率/%	70～95	85～92	80～94	88～93	80～90
总效率/%	63～87	71～85	65～82	81～88	81～83
流量脉动/%	1～27			1～5	<2
功率质量比/(kW/kg)	中	小	中	中大	小
噪声	稍高	中	中	大	中
耐污能力	中等	中	中	中	中
价格	最低	中	中低	高	高
应用	一般常用于机床液压系统及一些低压大流量的系统或控制系统。中高压的齿轮泵常用于工程机械、航空、造船等方面	在中、低压液压系统中用得较多，常用于精密机床及一些功率较大的设备上，如高精度平磨、塑料机械等，组合机床液压系统中用得很多	在各类机床设备中得到了广泛应用，在注塑机、运输装卸机械、液压机和工程机械中也得到了广泛应用	在各类高压系统中应用非常广泛，如冶金、锻压、矿山、起重机械、工程机械、造船等方面	多用在 10MPa 以上的各类液压系统中，由于体积大，重量大，耐冲击性好，故常用于固定设备，如拉床、压力机或船舶等方面

一般来说，各种类型的液压泵由于其结构原理、运转方式和性能特点各有不同，因此应根据不同的用途选择合适的液压泵。一般在负载小、功率小的机械设备中，选择齿轮泵、双作用叶片泵；精度较高的机械设备（如磨床）选择双作用叶片泵；对于负载较大并有快速和慢速工作的机械设备（如组合机床）选择限压式变量叶片泵；对于负载大、功率大的设备（如龙门刨、拉床等）选择柱塞泵；一般不太重要的液压系统（机床辅助装置中的送料、夹紧等）选择齿轮泵。合理地选择液压泵对于降低液压系统的消耗和提高液压系统的工作效率、降低噪声、改善性能和保证液压系统的工作都很重要。

思考题与习题

3-1 简述容积式液压泵的工作原理。

3-2 定量泵和变量泵、单作用泵和双作用泵之间分别是按什么依据划分的？

3-3 液压泵的工作压力就是其铭牌上所标的压力吗？说明原因。

3-4 齿轮泵的能量损失包括哪两部分？它们分别是由什么原因引起的？

3-5 齿轮泵的困油现象、危害及解除措施有哪些？

3-6 外啮合齿轮泵工作时的泄漏途径有哪些？

3-7 单作用叶片泵中，为什么定子和转子之间必须有偏心距 e？

3-8 简述外反馈限压式变量叶片泵的工作原理。

3-9 结合外反馈限压式变量叶片泵的流量-压力特性曲线，分析为什么这种泵在功率上使用较为合理？

3-10 如何调节限压式变量叶片泵的限定压力和最大流量？调节时，叶片泵的压力-流量特性曲线相应发生哪些变化？

3-11 本章所介绍的几种液压泵中，哪些类型的泵只能设计成定量泵？哪些类型的泵既可以设计成定量泵，又可以设计成变量泵？

3-12 为什么轴向柱塞泵适用于高压系统？

3-13 已知液压泵的输出压力 $p=10\text{MPa}$，泵的排量 $V=100\text{mL/r}$，转速 $n=1450\text{r/min}$，容积效率和机械效率均为 0.95。计算：①该泵的实际流量；②该泵的输出功率；③电动机的驱动功率。

3-14 已知某液压泵的转速为 $n=950\text{r/min}$，额定压力 $p=29.5\text{MPa}$，排量 $V=168\text{mL/r}$，在额定转速和额定压力时实际输出流量 $q=150\text{L/min}$，额定工况下的总效率 $\eta=0.87$。求：①泵的理论流量；②泵的容积效率；③泵的机械效率；④泵在额定工况下所需电动机驱动功率；⑤驱动泵所需转矩。

第 4 章 液压执行元件

液压执行元件是将液体的压力能转换为机械能的能量转换装置,它依靠压力油液驱动与其外伸杆或轴相连的工作机构运动而做功。液压执行元件主要包括液压马达和液压缸。

4.1 液压马达

液压马达和液压泵在结构上基本相同,从原理上来说,它们都是通过密封工作腔的容积变化来实现能量转换的,只不过给液压马达输入压力油时其密封工作腔容积由小变大,密封工作腔容积由大变小时排出的是低压油。液压马达在输入的压力油的作用下,直接或间接对转动部件施加压力并产生扭矩。

虽然从工作原理上液压马达和液压泵是互逆的,但两者的任务和要求有所不同,所以它们在实际结构上存在差异,大多不能通用,只有少数液压泵能作液压马达使用。

4.1.1 液压马达的工作原理

现以轴向柱塞式液压马达为例说明液压马达的工作原理。如图 4-1 所示,当压力油输入时,处于高压腔中的柱塞伸出,压在斜盘 1 上。设斜盘 1 对柱塞 2 的反作用力为 F,力 F 的轴向分力 F_x 与作用在柱塞上的液压力平衡,而径向分力 F_y 则使处于高压腔中的柱塞都对转子中心产生一个转矩,使缸体和马达轴旋转。

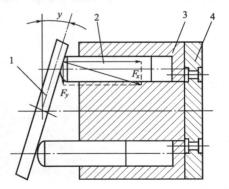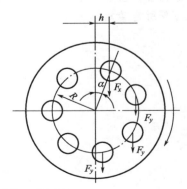

图 4-1 轴向柱塞式液压马达的工作原理
1—斜盘;2—柱塞;3—缸体;4—配油盘

轴向柱塞式液压马达产生的瞬时总转矩是脉动的。若改变马达压力油输入方向，则马达轴的旋转方向也随之发生改变。斜盘倾角 γ 的改变，不仅影响马达的转矩，而且影响它的转速和转向。斜盘倾角越大，产生转矩越大，转速越低。

4.1.2 液压马达的类型及图形符号

液压马达按其结构类型分为齿轮式、叶片式、柱塞式等型式。按液压马达的额定转速分为高速和低速两大类；按排量是否可调节分为定量马达和变量马达；另外，液压马达还有单向和双向之分。

常见液压马达的图形符号如图 4-2 所示。

(a) 单向定量马达　　(b) 单向变量马达　　(c) 双向定量马达　　(d) 双向变量马达

图 4-2　常见液压马达的图形符号

4.1.3 液压马达的主要性能参数

（1）压力

① 工作压力 p　液压马达入口油液的实际压力称为其工作压力，单位为 Pa 或 MPa。液压马达入口压力和出口压力的差值称为其工作压差。在液压马达出口直接接油箱的情况下，为便于定性分析问题，通常近似认为液压马达的工作压力等于工作压差。

② 额定压力 p_n　液压马达在正常工作条件下，按试验标准规定连续运转的最高压力称为其额定压力，单位为 Pa 或 MPa。液压马达的额定压力也取决于其零件强度和密封性，超过此值时就会过载。

（2）排量和流量

① 排量 V　液压马达的排量是指在无泄漏的情况下，使液压马达轴转一转所需要的液体体积，单位为 m^3/r。液压马达的排量也是只取决于密封工作腔的几何尺寸，而与液压马达的转速无关。

② 理论流量 q_t　液压马达的理论流量是指在无泄漏的情况下，单位时间内其所需要的液体体积，单位为 m^3/s。如果液压马达的排量为 V，主轴转速为 n，则该液压马达的理论流量 q_t 为

$$q_t = Vn \tag{4-1}$$

③ 实际流量 q　单位时间内液压马达入口处的实际需要的液体体积称为其实际流量。由于液压马达内部存在泄漏，液压马达的实际流量总是大于理论流量。实际流量和理论流量之差即为液压马达的泄漏量 Δq，即

$$\Delta q = q - q_t \tag{4-2}$$

（3）功率和效率

与液压泵类似，液压马达也是能量转换元件，输入的是液体压力能，表现为液体的压力 p 和流量 q；输出的是机械能，表现为转矩 T 和转速 n。如果不考虑液压马达在能量转换过程中的能量损失，则输出功率等于输入功率，即理论上输入的液体压力能被 100% 转换为机械能，用公式表示为

$$P_t = \Delta p q_t = 2\pi T_t n \tag{4-3}$$

式中，P_t 为理论功率；T_t 为理论转矩。

实际上，由于液压马达有泄漏和机械摩擦，所以液压马达在能量转换过程中是有能量损失的，输出功率总是小于输入功率。输入功率和输出功率之间的差值为功率损失，液压马达的功率损失也分为容积损失和机械损失两部分。输出功率和输入功率的比值为总效率，液压马达的总效率也分为容积效率和机械效率两部分。

① 输入功率 P_i　液压马达的输入功率是其进、出油口压差 Δp 与实际流量 q 的乘积。在实际的计算中，若液压马达的出油口直接通油箱，液压马达进、出油口的压力差 Δp 往往用液压马达入口压力 p 代替，即

$$P_i = \Delta p q \tag{4-4}$$

② 输出功率 P_o。　输出功率是液压马达实际输出的机械功率。

$$P_o = 2\pi T n \tag{4-5}$$

式中，T 为液压马达的实际输出转矩；n 为液压马达的主轴转速。

③ 功率损失　与液压泵类似，液压马达的功率损失也是输入功率减去输出功率，它包括容积损失和机械损失两部分。容积损失是因泄漏等原因造成的液压马达流量上的损失，容积损失可用容积效率来表征；机械损失是指因摩擦而造成的转矩上的损失，机械损失可用机械效率来表征。

④ 容积效率 η_v　液压马达在工作时，由于存在泄漏，液压马达的实际流量总是大于理论流量。容积效率等于液压马达的理论流量与实际流量的比值，即

$$\eta_v = \frac{q_t}{q} = \frac{q - \Delta q}{q} = 1 - \frac{\Delta q}{q} \tag{4-6}$$

液压马达的容积效率可以用来表征液压马达的容积损失，容积效率越低，说明它因泄漏而引起的容积损失越大。

⑤ 机械效率 η_m　液压马达在工作时，由于其内流体的黏性和机械摩擦，液压马达的实际输出转矩总是小于理论上能够输出的转矩。机械效率等于液压马达的实际转矩与理论转矩的比值，即

$$\eta_m = \frac{T}{T_t} \tag{4-7}$$

液压马达的机械效率可以用来表征液压马达的机械损失，机械效率越低，说明它因摩擦而引起的机械损失越大。

⑥ 总效率 η　液压马达的总效率是实际输出功率与实际输入功率之比。

$$\eta = \frac{P_o}{P_i} \tag{4-8}$$

由式(4-6)～式(4-8) 和式(4-3) 可以得到

$$\eta = \frac{P_o}{P_i} = \frac{2\pi T n}{\Delta p q} = \frac{2\pi T_t \eta_m n}{\Delta p \dfrac{q_t}{\eta_v}} = \eta_v \eta_m \tag{4-9}$$

式(4-9) 说明，液压马达的总效率也等于容积效率和机械效率的乘积。

液压马达的各个参数和压力之间的关系如图 4-3 所示。

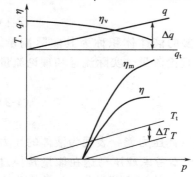

图 4-3　液压马达的各个参数和压力之间的关系

4.2 摆动液压马达

摆动液压马达是输出转矩并实现往复摆动的一种执行元件,也称为摆动式液压缸,在结构上有单叶片和双叶片两种形式。如图4-4所示为摆动液压马达的工作原理。它由叶片1、摆动轴2、定子块3、缸体4等主要零件组成。定子块固定在缸体上,而叶片和摆动轴联结在一起,当两油口相继通以压力油时,叶片即带动摆动轴做往复摆动。单叶片摆动液压缸的摆动角度较大,能达到300°;双叶片摆动液压缸的摆动角度较小,最大为150°。

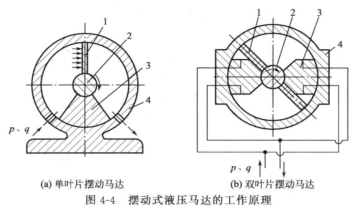

(a) 单叶片摆动马达　　(b) 双叶片摆动马达

图4-4　摆动式液压马达的工作原理

1—叶片;2—摆动轴;3—定子块;4—缸体

叶片摆动液压马达的输出转矩 T 和角速度 ω 分别为

$$T=\frac{zb}{8}(D^2-d^2)(p_1-p_2)\eta_m \tag{4-10}$$

$$\omega=2\pi n=\frac{8q\eta_v}{zb(D^2-d_2)} \tag{4-11}$$

式中,z 为叶片数;b 为叶片宽度;D 为缸筒直径;d 为摆动轴直径;其余符号意义同前。

由式(4-10)和式(4-11)可以看出,双叶片摆动液压马达的输出转矩是单叶片摆动液压马达的2倍,角速度是单叶片摆动液压马达的1/2。

摆动式液压马达的图形符号如图4-5所示。

图4-5　摆动式液压马达的图形符号

摆动式液压马达常用于机床的送料装置、间歇进给机构、回转夹具、工业机器人手臂和手腕的回转机构等液压系统。双叶片式摆动液压马达适合摆角要求小而转矩要求大并且结构尺寸受限的场合采用。

4.3 液压缸

液压缸又称为油缸,它是液压系统中常用的一种执行元件,其功能是将液体的压力能转换为往复直线运动的机械能。液压缸输入的是油液的压力和流量,输出的是直线运动速度和推力。

4.3.1 液压缸类型及工作参数

液压缸有多种类型，按其结构形式的不同可分为活塞式液压缸、柱塞式液压缸、组合式液压缸等类型；液压缸按液体压力的作用方式不同，又可分为单作用式液压缸和双作用式液压缸，单作用式液压缸只有一个方向的运动，由液压力推动，而反向运动靠外力（弹簧力、重力等）实现；双作用式液压缸正反两方向的运动都是利用液压力推动的。

常用液压缸的图形符号见表 4-1。

表 4-1 常用液压缸的图形符号

类型	活塞缸		柱塞缸	组合缸	
	双杆活塞缸	单杆活塞缸		增压缸	双作用伸缩缸
图形符号					

（1）活塞式液压缸

活塞式液压缸根据其使用要求不同可分为双杆式和单杆式两种。

① 双杆活塞式液压缸　活塞两端都有一根直径相等的活塞杆伸出的液压缸称为双杆活塞式液压缸，根据安装方式不同可分为缸筒固定和活塞杆固定两种。

如图 4-6(a) 所示为缸筒固定式的双杆活塞式液压缸。它的进、出口布置在缸筒两端，活塞通过活塞杆带动工作部件移动，当活塞的有效行程为 L 时，整个工作部件的运动范围为 $3L$，所以占地面积大，一般适用于小型设备。

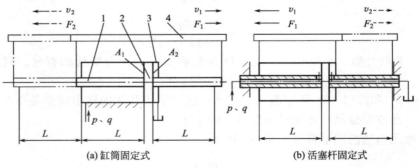

(a) 缸筒固定式　　　　　　(b) 活塞杆固定式

图 4-6　双杆活塞式液压缸
1—活塞杆；2—活塞；3—缸筒；4—工作部件

如图 4-6(b) 所示为活塞杆固定的双杆活塞式液压缸，缸筒与工作部件相连，活塞杆通过支架固定在设备上，动力由缸筒传出。这种安装形式中，工作部件的移动范围只等于液压缸有效行程 L 的两倍（$2L$），因此占地面积小，常用于工作部件行程要求较长的大型设备。用这种方式安装时进、出油口可以设置在固定不动的空心的活塞杆的两端，但必须使用软管连接。

由于双杆活塞式液压缸两端的活塞杆直径通常是相等的，因此它左、右两腔的有效面积也相等，当分别向左、右腔输入相同压力和相同流量的油液时，液压缸左、右两个方向的推力和速度相等。图 4-6 中，双杆活塞式液压缸输出的推力和速度值为

$$F=(p_1-p_2)A\eta_\mathrm{m}=(p_1-p_2)\frac{\pi}{4}(D^2-d^2)\eta_\mathrm{m} \qquad (4\text{-}12)$$

$$v=\frac{q}{A}\eta_\mathrm{v}=\frac{4q\eta_\mathrm{v}}{\pi(D^2-d^2)} \qquad (4\text{-}13)$$

式中，A 为活塞的有效工作面积；D、d 为活塞、活塞杆直径；q 为液压缸的输入流量；p_1 为液压缸的进口压力；p_2 为液压缸的出口压力；η_m 和 η_v 分别为液压缸的机械效率及容积效率。

双杆活塞式液压缸常用于要求往返运动速度相同的场合，例如机床工作台双向运动的负载和速度要求基本相同，选用双活塞杆式液压缸可以满足这一要求。

② 单杆活塞式液压缸　如图 4-7 所示为单杆活塞式液压缸，活塞只有一端带活塞杆，单杆液压缸也有缸筒固定和活塞杆固定两种形式，但它们的工作部件移动范围都是活塞有效行程的两倍。

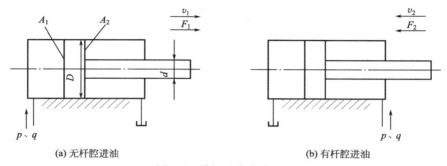

图 4-7　单杆活塞式液压缸

由于单杆活塞式液压缸两腔的有效工作面积不等，因此不同的油腔进油时它在两个方向上输出的推力和速度也不等。实际应用中单杆活塞式液压缸有以下三种情况。

a. 无杆腔进油　如图 4-7(a) 所示，无杆腔进油时，活塞的推力 F_1 和运动速度 v_1 分别为

$$F_1=(p_1A_1-p_2A_2)\eta_\mathrm{m}=\frac{\pi}{4}[(p_1-p_2)D^2+p_2d^2]\eta_\mathrm{m} \qquad (4\text{-}14)$$

$$v_1=\frac{q}{A_1}\eta_\mathrm{v}=\frac{4q\eta_\mathrm{v}}{\pi D^2} \qquad (4\text{-}15)$$

b. 有杆腔进油　如图 4-7(b) 所示，有杆腔进油时，活塞的推力 F_2 和运动速度 v_2 分别为

$$F_2=(p_1A_2-p_2A_1)\eta_\mathrm{m}=\frac{\pi}{4}[(p_1-p_2)D^2-p_1d^2]\eta_\mathrm{m} \qquad (4\text{-}16)$$

$$v_2=\frac{q}{A_2}\eta_\mathrm{v}=\frac{4q\eta_\mathrm{v}}{\pi(D^2-d^2)} \qquad (4\text{-}17)$$

比较式(4-14) 和式(4-16)、式(4-15) 和式(4-17) 可以得出，当活塞杆伸出时，推力较大，速度较小；活塞杆缩回时，推力较小，速度较大。因为有这个特性，所以单杆活塞式液压缸常常被用做机床上的工作进给和快速退回。

单杆活塞式液压缸在两个方向上的速度比为

$$\lambda_\mathrm{v}=\frac{v_2}{v_1}=\frac{1}{1-\left(\dfrac{d}{D}\right)^2} \qquad (4\text{-}18)$$

于是有

$$d = D\sqrt{\frac{\lambda_v - 1}{\lambda_v}} \tag{4-19}$$

在设计液压缸时,先确定 D,再确定 λ_v,然后再根据 D 和 λ_v,按公式(4-19)确定 d。

c. 差动连接 单杆活塞缸在其左右两腔同时都接通高压油时称为差动连接,作差动连接的液压缸称为差动缸,如图4-8所示。差动连接缸左右两腔的油液压力相同,但是由于左腔的有效面积大于右腔的有效面积,故活塞向右运动,同时使右腔中排出的油液 q_2 也进入左腔,加大了流入左腔的流量($q_1 = q + q_2$),从而也加快了活塞移动的速度。差动连接时液压缸的推力比非差动连接时小,速度比非差动连接时大,正好利用这一点,可使在不加大油源流量的情况下得到较快的运动速度,这种连接方式被广泛应用于组合机床的液压动力系统和其他机械设备的快速运动中。

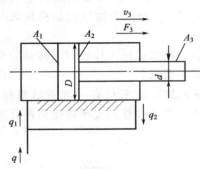

图4-8 差动连接

差动缸输出的推力 F_3 和速度 v_3 分别为

$$F_3 = p_1(A_1 - A_2)\eta_m = p_1 \frac{\pi}{4} d^2 \eta_m \tag{4-20}$$

$$v_3 = \frac{q + q_2}{A_1} = \frac{q + \frac{\pi}{4}(D^2 - d^2)v_3}{\frac{\pi}{4}D^2} \tag{4-21}$$

即

$$v_3 = \frac{q\eta_v}{\frac{\pi d^2}{4}} = \frac{q\eta_v}{A_1 - A_2} = \frac{4q\eta_v}{\pi d^2} \tag{4-22}$$

采用差动连接的增速回路,不需要增加液压泵的输出流量,简单经济,但只能实现一个运动方向的增速,且增速比受液压缸两腔有效工作面积的限制。使用时要注意换向阀和油管通道应按差动时的较大流量选择,否则流动液阻过大,可能使溢流阀在快进时打开,减慢速度,甚至起不到差动作用。

(2) 柱塞式液压缸

柱塞式液压缸分为单柱塞式液压缸和双柱塞式液压缸。

① 单柱塞式液压缸 单柱塞式液压缸是一种单作用式液压缸,其工作原理如图4-9(a)所示,单柱塞式液压缸主要由缸体2、柱塞1等主要部件组成,柱塞1与工作部件连接,缸体2固定在设备上,压力油进入缸体2时,推动柱塞1带动工作部件向右运动。柱塞1向左运动则需要借助外力或自重驱动。单柱塞式液压缸图形符号如图4-9(b)所示。

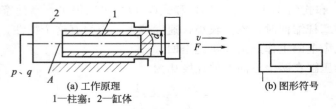

(a) 工作原理
1—柱塞;2—缸体

(b) 图形符号

图4-9 单柱塞式液压缸工作原理图及图形符号

单柱塞式液压缸输出的推力和速度分别为

$$F = pA\eta_m = p\frac{\pi}{4}d^2\eta_m \tag{4-23}$$

$$v = \frac{q\eta_v}{A} = \frac{4q\eta_v}{\pi d^2} \tag{4-24}$$

式中，p、q 为油液的压力、流量；d 为柱塞的有效作用面积；其余符号意义同前。

单柱塞式液压缸中的柱塞和缸体不接触，运动时由缸盖上的导向套来导向，因此缸体的内壁不需要精加工，它特别适用于行程较长的场合。柱塞是端部受压，为保证柱塞缸有足够的推力和稳定性，柱塞一般较粗，重量较大，水平安装时易产生单边磨损，故柱塞缸宜垂直安装。水平安装使用时，为减轻重量和提高稳定性，而用无缝钢管制成柱塞。柱塞式液压缸常用于长行程机床，如龙门刨、导轨磨、大型拉床、冶金炉等设备中。

单柱塞缸也可以与活塞缸串联组成增压缸。如图 4-10 所示为增压缸，由活塞缸和柱塞缸串联而成，活塞缸的活塞杆同时也是柱塞缸的柱塞，利用活塞和柱塞有效面积的不同使液压系统中的局部区域获得高压。如活塞的直径为 D，活塞杆的直径为 d，活塞缸的左腔输入油液压力为 p_1，柱塞缸输出油液压力为 p_2，活塞及活塞杆的左右两端受力相等，有

$$p_1\frac{\pi}{4}D^2 = p_2\frac{\pi}{4}d^2 \tag{4-25}$$

即

$$p_2 = \left(\frac{D}{d}\right)^2 p_1 \tag{4-26}$$

由式(4-26) 可以说明，活塞直径 D 与活塞杆直径 d 的尺寸相差越大，则增压效果越大。

② 双柱塞式液压缸　单柱塞式液压缸只能实现一个方向的液压传动，反向运动要靠外力。若需要实现双向运动，则必须成对使用，组成双柱塞式液压缸，如图 4-11 所示。它相当于将两个单柱塞式液压缸背向并联在一起，将两个柱塞的伸出端刚性固联在一起，当其中一个柱塞伸出的时，带动另一个柱塞缩回。这样就可以实现双向运动。

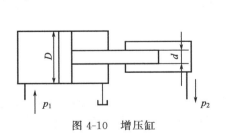

图 4-10　增压缸

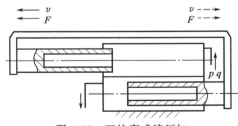

图 4-11　双柱塞式液压缸

(3) 其他液压缸

① 伸缩式液压缸　伸缩式液压缸由两个或多个活塞缸套装而成，前一级活塞缸的活塞杆内孔是后一级活塞缸的缸筒。伸缩式液压缸可以是单作用式，也可以是双作用式，前者靠外力回程，后者靠液压回程。

伸缩式液压缸的外伸动作是逐级进行的。首先是最大直径的缸筒以最低的油液压力开始外伸，当到达行程终点后，稍小直径的缸筒开始外伸，直径最小的末级最后伸出。随着工作级数变大，外伸缸筒直径越来越小（即有效工作面积逐次减小），工作油液压力随之升高，工作速度变快。

如图 4-12 所示为伸缩式液压缸结构示意图，它由二级或多级活塞缸套组合而成，主要组成零件有一级缸筒 1、一级活塞 2、二级缸筒 3、二级活塞 4 等。一级缸筒 1 两端有进出油口 A 和 B。当 A 口进油，B 口回油时，先推动一级活塞 2 向右运动，由于一级活塞的有效作用面积大，所以运动速度低而推力大。一级活塞右行至终点时，二级活塞 4 在压力油的作用下继续向右运动，因其有效作用面积小，所以运动速度快，但推力小。一级活塞 2 既是活塞，又是二级活塞的缸体，有双重作用。若 B 口进油，A 口回油，则二级活塞 4 先退回至终点，然后一级活塞 2 才退回。

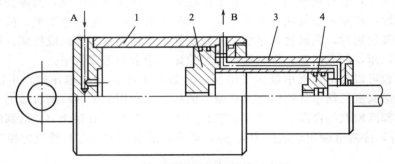

图 4-12　伸缩式液压缸结构示意图
1—一级缸筒；2—一级活塞；3—二级缸筒；4—二级活塞

伸缩式液压缸的特点是：活塞杆伸出的行程长，收缩后的结构尺寸小，适用于翻斗汽车、起重机的伸缩臂等。

② 齿条液压缸　齿条液压缸是由两个柱塞缸和一套齿轮齿条传动装置组成的，如图 4-13 所示。柱塞的移动经齿轮齿条传动装置变成齿轮的转动，实现工作部件的往复摆动或间歇进给运动。

齿条液压缸的最大特点是将直线运动转换为回转运动，其结构简单，制造容易，常用于机械手和磨床的进刀机构、组合机床的回转工作台或分度机

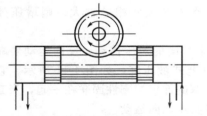

图 4-13　齿条液压缸的结构及工作原理

构、回转夹具及自动线的转位机构等。

4.3.2　液压缸的组成

(1) 典型结构

液压缸的结构形式很多，这里以一种典型的液压缸为例，说明液压缸的基本结构组成。如图 4-14 所示为空心双杆活塞式液压缸的结构图，图示为液压缸用于驱动机床工作台的结构，其安装形式为活塞杆固定，缸筒和工作台固联在一起。

图 4-14 所示液压缸的左右两腔是通过径向孔 a、c，经空心活塞杆 1 和 15 的中心孔与油口 b 和 d 相通的。活塞杆 1 和 15 固定在床身上，缸筒 10 与工作台固联在一起，当 d 口接通压力油时，压力油经活塞杆 15 的中心孔及径向孔 c 进入液压缸右腔，左腔的油液经径向孔 a 和活塞杆 1 的中心孔回油，此时缸筒向右移动；反之缸筒则向左移动。缸盖 18 和 24 通过螺钉与压板 11 和 20（图中未画出螺钉）经钢丝环 12 相连，左缸盖 24 空套在托架 3 的孔内，可以自由伸缩。活塞杆 1 和 15 的一端用堵头堵死，并通过锥销 9 与 22 与活塞 8 相连。缸筒相对于活塞运动，由左右两个导向套 6 和 19 导向。活塞和缸筒之间、缸盖和活塞杆之间以及缸盖和缸筒之间分别用密封圈进行密封，以防止油液的内外泄漏。缸筒在接近行程的左右

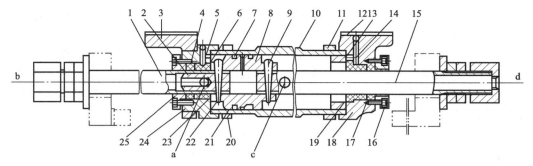

图 4-14 空心双活塞杆式液压缸的结构

1,15—活塞杆；2—堵头；3—托架；4,7,17—密封圈；5,14—排气孔；6,19—导向套；8—活塞；9,22—锥销；10—缸筒；11,20—压板；12,21—钢丝环；13,23—纸垫；16,25—压盖；18,24—缸盖

终端时，径向孔 a 和 c 的开口逐渐减小，对工作台起制动作用。为了排除液压缸中的空气，缸盖上设置有排气孔 5 和 14，经导向套环槽的侧面孔道引出与排气阀相连（图中未画出孔道和排气阀）。

(2) 液压缸的组成

液压缸的结构基本上可以分为缸筒和缸盖组件、活塞和活塞杆组件、密封装置、缓冲装置和排气装置，其中缓冲装置和排气装置视具体应用场合而定，其余几种装置则是任何液压缸上都不可缺少的。各部分装置分述如下。

① 缸筒和缸盖组件　缸筒和缸盖组件包括缸筒、缸盖和一些连接零件。缸筒和缸盖承受油液的压力，因此要有足够的强度、刚度、较高的表面精度和可靠的密封性，其具体的结构形式与使用的材料有关系。工作压力小于 10MPa 时可使用铸铁；工作压力小于 20MPa 时可使用无缝钢管；工作压力大于 20MPa 时可使用铸钢或锻钢。

缸筒和缸盖的常见连接方式如图 4-15 所示。从加工的工艺性、外形尺寸和拆装是否方便不难看出各种连接的特点。如图 4-15(a) 所示是法兰连接，加工和拆装都很方便，只是外形尺寸大些。如图 4-15(b) 所示是半环连接，要求缸筒有足够的壁厚。如图 4-15(c) 所示是螺纹连接，外形尺寸小，但拆装不方便，要有专用工具。如图 4-15(d) 所示是拉杆式连接，拆装容易，但外形尺寸大。如图 4-15(e) 所示是焊接连接，结构简单，尺寸小，但可能会因焊接而有一些变形。

② 活塞和活塞杆组件　活塞和活塞杆组件包括活塞、活塞杆和一些连接件。活塞通常

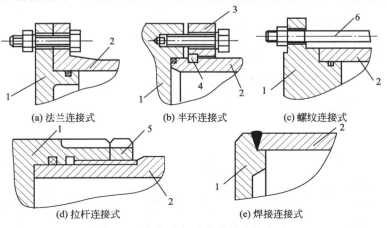

图 4-15　缸筒和缸盖的常见连接方式

1—缸盖；2—缸筒；3—压板；4—半环；5—防松螺母；6—拉杆

是用铸铁制成的，活塞杆通常用钢料制成。活塞组件的连接方式有整体式、螺纹式连接、半环式连接和锥销式连接。整体式结构简单、轴向尺寸紧凑，使用可靠，但损坏后需要整体更换，只在尺寸较小的场合常用。螺纹式连接、半环式连接和径向锥销式连接如图4-16所示。螺纹式连接结构简单，拆装方便，但要防止螺母脱落。半环式连接结构复杂，拆装不便，但工作可靠。锥销式连接工艺性好，但承载能力小。可根据工作压力、安装方式及工作条件选择具体的连接方式。

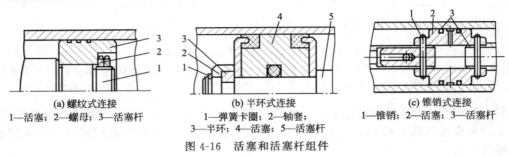

(a) 螺纹式连接
1—活塞；2—螺母；3—活塞杆

(b) 半环式连接
1—弹簧卡圈；2—轴套；
3—半环；4—活塞；5—活塞杆

(c) 锥销式连接
1—锥销；2—活塞；3—活塞杆

图4-16 活塞和活塞杆组件

③ 密封装置　液压缸的密封装置用以防止油液的泄漏。密封装置设计得好坏对于液压缸的静、动态性能有着重要的影响。一般要求密封装置应具有良好的密封性、尽可能长的寿命、制造简单、拆装方便、成本低。

液压缸密封的重点部位是缸筒和活塞之间、缸盖和活塞杆之间以及缸筒和缸盖之间。液压缸上常用的密封装置有间隙密封、摩擦环密封、O形圈密封、V形圈密封等。设计液压缸的密封装置时，可结合各种密封装置的密封特性及具体形状规格选用适合于各部位的密封元件，关于密封元件的详细介绍见第6章液压辅助元件。

④ 缓冲装置　液压缸一般都设置缓冲装置，特别是对大型、高速或要求高的液压缸，为了防止活塞在行程终点时和缸盖相互撞击，引起噪声、冲击，则必须设置缓冲装置。

缓冲装置的工作原理是利用活塞或缸筒在其走向行程终端时封住活塞和缸盖之间的部分油液，强迫它从小孔或细缝中挤出，以产生很大的阻力，使工作部件受到制动，逐渐减慢运动速度，达到避免活塞和缸盖相互撞击的目的。

如图4-17(a)所示，在活塞上加工出圆柱形缓冲柱塞，当缓冲柱塞进入与其相配的缸盖上的内孔时，孔中的液压油只能通过间隙δ排出，使活塞运动速度降低。由于配合间隙δ不变，故缓冲作用是不可调节的。如图4-17(b)所示，当圆柱形缓冲柱塞进入配合孔之后，油腔中的油只能经节流阀排出。由于节流阀是可调的，因此缓冲作用也是可调节的。如图4-17(c)所示，在缓冲柱塞上开有三角槽，随着柱塞逐渐进入配合孔中，其节流面积越来越小，在行程最后阶段缓冲作用加强。

⑤ 排气装置　当液压系统长时间停止工作时，易使空气进入系统，如果液压缸中有空气或油液中混入空气，都会使液压缸运动不平稳，因此一般的液压系统在开始工作前都应使系统中的

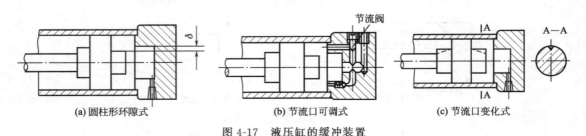

(a) 圆柱形环隙式　　　(b) 节流口可调式　　　(c) 节流口变化式

图4-17 液压缸的缓冲装置

空气排出，为此可以在液压缸的最高部位设置排气装置，排气装置通常有两种，如图 4-18 所示。其中图 4-18(a) 表示在液压缸的最高部位处开排气孔，并在排气孔上安装排气阀进行排气；图 4-18(b) 图表示在液压缸的最高部位安放排气塞。两种排气装置都在液压缸排气时打开，排气完毕后关闭。

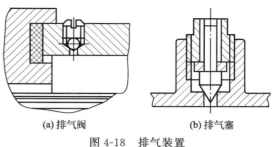

图 4-18　排气装置

对于一般要求的排气装置也可以不设专门的排气装置，而是通过液压缸空载往复运动，将空气随着回油带入油箱分离出来，直至运动平稳。

4.3.3　液压缸的选型与设计要点

液压缸有很多标准系列产品，一般应根据使用条件优先从现有液压缸标准系列产品中进行选型，当现有系列产品不能满足使用要求时，才按使用场合和条件进行液压缸的非标准设计。

在设计液压缸之前，必须对整个液压系统进行工况分析，编制负载图，选定系统的工作压力，然后根据使用要求选择结构类型，按负载情况、运动要求、最大行程等确定其主要工作尺寸，进行强度、稳定性和缓冲验算，最后再进行结构设计。

(1) 液压缸主要尺寸的确定

液压缸的结构尺寸主要有三个：缸筒内径 D、活塞杆直径 d 和缸筒长度 L。

① 缸筒内径 D　液压缸的缸筒内径 D 的确定分两种情况。如果液压缸是以驱动负载为主要目的，则缸筒直径 D 根据已知负载的大小和选取的设计压力以及背压力进行计算；如果强调液压缸输出速度，则缸筒直径 D 应根据运动速度 v 和已知流量 q 进行计算。经过计算得到缸筒内径 D，再从 GB 2348—80 标准的标准系列中选取最近的标准值作为所设计的缸筒内径。

② 活塞杆直径 d　活塞杆直径 d 通常先从满足速度或往返速比的要求来选择，然后再校核其结构强度和稳定性。也可根据活塞杆受力状况来确定，即根据活塞杆承受拉力还是压力，以及受力的大小来确定其直径的大小。

③ 缸筒长度 L　缸筒长度 L 由最大工作行程长度加上各种结构需要来确定。一般情况下，缸筒的长度最好不超过其内径的 20 倍。

(2) 强度及稳定性校核

强度校核主要针对液压缸的缸筒壁厚 δ 和活塞杆直径 d 进行校核，在高压系统中必须进行强度校核。稳定性校核主要是针对受拉状态的活塞杆的稳定性校核。

① 缸筒壁厚 δ 校核　液压缸的缸筒壁厚太薄或作用在缸筒壁上的作用力过大，都可能造成缸筒壁上的应力过大，当作用在缸筒壁上的应力超过缸筒材料的许用应力时，缸筒壁的强度不足，需要重新设计计算。

② 活塞杆直径 d 校核　根据活塞杆上的作用力和所选活塞杆材料的许用应力值来校核，即活塞杆上所受的应力不能超过活塞杆材料的许用应力，超过即说明活塞杆强度不足，必须重新设计计算。

③ 稳定性校核　对受压的活塞杆来说，一般其长径比应不大于 15，当其长径比大于 15 时，须进行稳定性校核，应使活塞杆所承受的负载力小于使其保持稳定的临界负载力，临界负载力与活塞杆的材料、截面形状、直径和长度，以及液压缸的安装方式等因素有关。

(3) 液压缸设计中应注意的问题

不同的液压缸有不同的内容和要求，一般在设计液压缸的结构时应注意以下几个问题。

① 尽量使液压缸的活塞杆在受拉状态下承受最大负载，或在受压状态下具有良好的稳定性。

② 考虑液压缸行程终了处的制动问题和液压缸的排气问题。缸内如无缓冲装置和排气装置，系统中需有相应的措施，但是并非所有的液压缸都要考虑这些问题。

③ 正确确定液压缸的安装、固定方式。如承受弯曲的活塞杆不能用螺纹连接，要用止口连接。液压缸不能在两端用键或销定位，只能在一端定位，为的是不致阻碍它在受热时的膨胀。如冲击载荷使活塞杆压缩，定位件须设置在活塞杆端；如为拉伸，则设置在缸盖端。

④ 液压缸各部分的结构需根据推荐的结构形式和设计标准进行设计，尽可能做到结构简单、紧凑，加工、装配和维修方便。

⑤ 在保证能满足运动行程和负载力的条件下，应尽可能地缩小液压缸的轮廓尺寸。

⑥ 要保证密封可靠，防尘良好。液压缸可靠的密封是其正常工作的重要因素。如泄漏严重，不仅会降低液压缸的工作效率，甚至会使其不能正常工作。良好的防尘措施，有助于提高液压缸的工作寿命。

关于液压缸的详细的设计计算步骤及过程参见相关的液压设计手册。

思考题与习题

4-1 与液压泵相对照，说明液压马达的工作原理。

4-2 常用液压马达和液压泵的图形符号有什么区别？

4-3 简述斜盘式轴向柱塞马达的工作原理。

4-4 单作用液压缸和双作用液压缸的划分依据是什么？

4-5 液压马达的排量为 $100 \times 10^{-6} \mathrm{m}^3/\mathrm{r}$，入口压力为 10MPa，出口压力为 0.5MPa，容积效率为 0.95，机械效率为 0.85，当输入流量为 $0.85 \times 10^{-3} \mathrm{m}^3/\mathrm{s}$ 时，求液压马达的输出转速、输出转矩、输出功率、输入功率。

4-6 如双杆活塞液压缸的两侧杆径不等，当两腔同时通入压力油时，活塞能否运动？如左右侧的杆径分别为 d_1、d_2 ($d_1 > d_2$)，且杆固定，当输入的油液的压力为 p，流量为 q 时，缸将向哪个方向运动？速度和推力各位多少？

4-7 如图 4-19 所示，缸筒内径 $D=125\mathrm{mm}$，活塞杆直径 $d=90\mathrm{mm}$，无杆腔的进油压力 $p_1=40 \times 10^5 \mathrm{Pa}$，流量 $q=10\mathrm{L/min}$，有杆腔的回油压力 $p_2=10 \times 10^5 \mathrm{Pa}$，求活塞的运动 v_1 和推力 F_1。

4-8 如图 4-20 所示，两个结构相同、相互串联的液压缸，无杆腔的面积 $A_1=100\mathrm{cm}^2$，有杆腔的面积 $A_2=80\mathrm{cm}^2$，缸 1 的输入压力 $p_1=9 \times 10^5 \mathrm{Pa}$，输入流量 $q_1=12\mathrm{L/min}$，不计损失和泄漏，求：①当两缸承受相同负载即 $F_1=F_2$ 时，该负载的数值及两缸的运动速度；②缸 2 的输入压力是缸 1 的一半时，两缸各能承受多大的负载？③缸 1 不承受负载即 $F_1=0$ 时，缸 2 能承受多大的负载？

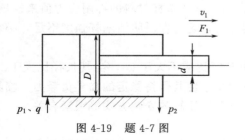

图 4-19 题 4-7 图

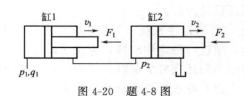

图 4-20 题 4-8 图

第5章

液压控制元件

液压控制元件是液压传动中用来控制油液方向、压力和流量的元件，简称液压阀。无论是简单还是复杂的液压系统都少不了液压阀，液压阀的性能是否可靠会直接影响整个液压系统能否正常工作。

5.1 液压阀概述

5.1.1 液压阀的基本原理及结构

在工作原理上，液压阀都是利用阀芯在阀体内的相对运动来控制阀口的通断及开口的大小，以实现压力、流量和方向控制。

液压阀的基本结构主要包括阀芯、阀体和驱动阀芯在阀体内做相对运动的操纵装置。阀芯的主要形式有滑阀、锥阀和球阀；阀体上除有与阀芯配合的阀体孔或阀座孔外，还有外接油管的进出油口和泄油口；驱动阀芯在阀体内做相对运动的装置可以是手调机构，也可以是弹簧或电磁铁，有些场合还采用液压力驱动。

5.1.2 液压阀的分类

液压阀的种类繁多，依据不同的特征和分类方法可将液压阀进行分类，如表5-1所示。

表5-1 液压阀的分类

分类方法	种类	详细分类
按功用分类	压力控制阀	溢流阀、减压阀、顺序阀、压力继电器等
	流量控制阀	节流阀、调速阀、分流集流阀等
	方向控制阀	单向型方向控制阀、换向型方向控制阀
按结构分类	滑阀	圆柱滑阀、平板滑阀
	座阀	锥阀、球阀
按操作方法分类	手动阀	手把及手轮、踏板、杠杆
	机动阀	挡块及碰块驱动
	电动阀	电磁铁控制、伺服电动机控制、步进电动机控制
	液动	
	电液动	

续表

分类方法	种类	详细分类
按安装连接方式分类	管式连接	螺纹式连接、法兰式连接
	板式连接	
	叠加式连接	
	插装式连接	螺纹式插装、盖板式插装
按控制方式分类	定值控制阀	
	电液控制阀	电液伺服阀、电液比例阀、电液数字阀

5.1.3 液压阀的基本性能参数

液压阀的基本性能参数是选用和评定液压阀的依据，反映了阀的规格大小和特性。主要有公称通径、额定压力、额定流量等。

（1）公称通径

公称通径表示液压阀的规格大小，是液压阀进出油口的名义尺寸，用 DN（mm）表示。公称通径不是实际意义上的进出油口的尺寸，它代表阀通流能力的大小。液压系统中，一般连接在一起的液压阀的公称通径相同。

（2）额定压力

额定压力是标志液压阀承压能力大小的参数，是指液压阀在额定工作状态下的名义压力，单位是 MPa。应根据液压系统设计的工作压力选择相应压力级的液压阀，一般来说，应使液压阀上标明的额定压力值适当大于系统的工作压力。

（3）额定流量

液压阀的额定流量是指液压阀在额定的工作状态下通过的名义流量。液压阀的实际工作流量与系统中油路的连接方式有关，串联回路各处流量相等，并联回路的流量则等于各油路流量之和。选择液压阀的流量规格时，阀的额定流量与系统的工作流量相接近是最经济的。

5.1.4 对液压阀的基本要求

液压传动系统对液压阀的基本要求为以下几点。
① 动作灵敏，使用可靠，工作时冲击和振动小，噪声小，使用寿命长。
② 流体通过液压阀时，压力损失小；阀口关闭时，密封性能好，内泄漏小，无外泄漏。
③ 所控制的参量（压力或流量）稳定，受外部干扰时变化量小。
④ 结构紧凑，安装、调整、使用、维护方便，通用性好。

5.2 方向控制阀

用来控制液体通断和流向的元件称为方向控制阀。方向控制阀分为单向阀和换向阀两类。

5.2.1 单向阀

单向阀又分为普通单向阀与液控单向阀两种。

（1）普通单向阀

① 普通单向阀的结构及工作原理　普通单向阀用于液压系统中防止油流反向流动，又称止回阀或逆止阀。普通单向阀一般由阀体、阀芯和弹簧等零件构成。按其结构不同分为钢

球密封式直通单向阀、锥阀芯密封式直通单向阀、直角式单向阀三种；按其连接方式可分为管式连接和板式连接两种。

如图 5-1 所示为直通单向阀的结构和工作原理，其中图 5-1(a) 为管式连接，图 5-1(b) 为板式连接。压力油从 P_1 口流入，推动阀芯 2 打开阀口，油液经阀芯 2 上的径向孔 a、轴向孔 b 从 P_2 口流出。当压力油从 P_2 口流入时，压力油作用于阀芯 2 背后，推动阀芯 2 关闭阀口，油液无法流向 P_1 口。

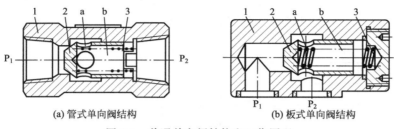

图 5-1 普通单向阀结构和工作原理
1—阀体；2—阀芯；3—弹簧

② 普通单向阀的图形符号　普通单向阀的图形符号如图 5-2 所示。

图 5-2 普通单向阀的图形符号

③ 普通单向阀的技术性能与要求　普通单向阀的开启压力要小；正向导通时，阀的压力损失要小；能产生较高的反向压力，反向的泄漏要小；动作灵敏、可靠，无振动、冲击或噪声。

为了保证单向阀工作灵敏、可靠，单向阀的弹簧应较软，其开启压力一般为 0.03～0.05MPa。若将弹簧换为硬弹簧，则可将其作为背压阀用，背压力一般为 0.2～0.6MPa。

④ 普通单向阀的典型应用　普通单向阀可安装在液压泵出口，以防止系统的压力冲击影响泵的正常工作，如图 5-3 所示回路中，单向阀 5 用在泵的出口处可以保护液压泵免受液压冲击；普通单向阀可以安装在多执行元件系统的不同油路之间，防止油路间压力及流量的不同而相互干扰；普通单向阀在系统中可以安装在回油路上作背压阀用，提高执行元件的运行平稳性，如图 5-4 所示回路中，单向阀 1 安装在其回油路上用作背压阀，使回路在卸荷状况下，能够保持一定的控制压力；普通单向阀与其他阀如节流阀、顺序阀等组合成单向节流阀、单向顺序阀等。

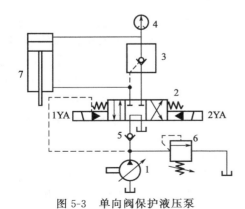

图 5-3 单向阀保护液压泵
1—变量泵；2—电液动换向阀；3—液控单向阀；4—压力表；5—单向阀；6—溢流阀；7—液压缸

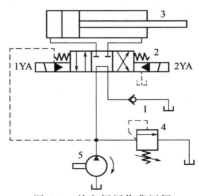

图 5-4 单向阀用作背压阀
1—单向阀；2—电液动换向阀；3—液压缸；4—溢流阀；5—液压泵

(2) 液控单向阀

① 液控单向阀的结构及工作原理　液控单向阀除了能实现普通单向阀的功能外，还可按需要由外部油压控制，实现逆向流动。按照结构特点，液控单向阀有简式和复式两类。

如图 5-5(a) 所示是液控单向阀的结构原理和图形符号。当控制口 K 处无压力油通入时，它的工作原理和普通单向阀一样；压力油只能从 P_1 口流向 P_2 口，不能反向倒流。当控制口 K 有控制压力油时，因控制活塞 1 右侧 a 腔通泄油口，活塞 1 右移，推动顶杆 2 顶开阀芯 3，使 P_1 口和 P_2 口接通，油液就可在两个方向自由通流。液控单向阀根据泄漏方式的不同，可分为外泄式和内泄式两种。如图 5-5(b) 为液控单向阀的图形符号。

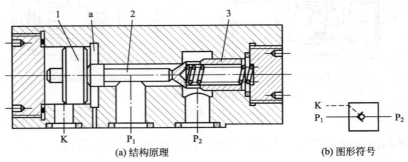

图 5-5　液控单向阀的结构原理及图形符号
1—活塞；2—顶杆；3—阀芯

在泄压回路中需要采用带有卸荷阀芯的复式液控单向阀，如图 5-6 所示为复式液控单向阀的工作原理，图中主阀芯 3 下端开有一个轴向小孔，轴向小孔由卸载阀芯推杆 6 封闭。当 P_2 口的高压油液需反向流向 P_1 口时，控制压力油通过控制活塞 1 将卸载阀芯的推杆 6 以及卸载阀芯 4 向上顶起一段较小的距离，使 P_2 口的高压油瞬时从主阀芯的径向孔及轴向小孔与卸载阀芯推杆下端之间的环形缝隙流出，P_2 的压力随即下降，实现泄压；然后，主阀芯被控制活塞顶开，使反向油液顺利流过。由于卸载阀芯的控制面积小，仅需用较小的力即可顶开卸载阀芯，大大降低了反向开启所需要的控制压力。

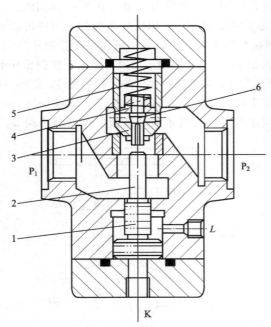

图 5-6　复式液控单向阀的工作原理
1—控制活塞；2—推杆；3—主阀芯；4—卸载阀芯；5—弹簧；6—卸载阀芯推杆

② 液控单向阀的技术性能　液控单向阀的主要技术性能和普通单向阀的差不多，包括正向最低开启压力、反向开启最低控制压力、反向泄漏量、压力损失等。带卸荷阀芯的液控单向阀的反向开启最低控制压力比不带卸荷阀芯的要小得多。另外，液控单向阀的反向流动压力损失要比正向流动的压力损失要小些。

③ 液控单向阀的典型应用　液控单向阀因泄漏量少、闭锁性能好、工作可靠而广泛运用在液压系统中。两个单独的液控单向阀或两个液控单向阀复合为一体的液压锁也用

于执行元件的锁紧回路，将液压缸锁紧在任意位置。如图 5-7 所示回路中，在液压缸的进回油路中串接由两个液控单向阀复合为一体的液压锁，液压缸的活塞可以在行程的任何位置锁紧；液控单向阀也可串联在立置液压缸的下行油路上，以防液压缸及其拖动的工作部件因自重自行下落；液控单向阀在执行元件低载高速及高载低速的液压系统中作充液阀，以减小液压泵的容量；液控单向阀还可用于液压系统保压与泄压。如图 5-8 所示回路中，液压泵 1 卸荷时，液压缸由液控单向阀 3 保压，采用电接点压力表 4 能自动保持液压缸上腔的压力在某一范围内，保压时间长，压力稳定性好。

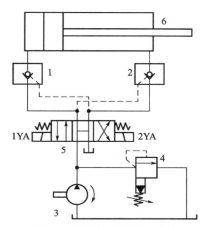

图 5-7　液控单向阀用于锁紧

1,2—液控单向阀；3—液压泵；4—先导式溢流阀；5—换向阀；6—液压缸

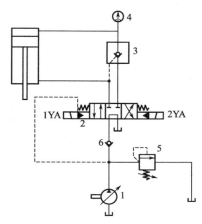

图 5-8　液控单向阀用于保压

1—变量泵；2—电磁换向阀；3—液控单向阀；4—电接点压力表；5—溢流阀；6—单向阀

5.2.2　换向阀

换向阀是利用阀芯相对于阀体的相对运动，使油路接通、断开，或变换油液的流动方向，从而使液压执行元件启动、停止或变换运动方向。换向阀的类型很多，根据阀芯在阀体中的工作位置数分为二位、三位等；根据所控制的通道数分为二通、三通、四通、五通等；如二位二通、三位三通、三位五通等；根据阀芯驱动方式分为手动、机动、电磁、液动、电液动等；根据阀芯的结构形式分为圆柱滑阀、锥阀和球阀等，其中圆柱滑阀的应用最为广泛。

（1）滑阀式换向阀的工作原理

滑阀式换向阀由主体（阀芯和阀体）、控制机构以及定位机构组成。如图 5-9 所示为滑阀式换向阀的工作原理，它是靠阀芯在阀体内做轴向运动，从而使相应的油路接通或断开的

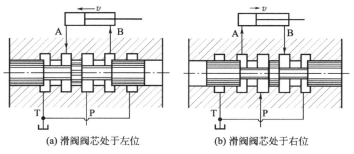

(a) 滑阀阀芯处于左位　　　(b) 滑阀阀芯处于右位

图 5-9　滑阀式换向阀的工作原理

换向阀。滑阀的阀芯是一个具有多个环形槽的圆柱体,而阀体孔内有若干个沉割槽。每个沉割槽都通过相应的孔道与外部相通,其中 P 为进油口,T 为回油口,而 A 和 B 则分别与液压缸两腔接通。当阀芯处于图 5-9(a) 所示位置时,P 与 B 相通、A 与 T 相通,液压缸的活塞向左运动;当阀芯向右移至图 5-9(b) 所示位置时,P 与 A 相通、B 与 T 相通,液压缸的活塞向右运动。

(2) 滑阀式换向阀的主体部分

① 滑阀式换向阀主体部分的结构原理及图形符号 如图 5-10 所示为三位四通换向阀主体部分的结构原理及图形符号。如图 5-10(a) 中所示三位四通换向阀的结构原理图中,图示位置 P、A、B、T 口均不通,相当于图 5-10(b) 中的中位;当阀芯相对阀体向左滑动时,P 与 B 口连通,A 与 T 口连通,相当于图 5-10(b) 中的右位;当阀芯相对阀体向右滑动时,P 与 A 口连通,B 与 T 口连通,相当于图 5-10(b) 中的左位。这样,当通过滑动阀芯使其处在不同的位置就可以起到换向的作用。

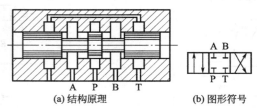

(a) 结构原理　　(b) 图形符号

图 5-10　三位四通换向阀主体部分的结构原理及图形符号

② 常见换向阀主体部分的图形符号比较 换向阀的主体部分包括阀芯和阀体,当阀芯在阀体内相对运动时,根据阀芯在阀体中的工作位置以及所控制的通道数可以组合成如二位二通、三位三通,三位五通等多种换向阀。换向阀的图形符号是用方框表示阀的工作位置,有几个方框就表示有几"位",方框内的箭头表示油路处于接通状态,但箭头方向不一定表示液流的实际方向,方框内符号"⊥"或"┬"表示该通路不通,方框外部连接的主油路接口数有几个,就表示几"通"。绘制液压系统原理图时,换向阀应该以常态位置画在液压系统原理图中。二位阀的常态位置指靠近弹簧的一格;三位阀的常态位置指中间一格。常见换向阀主体部分的图形符号比较如表 5-2 所示。

表 5-2　常见换向阀主体部分的图形符号比较

类型	图形符号	说　　明
二位二通		控制油路的连通与切断,相当于一个开关
二位三通		控制液流的方向
二位四通		控制执行元件换向,执行元件正反向运动时回油方式相同,不能使执行元件在任一位置上停止运动
二位五通		控制执行元件换向,执行元件正反向运动时可以得到不同的回油方式,不能使执行元件在任一位置上停止运动
三位三通		控制执行元件换向,执行元件正反向运动时回油方式相同,能使执行元件在任一位置上停止运动

续表

类型	图形符号	说明
三位四通	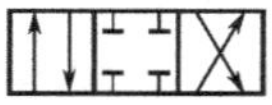	控制执行元件换向,执行元件正反向运动时回油方式相同,能使执行元件在任一位置上停止运动
三位五通	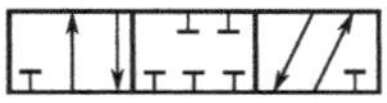	控制执行元件换向,执行元件正反向运动时可以得到不同的回油方式,能使执行元件在任一位置上停止运动
三位六通	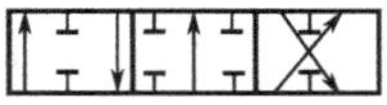	控制执行元件换向,执行元件正反向运动时回油方式不同,能使执行元件在任一位置上停止运动

(3) 换向阀控制方式的图形符号

控制滑阀移动的方法常用的有人力、机械、电磁、液压力和先导控制等。常见换向阀控制方式的图形符号比较见表 5-3。

表 5-3 常见换向阀控制方式的图形符号比较

控制方式的类型		图形符号	说明
人力控制	手柄式	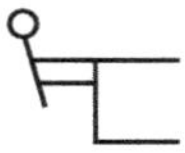	拉动手柄改变阀芯工作位置
	踏板式	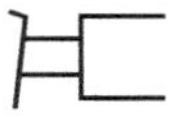	通过踩动脚踏板改变阀芯工作位置
	带定位装置	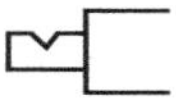	具有定位装置的推或拉控制机构
机械控制	滚轮式	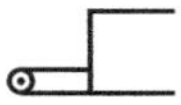	用机械控制方法改变阀芯工作位置
	滚轮杠杆式	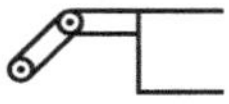	用作单方向行程操纵的滚轮杠杆
	弹簧控制式		用弹簧的作用力改变阀芯工作位置
电气控制	不连续控制	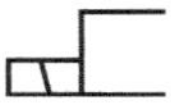	通过电磁铁通断电改变阀芯工作位置,间断控制
	连续控制	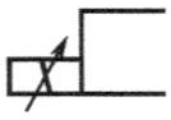	通过电磁铁通断电改变阀芯工作位置,连续控制
液动控制		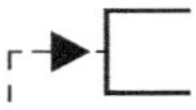	用直接液压力控制方法改变阀芯工作位置
液压先导控制	内部压力控制	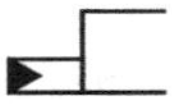	用液压先导控制方法改变阀芯工作位置,内部压力控制
	外部压力控制	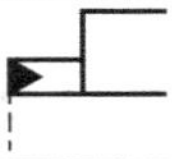	用液压先导控制方法改变阀芯工作位置,外部压力控制
	电液控制	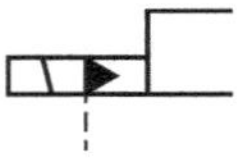	电磁阀先导控制,用间接液压力控制方法改变阀芯工作位置

(4) 三位换向阀中位机能

① 中位机能的图形符号 三位换向阀的阀芯处于中间位置时，各通口的连通方式称为阀的中位机能，通常用一个字母表示。滑阀的中位机能可满足不同的功能要求，不同的中位机能可通过改变阀芯的形状和尺寸得到。

P型中位机能的结构简图及图形符号如图 5-11 所示。如图 5-11(a) 所示，当三位阀处于中位时，压力油口与液压缸两腔连通，回油口封闭，液压泵不卸荷，单杆活塞缸实现差动连接。

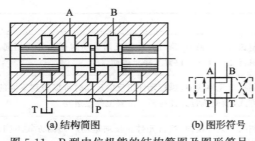

图 5-11　P型中位机能的结构简图及图形符号

② 常见换向阀中位机能的图形符号比较　三位四通换向阀常见中位机能的图形符号比较见表 5-4。

表 5-4　三位四通换向阀常见中位机能的图形符号比较

中位机能	图形符号	说明
O型		各油口全部封闭，液压缸被锁紧，液压泵不卸荷，可用于多个换向阀并联工作
H型		各油口全部连通，液压缸浮动，液压泵卸荷，其他缸不能并联使用
K型		P、A、T 三油口相通，B 口封闭，液压缸处于闭锁状态，泵卸荷
P型		压力油口与液压缸两腔连通，回油口封闭，液压泵不卸荷，并联缸可运动，单杆活塞缸实现差动连接
Y型		液压缸两腔通油箱，液压缸浮动，液压泵不卸荷，并联缸可运动
U型		P 与 T 口皆封闭，A 与 B 口相通，液压缸浮动，在外力作用下可移动，泵不卸荷
M型		液压缸两腔封闭，液压缸被锁紧，液压泵卸荷，可用于多个 M 型换向阀并联使用
N型		P 与 B 口皆封闭，A 与 T 口相通，与 J 型机能类似，只有 A、B 互换，功能也类似
C型		P 与 A 口相通，B 与 T 口皆封闭，液压缸处于停止状态
J型		P 与 A 口封闭，B 与 T 口相通，活塞停止，外力作用下可向一边移动；泵不卸荷
X型		四油口处于半开启状态；泵基本上卸荷，但仍保持一定压力

(5) 常见换向阀的图形符号比较

一个换向阀的完整图形符号应表明工作位数、油口数和在各工作位置上油口的连通关系、控制方式以及复位、定位方法的符号。

如图 5-12 所示为一个完整的三位四通电磁换向阀符号，图中同时给出各部分符号的含义。

常见的几种换向阀的图形符号见表 5-5。

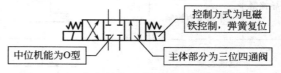

图 5-12　一个完整的三位四通电磁换向阀符号

表 5-5　常见的几种换向阀的图形符号

换向阀名称	图形符号	说　明
二位二通机动换向阀		用机械方式压下滚轮时,靠近滚轮的上位接入系统;当机械作用力撤去后,在弹簧力的作用下,靠近弹簧的下位接入系统,用机械作用力实现油液的通与断
二位二通电磁换向阀		当电磁铁通电时,靠近电磁铁的左位接入系统;当电磁铁断电时,在弹簧力的作用下,靠近弹簧的右位接入系统,通过控制电磁铁的通断电,改变油液的流向
二位三通机动换向阀		用机械方式压下滚轮时,靠近滚轮的上位接入系统;当机械作用力撤去后,在弹簧力的作用下,靠近弹簧的下位接入系统,用机械作用力实现油液的流向的改变
二位三通电磁换向阀		当电磁铁通电时,靠近电磁铁的左位接入系统;当电磁铁断电时,在弹簧力的作用下,靠近弹簧的右位接入系统,通过控制电磁铁的通断电,改变油液的流向
二位三通液动换向阀		当控制口有控制压力时,左位接入;没有控制压力时,在弹簧力的作用下,右位接入
二位四通电磁换向阀		当电磁铁通电时,靠近电磁铁的左位接入系统;当电磁铁断电时,在弹簧力的作用下,靠近弹簧的右位接入系统,通过控制电磁铁的通断电,改变油液的流向
三位四通手动换向阀	自动复位	通过人力推或拉动手柄,使左位或右位接入系统,当人的作用力撤去后,在弹簧作用力下复位中位,通过人力作用来实现油液的通、断和换向
	钢球定位	用手操纵手柄推动阀芯相对阀体移动后,可以通过钢球使阀芯稳定在三个不同的工作位置上,通过人力作用来实现油液的通、断和换向
三位四通电磁换向阀		当两个电磁铁均不通电时,在两侧弹簧力的作用下,处于中位。左边电磁铁通电时,左位接入;右边电磁铁通电时,右位接入。两个电磁铁不得同时通电,通过控制两个电磁铁的通断电来实现液流的通、断和换向
三位四通液动换向阀	K_1　　　K_2	当 K_1 和 K_2 均没有控制压力时,在两端弹簧力的作用下,处于中位;当 K_1 有控制压力时,左位接入,K_2 有控制压力时,右位接入
三位四通电液动换向阀		当电磁先导阀的两个电磁铁都不通电时,先导阀阀芯在其对中弹簧的作用下处于中位。控制压力油不能进入主阀左右两端的弹簧腔,主阀处于中位。若先导阀左端电磁铁通电,主阀左位接入;若先导阀右端电磁铁通电,主阀右位接入,电磁先导阀的两个电磁铁不得同时通电
三位五通手动换向阀		用手操纵手柄推动阀芯相对阀体移动后,可以通过钢球使阀芯稳定在三个不同的工作位置上,通过人力作用来实现油液的通、断和换向
三位五通电磁换向阀		当两个电磁铁均不通电时,在两侧弹簧力的作用下,处于中位。左边电磁铁通电时,左位接入;右边电磁铁通电时,右位接入。两个电磁铁不得同时通电,通过控制两个电磁铁的通断电来实现液流的通、断和换向

(6) 常见换向阀的结构原理、图形符号及典型应用

换向阀在液压系统中的应用非常普遍,换向阀可用于实现液压系统中液流的通断和方向变换;可以操纵各种执行元件的动作;可以实现液压系统的卸荷、升压、多执行元件间的顺序动作等。以下列举几种常见换向阀及其典型应用。

① 二位二通机动换向阀 如图 5-13(a) 所示为二位二通机动换向阀的结构原理图。在图示位置(常态位),阀芯 3 在弹簧 4 作用下处于上位,P 与 A 不相通;当运动部件上的行程挡块 1 压住滚轮 2 使阀芯移至下位时,P 与 A 相通。机动换向阀结构简单,换向时阀口逐渐关闭或打开,故换向平稳、可靠、位置精度高。但它必须安装在运动部件附近,一般油管较长。常用于控制运动部件的行程,或快、慢速度的转换。如图 5-13(b) 所示为二位二通机动换向阀的结构原理及图形符号。

如图 5-14 所示为采用二位二通机动换向阀的快慢速换接回路。液压缸首先快速进给,当机动换向阀 6 被压下时,转为慢速进给。

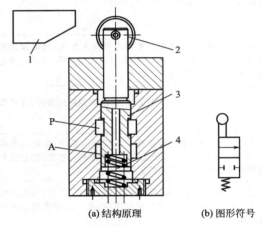
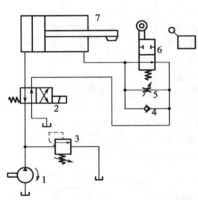

图 5-13 二位二通机动换向阀的结构原理及图形符号
1—挡块;2—滚轮;3—阀芯;4—弹簧

图 5-14 采用二位二通机动换向阀的快慢连接回路
1—液压泵;2—换向阀;3—溢流阀;4—单向阀;5—节流阀;6—二位二通机动换向阀;7—液压缸

② 二位三通电磁换向阀 电磁换向阀简称电磁阀,它利用电磁铁吸力或推力控制阀芯动作。电磁换向阀包括换向滑阀和电磁铁两部分。如图 5-15(a) 所示为二位三通电磁换向阀的结构原理。图示位置为电磁铁不通电状态,即常态位置,此时 P 与 A 相通,B 封闭;当电磁铁通电时,衔铁 1 右移,通过推杆 2 使阀芯 3 推压弹簧 4,并移至右端,P 与 B 接通,

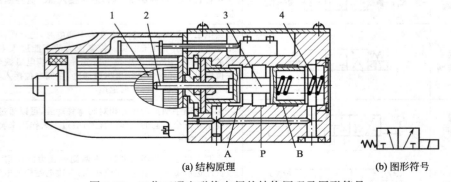

图 5-15 二位三通电磁换向阀的结构原理及图形符号
1—衔铁;2—推杆;3—阀芯;4—弹簧

A 口封闭。如图 5-15(b) 所示为二位三通电磁换向阀的图形符号。

如图 5-16 所示为利用二位三通电磁换向阀的二次工进速度换接回路，当二位三通电磁换向阀 7 的电磁铁断电时，可以获得一种工进速度；当电磁铁通电时可以获得另一种工进速度。

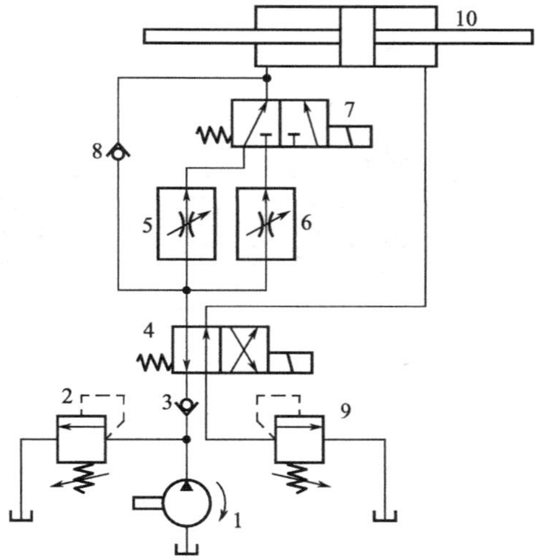

③ 三位四通电磁换向阀　如图 5-17(a) 所示为三位四通电磁换向阀的结构原理。阀两端有两根对中弹簧 4，使阀芯在常态时（两端电磁铁均断电时）处于中位，P、A、B、T 互不相通；当右端电磁铁通电时，右衔铁 1 通过推杆 2 将阀芯 3 推至左端，控制油口 P 与 B 通，A 与 T 通；当左端电磁铁通电时，其阀芯移至右端，油口 P 与 A 通、B 与 T 通。如图 5-17(b) 为三位四通电磁换向阀的图形符号。

如图 5-18 所示回路中，采用 H 型中位机能的三位四通电磁换向阀 3 实现液压缸的前进、后退和停止，并在液压缸停止的同时让液压泵卸荷。

图 5-16　利用二位三通电磁换向阀的二次工进速度换接回路
1—液压泵；2—溢流阀；3,8—单向阀；4—二位二通电磁换向阀；5,6—调速阀；7—二位三通电磁换向阀；9—溢流阀；10—液压缸

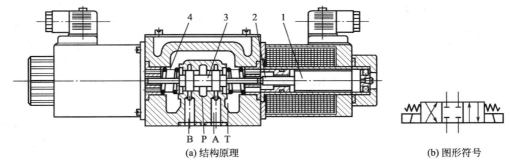

(a) 结构原理　　　　(b) 图形符号

图 5-17　三位四通电磁换向阀的结构原理及图形符号
1—右衔铁；2—推杆；3—阀芯；4—弹簧

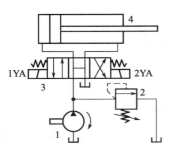

图 5-18　三位四通换向阀卸荷
1—液压泵；2—溢流阀；3—电磁换向阀；4—液压缸

④ 三位四通手动换向阀　手动换向阀是用手动杠杆操纵阀芯换位的换向阀。它有弹簧复位式和钢球定位式两种。如图 5-19(a) 所示为三位四通弹簧复位式手动换向阀的结构原理，可用手操作使换向阀左位或右位工作，但当操纵力取消后，阀芯便在弹簧力作用下自动恢复至中位，停止工作。因而这种换向阀适用于换向动作频繁、工作持续时间短的场合。

如图 5-19(b) 所示的是钢球定位式手动换向阀的结构原理，其阀芯端部的钢球定位装置可使阀芯分别停止在左、中、右三个位置上，当松开手柄后，阀仍保持在所需的工作位置上，因而可用于工作持续时间较长的场合。

如图 5-19(c)、(d) 所示为两者的图形符号。

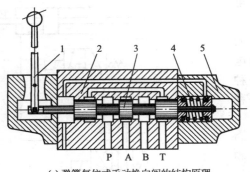

图 5-19　三位四通手动换向阀的结构原理及图形符号

1—手柄；2—阀体；3—阀芯；4—弹簧；5—阀盖；6—定位槽；7—定位钢球；8—定位弹簧

如图 5-20 所示是采用三位四通手动换向阀的换向回路。当阀处于中位时，液压缸停止运动，M 型中位机能使泵卸荷。

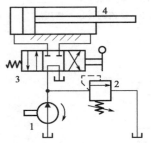

图 5-20　采用三位四通手动换向阀的换向回路

1—液压泵；2—溢流阀；3—手动换向阀；4—液压缸

⑤ 三位四通液动换向阀　液动换向阀是利用控制油路的压力油推动阀芯动作实现换向的，因此它可以用于流量较大的场合进行换向。如图 5-21(a) 所示为三位四通液动换向阀的结构原理。当其两端控制油口 K_1 和 K_2 均不通入压力油时，阀芯在两端弹簧的作用下处于中位；当 K_1 口通入压力油，K_2 口接油箱时，阀芯移至右端，P 通 A，B 通 T；反之，K_2 口通入压力油，K_1 口接油箱时，阀芯移至左端，P 通 B，A 通 T。如图 5-21(b) 所示为三位四通液动换向阀的图形符号。

如图 5-22 所示为液动换向阀的换向回路。其中手动换向阀 3 是先导阀，液动换向阀 4 是主换向阀。这种换向回路常用于大型液压机上。

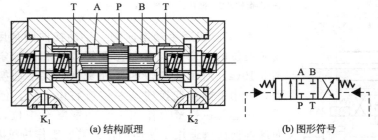

图 5-21　三位四通液动换向阀的结构原理及图形符号

⑥ 三位四通电液动换向阀　如图 5-23(a) 所示为三位四通电液动换向阀的结构原理，电液动换向阀是由电磁换向阀和液动换向阀组成的复合阀。电磁换向阀为先导阀，它用以改变控制油路的方向；液动换向阀为主阀，它用以改变主油路的方向。当两个电磁铁 3、5 都

不通电时，电磁换向阀阀芯 4 和液动换向阀阀芯 8 均处于中位。当电磁铁 3 通电时，电磁换向阀阀芯 4 左移，压力油经单向阀 1 流向液动换向阀阀芯 8 的左端，其右端的油经节流阀 6 和电磁换向阀流到油箱，液动换向阀阀芯 8 右移，主油路 P 和 B 接通，T 和 A 接通，液动换向阀阀芯 8 的移动速度通过节流阀 6 的开口大小来调节。同样，当电磁铁 5 通电时，液动换向阀阀芯 8 左移，主油路 P 和 A 接通，T 和 B 接通（连接 B 和 T 的油道图中未画出）。

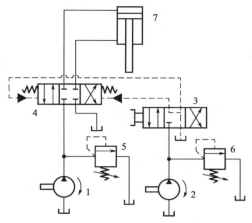

图 5-22 液动换向阀的换向回路
1,2—液压泵；3—手动换向阀（转阀）；4—液动换向阀；5,6—溢流阀；7—液压缸

如图 5-23(b) 所示为三位四通电液动换向阀的详细符号。当先导阀的电磁铁 1YA 和 2YA 都断电时，电磁换向阀的阀芯在两端弹簧力作用下处于中位，控制油口 P′ 关闭。这时主阀芯两侧的控制压力油经两个小节流阀及电磁换向阀的通路与油箱相通，因而主阀芯在两端弹簧的作用下处于中位。在主油路中 P、A、B、T 互不相通。

当 1YA 通电、2YA 断电时，电磁阀左位工作，控制压力油经过 P′→A′→单向阀→主阀芯左端油腔，而主阀芯右端的控制压力油经主阀芯右端油腔→节流阀→B′→T′→油箱。于是，主阀芯在左端液压推力的作用下移至右端，即主阀左位工作，主油路 P 和 A 接通，B 和 T 接通。

同理，当 2YA 通电、1YA 断电时，电磁阀处于右位，控制主阀芯右位工作，主油路 P 和 B 接通，A 和 T 接通。

液动换向阀的换向速度可由两端节流阀调整，因而可使换向平稳，无冲击。这种阀综合了电磁阀和液动阀的优点，具有控制方便、流量大的特点。如图 5-23(c) 所示为三位四通电液动换向阀的简化符号。

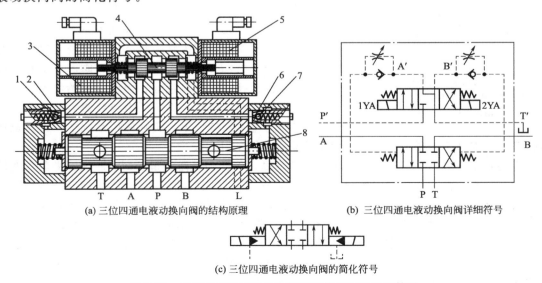

(a) 三位四通电液动换向阀的结构原理　　(b) 三位四通电液动换向阀详细符号

(c) 三位四通电液动换向阀的简化符号

图 5-23 三位四通电液动换向阀的结构原理及图形符号
1,7—单向阀；2,6—节流阀；3,5—电磁铁；4—电磁换向阀阀芯；8—液动换向阀阀芯

(7) 换向阀的主要技术性能

由于换向阀的种类繁多，不同类型的换向阀的主要技术性能所包含的项目也不尽相同。换向阀的主要性能以电磁换向阀的项目为最多，主要包括工作可靠性、压力损失、内泄漏量、换向和复位时间、换向频率和使用寿命等。

5.3 压力控制阀

在液压传动系统中，控制油液压力高低的液压阀称为压力控制阀，简称压力阀。这类阀的共同点是利用作用在阀芯上的液压力和弹簧力相平衡的原理工作的。常见的压力控制阀有溢流阀、减压阀、顺序阀、压力继电器等。

5.3.1 溢流阀

溢流阀的主要作用是对液压系统调压或进行安全保护，几乎在所有的液压系统中都需要用到它，其性能好坏对整个液压系统的正常工作有很大影响。常用的溢流阀按其结构形式和基本动作方式可分为直动式和先导式两种。

(1) 直动式溢流阀

① 直动式溢流阀的基本结构及其工作原理　直动式溢流阀是依靠系统中的压力油直接作用在阀芯上与弹簧力等相平衡，以控制阀芯的启闭动作，如图5-24(a)所示为直动式溢流阀的结构原理，如图(b)所示为直动式溢流阀的图形符号。图5-24(a)中P为进油口，T为回油口。进油口P的压力油经阻尼孔1通入阀芯3的底部，阀芯3和阀体2构成的节流口有重叠量，将P口和T口隔断，溢流阀处于关闭状态。阀芯3的下端面受到压力为p的油液的作用，作用面积为A，压力油作用于该端面上的力为pA，调压螺钉5作用在阀芯上的预紧力为F_s。当进油口压力较小，即$pA < F_s$时，阀芯3处于下端位置，关闭回油口T，P与T不通，不溢流，即为常闭状态。随着进油口压力升高，当$pA > F_s$时，弹簧被压缩，阀芯3上移，打开回油口T，P与T接通，溢流阀开始溢流。油液溢流回油箱。此时，进口压力与弹簧力相平衡，进口压力基本保持恒定。实际应用系统中，旋转调压螺钉5改变弹簧7的预压缩量，可使系统获得不同的开启压力。

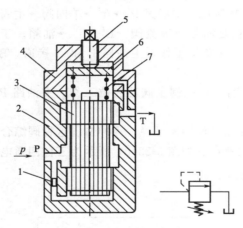

图5-24　直动式溢流阀结构原理图及图形符号
1—阻尼孔；2—阀体；3—阀芯；4—阀盖；
5—调压螺钉；6—弹簧座；7—弹簧

直动式溢流阀的特点是结构简单，灵敏度高，但压力受溢流量的影响较大，即静态调压偏差大，动态特性因结构形式而异。锥阀式和球阀式反应较快，动作灵敏，但稳定性较差，噪声大，常作安全阀及压力阀的先导阀；而滑阀式动作反应慢，压力超调大，但稳定性好。

② 直动式溢流阀的典型应用　直动式溢流阀可以当作调压阀，用于调定系统压力。如图5-25所示的回路中，溢流阀2的功用是调压，就是在不断的溢流过程中保持泵出口的压力基本不变；溢流阀可以当作安全阀（图5-26），在系统中起过载保护的作用。如图5-27所示的回路中，在正常工作时，安全阀（溢流阀）2关闭，不溢流，只有在系统发生故障，压力升至安全阀的调整值时，安全阀2的阀口才打开，使变量泵排出的油液经安全阀2流回油

箱，以保证整个液压系统的安全；溢流阀用在回油路上可以用作背压阀。

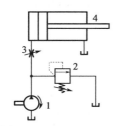

图 5-25　溢流阀用于调压
1—定量泵；2—溢流阀；3—节流阀；4—液压缸

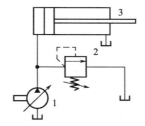

图 5-26　溢流阀用作安全阀
1—变量泵；2—溢流阀；3—液压缸

(2) 先导式溢流阀

① 先导式溢流阀的基本结构及工作原理　如图 5-27(a) 所示为先导式溢流阀的结构原理，如图 5-27(b) 所示为先导式溢流阀的图形符号。如图 5-27(a) 所示，先导式溢流阀由先导阀和主阀构成。压力油从 P 口进入，通过阻尼孔 3 后作用在先导阀阀芯 4 上，当进油口压力较低时，先导阀上的液压作用力不足以克服先导阀弹簧 5 的作用力时，先导阀关闭，没有油液流过阻尼孔 3，所以主阀芯 2 两端压力相等，在较软的主阀弹簧 1 作用下主阀芯 2 处于最下端位置，溢流阀阀口 P 和 T 隔断，没有溢流。当进油口压力升高到作用在先导阀上的液压力大于先导阀弹簧 5 作用力时，先导阀打开，压力油就可通过阻尼孔 3，经先导阀流回油箱，由于阻尼孔 3 的作用，使主阀芯上端的液压力小于下端液压力，当这个压力差作用在主阀芯上的力超过主阀弹簧力、摩擦力和主阀芯自重

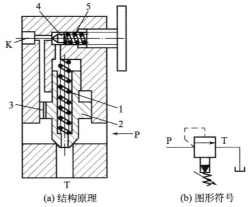

图 5-27　先导式溢流阀结构原理图及图形符号
1—主阀弹簧；2—主阀芯；3—阻尼孔；
4—先导阀阀芯；5—先导阀弹簧

时，主阀芯开启，油液从 P 口流入，经主阀口 T 流回油箱实现溢流。

图 5-27(a) 中的 K 为远程控制口，其作用为：a. 通过油管接到另一个远程调压阀，通过调节远程调压阀的弹簧力，即可调节溢流阀主阀芯上端的液压力，从而对溢流阀的溢流压力实行远程调压，远程调压阀所能调节的最高压力不得超过溢流阀本身先导阀的调整压力；b. 通过电磁换向阀外接多个远程调压阀，可实现多级调压；c. 通过电磁换向阀将远程控制口 K 接通油箱，主阀芯上端的压力很低，系统的油液在低压下通过溢流阀流回油箱，实现卸荷。

转动旋钮，改变先导阀弹簧 5 的预压缩量，即可调节先导式溢流阀的开启压力。

先导式溢流阀通过先导阀的流量很小，先导阀的孔道结构尺寸一般都较小，调压弹簧刚度不大，因此压力调整比较轻便，控制压力较高。但是先导式溢流阀只有先导阀和主阀都动作后才能起控制作用，因此反应不如直动式溢流阀灵敏。

② 先导式溢流阀的典型应用　先导式溢流阀可以和换向阀及直动式溢流阀一起实现双级调压、多级调压；可以实现远程调压以及卸荷。如图 5-28 所示的回路中，泵的出口可实现两种不同的系统压力控制，由先导式溢流阀 2 和直动式溢流阀 4 各调一级，但要注意：直

动式溢流阀 4 的调定压力一定要小于先导式溢流阀 2 的调定压力，否则不能实现双级调压。如图 5-29 所示卸荷回路中，用先导式溢流阀 2 调压，同时配合电磁换向阀 3 可以实现系统卸荷。

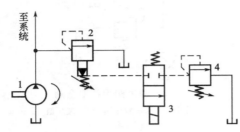

图 5-28 双级调压
1—液压泵；2—先导式溢流阀；
3—换向阀；4—直动式溢流阀

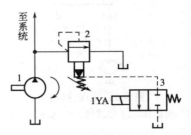

图 5-29 先导式溢流阀用于卸荷
1—液压泵；2—先导式溢流阀；3—电磁换向阀

(3) 溢流阀的主要性能及要求

溢流阀的主要性能有静态特性和动态特性两类。

① 静态特性　溢流阀的静态特性是指它在稳定状态下工作时，某些性能参数之间的关系。

a. 压力调节范围　压力调节范围是指调压弹簧在规定的范围内调节时，系统压力能平稳地上升或下降，且压力无突跳及迟滞现象时的最大和最小调定压力。

b. 启闭特性　启闭特性是指溢流阀在稳态情况下从开启到闭合的过程中，被控压力与通过溢流阀的溢流量之间的关系。它是衡量溢流阀定压精度的一个重要指标，一般用溢流阀处于额定流量时的调定压力 p_k 及停止溢流的闭合压力 p_B 分别与 p_s 的百分比来衡量，前者称为开启比 $\overline{p}_k$，后者称为闭合比 $\overline{p}_B$，即

$$\overline{p}_k = \frac{p_k}{p_s} \times 100\% \tag{5-1}$$

$$\overline{p}_B = \frac{p_B}{p_s} \times 100\% \tag{5-2}$$

式中，p_s 可以是溢流阀调节范围内的任何一个值，显然上述两个百分比越大，则两者越接近，溢流阀的启闭特性就越好，一般应使 $\overline{p}_k \geq 90\%$，$\overline{p}_B \geq 85\%$，直动式和先导式溢流阀的启闭特性曲线如图 5-30 所示。由图中的曲线可以看出，先导式溢流阀的启闭特性比直动式溢流阀的启闭特性好。另外，由于先导式溢流阀是先导阀先动作然后主阀再动作，所以先导式溢流阀的启闭特性曲线分为两段，主阀的动作滞后，因而先导式溢流阀不如直动式溢流阀动作灵敏。

c. 卸荷压力　当先导式溢流阀的远程控制口 K 与油箱相连时，额定流量下的进口压力称为卸荷压力。卸荷压力实际上是指卸荷时的压力损失，所以先导式溢流阀的卸荷压力越小越好，它的大小与阀的结构型式、阀内部的流道状况及阀口的尺寸大小有关。

d. 最大允许流量和最小稳定流量　溢流阀的最大允许流量为其额定流量。溢流阀的最小稳定流量取决于对压力平稳性的要求，通常规定为额定流量的 15%。

② 动态特性　当溢流阀在溢流量发生由零至额定流量的阶跃变化时，它的进口压力，也就是它所控制的系统压力将如图 5-31 所示的那样迅速升高并超过额定压力的调定值，然后逐步衰减到最终稳定压力，从而完成其动态过渡过程。

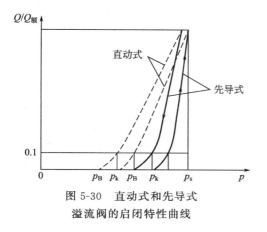

图 5-30 直动式和先导式
溢流阀的启闭特性曲线

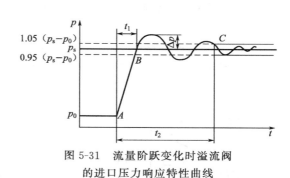

图 5-31 流量阶跃变化时溢流阀
的进口压力响应特性曲线

定义最高瞬时压力峰值与额定压力调定值 p_s 的差值为压力超调量 Δp，则压力超调率 $\overline{\Delta p}$ 为

$$\overline{\Delta p}=\frac{\Delta p}{p_s}\times 100\% \tag{5-3}$$

它是衡量溢流阀动态定压误差的一个性能指标，一个性能良好的溢流阀，$\overline{\Delta p}=10\%\sim 30\%$。

如图 5-31 所示，t_1 称为响应时间；t_2 称为过渡过程时间。显然，t_1 越小，溢流阀的响应越快；t_2 越小，溢流阀的动态过渡过程时间越短。

5.3.2 减压阀

减压阀是使出口压力（二次压力）低于进口压力（一次压力）的一种压力控制阀。其作用是降低液压系统中某一支路的油液压力，使用一个油源能同时提供两个或几个不同压力的输出。根据减压阀所控制的压力不同，它可分为定值减压阀、定差减压阀和定比减压阀，其中定值减压阀应用最多。根据结构形式不同，减压阀也有直动式减压阀和先导式减压阀两类。

（1）直动式减压阀

① 直动式减压阀的基本结构及其工作原理 如图 5-32 所示为直动式减压阀的结构原理图及图形符号。如图 5-32(a) 所示，阀上开有三个油口，P_1 为一次压力油口，P_2 为二次压力油口，L 为外泄油口，来自高压油路的一次压力油从 P_1 口经过滑阀阀芯的下端圆柱台肩与阀体间形成常开阀口，然后从二次油口 P_2 流向低压支路，同时通过流道反馈在阀芯底部面积上产生一个向上的液压作用力，该力与调压弹簧的预压力相比较。当二次压力未达到阀的设定值时，阀芯处于最下端，阀口全开；当二次压力达到阀的设定值时，阀芯上移，开度减小，实现减压，以维持二次压力恒定，不随一次压

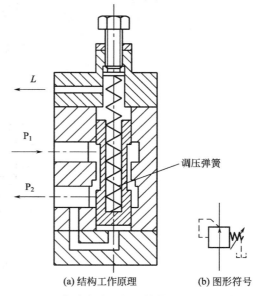

图 5-32 直动式减压阀的结构原理及图形符号

力的变化而变化。不同的二次压力可通过调节螺钉改变调压弹簧的预压缩量来设定。由于二次油口不接回油箱,所以泄油口 L 必须单独接回油箱。

直动式减压阀结构简单,只用于低压系统或用于产生低压控制油液,其性能不如先导式减压阀。

② 直动式减压阀的典型应用 直动式减压阀多用在减压和稳压的场合,在各种液压设备的夹紧系统、润滑系统和控制系统中应用较多。此外,当油液压力不稳定时,在回路中串入一个减压阀可得到一个稳定的较低的压力。如图 5-33 所示的多支路减压回路中,各液压支路需要的压力不同,可以在两个支路上分别串联两个减压阀 4、5,用于分别调定两个支路所需要的压力。

(2) 先导式减压阀

① 先导式减压阀的基本结构及其工作原理 先导式减压阀的结构原理如图 5-34(a) 所示,图中 1 是先导阀芯,3 是主阀芯。减压阀不工作时,主阀芯处在最下端的极限位置,阀口是常开的。在减压阀通入压力油时,压力油由进油口 P_1 流入,经减压口 f 减压后由出油口 P_2 流出,出口压力油经主阀体 2 与

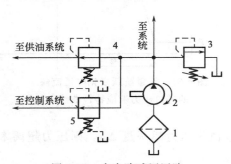

图 5-33 多支路减压回路
1—滤油器;2—液压泵;3—溢流阀;4,5—减压阀

端盖 4 上的通道流到主阀芯的下腔,再经阀芯上的阻尼孔 e 流到主阀芯的上腔,最终作用在先导阀芯 1 上。当出油口压力低于先导阀的调定压力时,先导阀关闭,油液便不能在阻尼孔 e 内流动,主阀芯上、下两腔压力相等,主阀芯在弹簧的作用下处于最下端,主阀口开度 x 值最大,阀处于非工作状态。当出口压力达到先导阀的调定压力时,先导阀芯 1 被顶开,主阀芯上腔的油液便由泄油口 L 流回油箱,主阀芯阻尼孔 e 内就有了油液流动,使主阀芯 3 上下两端产生压力差,主阀芯 3 在压力差的作用下,克服弹簧力的作用上移,主阀口开度 x 值减小,进出口压降增大,使出口压力下降到调定值;反之,出口的压力减小时,阀芯下

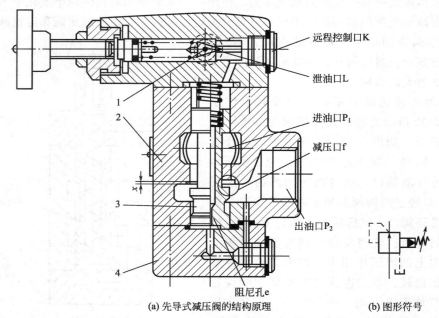

(a) 先导式减压阀的结构原理   (b) 图形符号

图 5-34 先导式减压阀的结构原理及图形符号
1—先导阀芯;2—主阀体;3—主阀芯;4—端盖

移,主阀口开度 x 值增大,减压口 f 增大,使节流降压作用减弱,控制出口的压力维持在调定值。同样,先导式减压阀也具有远程控制口 K,通过它可以实现远程控制。如图5-34(b)为先导式减压阀的图形符号。

② 先导式减压阀的典型应用　先导式减压阀可用于需要减压或多级减压的回路中。如图5-35所示为多级减压回路,先导式减压阀1用于减小它所在低压支路的压力,通过控制电磁换向阀3的电磁铁通断电,可以使低压支路获得两种不同的调定压力。

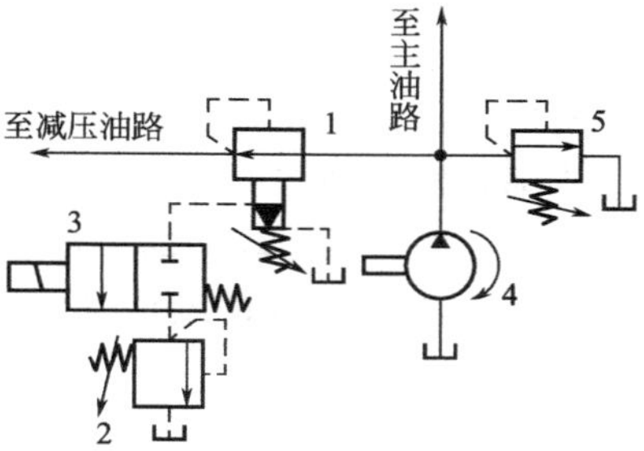

图 5-35　多级减压回路
1—先导式减压阀;2,5—溢流阀;
3—电磁换向阀;4—液压泵

5.3.3　顺序阀

顺序阀是用来控制液压系统中各执行元件动作的先后顺序,顺序阀也可视为二位二通液动换向阀。顺序阀的种类繁多,可以按照控制压力、控制来源、泄油方式和安装方式等对其进行分类,如表5-6所示。

表 5-6　顺序阀的分类

分类依据	类型	说明
工作原理	直动式	用入口压力直接推动阀芯开启
	先导式	先用入口压力推动先导阀开启,使主阀芯两端压力失去平衡,主阀芯再开启
控制压力	内控式	用阀的进口压力控制阀芯的启闭
	外控式	用外来的控制压力油控制阀芯的启闭
泄油方式	内泄式	泄油口通入出油口
	外泄式	泄油口单独接油箱
安装方式	管式	油口处有螺纹孔,通过油口处的螺纹与其他元件连接
	板式	油口为光孔,另有安装孔,用螺栓或螺钉安装在连接板上,油口处用密封件密封

（1）直动式顺序阀

① 直动式顺序阀的基本结构及工作原理　如图5-36所示为直动式顺序阀的结构原理。阀的进口压力油通过阀内部流道,作用于阀芯下部柱塞6上,产生一个向上的液压推力。当液压泵启动后,压力油首先克服液压缸Ⅰ的负载使其先行运动。当液压缸Ⅰ运动到位后,压力 p_1 将随之上升。当压力 p_1 上升到作用于柱塞面积 A 上的液压力超过调压弹簧3的预紧力时,阀芯上移,接通 P_1 口和 P_2 口。压力油经顺序阀口后克服液压缸Ⅱ的负载使活塞运动。这样利用顺序阀实现了液压缸Ⅰ和液压缸Ⅱ的顺序动作。

旋转调压螺钉1,改变调压弹簧3的预压缩量,可以改变顺序阀的开启压力。图5-36中的顺序阀属于内控式,将端盖旋转90°或180°,当把 K 口处螺塞打开接外部压力时,顺序阀就

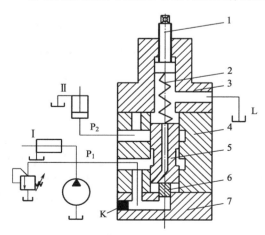

图 5-36　直动式顺序阀的结构原理
1—调压螺钉;2—弹簧;3—阀盖;4—阀体;5—阀芯;6—柱塞;7—下盖

变成外控式，外控式顺序阀是否开启与一次压力油即入口压力无关，仅取决于外部控制压力的大小。图 5-36 中泄油口通过单独的油道接通油箱，属于外泄式，当泄油口通向阀的出油口并与阀的出油一起流回油箱则属于内泄式。

直动式顺序阀结构简单、动作灵敏，但由于弹簧设计的限制，调压偏差较大，限制了压力的提高，因而压力较高的场合常采用先导式顺序阀。

② 直动式顺序阀的图形符号　直动式顺序阀的图形符号如图 5-37 所示。

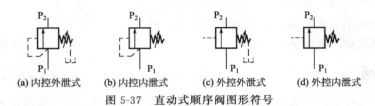

(a) 内控外泄式　　(b) 内控内泄式　　(c) 外控外泄式　　(d) 外控内泄式

图 5-37　直动式顺序阀图形符号

③ 直动式顺序阀的应用　直动式顺序阀可用于多元件的顺序动作控制、系统保压、立置液压缸的平衡、系统卸荷、作背压阀等。直动式顺序阀可以与单向阀组成平衡阀用于立置液压缸的平衡回路中。如图 5-38 所示是采用内控式平衡阀的平衡回路，当活塞下行时，由于回油路上存在一定的背压来支承重力负载，只有在活塞的上部具有一定压力时活塞才会平稳下落；当电磁换向阀 2 处于中位时，活塞停止运动，不再继续下行。

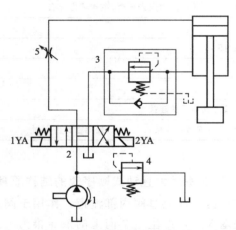

图 5-38　采用内控式平衡阀的平衡回路
1—液压泵；2—电磁换向阀；3—平衡阀
（内控式）；4—溢流阀；5—节流阀

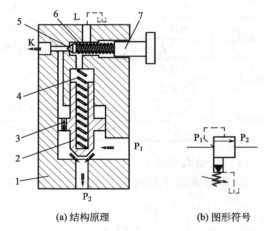

(a) 结构原理　　　　(b) 图形符号

图 5-39　先导式顺序阀的结构原理及图形符号
1—主阀体；2—主阀芯；3—阻尼孔；4—复位弹簧；
5—先导阀阀芯；6—调压弹簧；7—调压螺钉

(2) 先导式顺序阀

① 先导式顺序阀的结构及工作原理　如图 5-39 所示为先导式顺序阀的结构原理图及图形符号。如图 5-39(a) 所示，当一次压力油液由 P_1 进入时，一次压力经过阻尼孔 3 直接作用在先导阀阀芯 5 上，当一次压力大小不足以克服调压弹簧 6 的作用而打开先导阀阀芯 5 时，由于主阀芯 2 的上下受力平衡，主阀芯 2 不运动，油液就不会从 P_2 口流出，顺序阀关闭。

当一次压力升高到足以打开先导阀阀芯时，油液经过泄油口 L 流回油箱，主阀芯 2 上端的压力突然下降，由于阻尼孔 3 的作用，在主阀芯 2 的两端产生压差，主阀芯 2 向上运动，油液便从 P_2 口流出，顺序阀开启。

调节调压螺钉 7，改变调压弹簧的预压缩量就可以改变开启压力。

远程控制口 K 的作用与先导式溢流阀中的远程控制口相同，当 K 用螺塞堵上时，则开启压力由先导阀调定；当 K 接通其他压力阀时，则可以远程或多级调定开启压力；当 K 接通油箱时，则开启压力为 0。

② 先导式顺序阀的典型应用　先导式顺序阀可以和普通的直动式顺序阀一样使用，也可用于多执行元件的顺序动作回路、系统保压、立置液压缸的平衡、系统卸荷、作背压阀等。

5.3.4　压力继电器

(1) 压力继电器的结构及工作原理

压力继电器是一种将油液的压力信号转换成电信号的电液控制元件，当油液压力达到压力继电器的调定压力时，即发出电信号，以控制电磁铁、电磁离合器、继电器等元件动作，使油路卸压、换向、执行元件实现顺序动作，或关闭电动机，使系统停止工作，起安全保护作用等。压力继电器可有柱塞式、膜片式、弹簧管式和波纹管式四种类型。

如图 5-40 所示为柱塞式压力继电器的结构原理及图形符号。如图 5-40(a) 所示，当从压力继电器下端进油口通入的油液压力达到调定压力值时，推动柱塞 1 上移，通过杠杆 2 推动微动开关 4 动作。

通过调节螺钉 3 改变弹簧的压缩量即可以调节压力继电器的动作压力。图 5-40(a) 中 L 为泄油口。

(2) 压力继电器的典型应用

压力继电器经常应用在需要液压和电气转换的回路中，接收回路中的压力信号，输出电信号，使系统易于实现自动化。

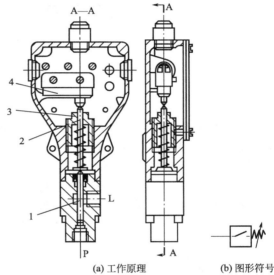

图 5-40　柱塞式压力继电器的结构原理及图形符号
1—柱塞；2—顶杆；3—调节螺钉；4—微动开关

5.4　流量控制阀

液压系统中执行元件运动速度的大小，由输入执行元件的油液流量的大小来确定。用来控制液体流量的元件称为流量控制阀。流量控制阀是依靠改变阀口通流面积的大小或通流通道的长短来改变液阻以控制流量的一类液压阀。常用的流量控制阀有普通节流阀、调速阀和分流集流阀等。

5.4.1　普通节流阀

(1) 普通节流阀的结构及工作原理

节流阀是普通节流阀的简称，如图 5-41 所示为普通节流阀的结构原理及图形符号，它主要由阀体 1、阀芯 2、推杆 3、手柄 4 和弹簧 5 等组成。阀芯 2 的左端开有轴向三角槽形式节流口。压力油从进油口 P_1 流入，经阀芯 2 左端的节流沟槽，从出油口 P_2 流出。转动手柄

4，通过推杆 3 使阀芯 2 做轴向移动，可改变节流口通流截面积，实现流量的调节。弹簧 5 的作用是使阀芯 2 向右抵紧在推杆 3 上。

这种节流阀结构简单，制造容易，体积小，但负载和温度的变化对流量的稳定性影响较大，因此只适用于负载和温度变化不大或执行机构速度稳定性要求较低的液压系统。

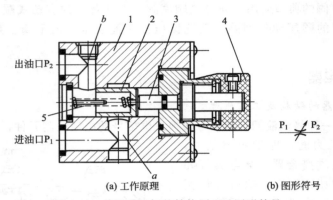

图 5-41 普通节流阀的结构原理及图形符号
1—阀体；2—阀芯；3—推杆；4—手柄；5—弹簧

(2) 普通节流阀的主要性能

① 流量-压差特性　节流阀的流量-压差特性是指被试节流阀阀口为某一开度时，通过节流阀的流量 q 与节流阀口前后的压差 Δp 的关系。节流阀的流量-压差特性取决于其节流口的形式。节流阀的流量-压差特性常用式(5-4) 描述

$$q = CA_T(p_1-p_2)^\varphi = CA_T\Delta p^\varphi \tag{5-4}$$

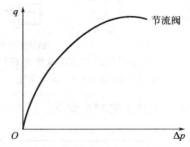

图 5-42 节流阀的流量-压差特性曲线

式中，C 为系数，其大小由节流口形状、液体流态、油液性质等因素决定，具体数值由实验得出；A_T 为节流口的通流截面；p_1、p_2 为节流阀的进、出口压力；Δp 为节流口前、后压差；φ 为节流阀指数，由节流口的形状决定，其值为 0.5～1.0，具体数值由实验得出。

节流阀的流量-压差特性曲线如图 5-42 所示。由图可以看出，节流阀的流量 q 受前后压差 Δp 变化的影响比较大，特别是在流量较小时，影响更大。因为在实际调速系统中，节流阀前后的压差总会有变化的，通过节流阀的流量 q 变化越大，则执行元件的速度就越不稳定。这也充分说明普通节流阀不适合用在速度稳定性要求高的场合。

节流阀流量抵抗压差变化的能力可用节流阀刚性系数 k 反映。

$$k = \frac{\partial \Delta p}{\partial q} = \frac{\Delta p^{1-\varphi}}{CA_T\varphi} \tag{5-5}$$

k 值越大，节流阀流量抵抗压差变化的能力越强，即节流阀的流量稳定性越好。在其他量不变的情况下，φ 越小，k 值越大，因此说明薄壁孔（$\varphi=0.5$）比细长孔（$\varphi=1$）节流口要好，目前节流阀的孔口多采用薄壁孔口式节流口。

② 最小稳定流量和流量调节范围　节流阀在阀口开度微小时，会出现流量不稳定的异常现象，使系统不能正常工作。阀口前、后压差越大，开始出现流量不稳定的开度越大。即

压差越大,越易发生流量不稳定。所以,每一个节流阀在规定的工作压力范围内,都存在一个能正常工作的最小流量限制,称为节流阀的最小稳定流量,它是流量控制范围的下限,也是节流阀的主要性能指标之一。

流量调节范围是指通过节流阀的最大流量和最小流量之比,一般在 50 以上。

③ 压力损失 节流阀全开并通过额定流量时,进、出口之间的压力差值,称为压力损失。

(3) 普通节流阀的典型应用

普通节流阀主要用于负载变化不大或对速度控制精度要求不高的节流调速系统中,通过调节进入执行元件的流量,进而达到调速的目的。

5.4.2 调速阀

(1) 调速阀的基本结构及工作原理

普通节流阀在工作时,若作用于执行元件上的负载发生变化,将会引起节流阀两端的压差变化,从而导致流过节流阀的流量随之变化,最终引起执行元件的速度随负载变化而变化。为了使执行元件的速度不随负载的变化而变化,就需要采取措施,使流量阀节流口两端的压差不随负载而变。调速阀即是一种常用的、可保持流量基本恒定的流量控制阀。

调速阀由一个定差减压阀和一个节流阀串联组合而成。节流阀用来调节流量,定差减压阀用来保证节流阀前后的压力差 Δp 不受负载变化的影响,从而使通过节流阀的流量保持稳定。

如图 5-43(a) 所示为调速阀的结构原理,它是由定差减压阀和节流阀串联而成的。调速阀的进口压力为 p_1,经过减压阀的阀口 x_R,压力降为 p_m,经孔道 f 和 e,进入油腔 c 和 d,作用于减压阀阀芯的下端面;油液经节流阀口后,压力又由 p_m 降为 p_2,然后流入执行元件,同时,压力为 p_2 的油液经孔道 a 流入 b 腔,作用于减压阀芯的上端面 A 上。当调速阀稳定工作时,其减压阀芯在 b 腔弹簧力、压力为 p_2 的液压力和 c、d 腔压力为 p_m 的液压力的作用下,处在某个平衡位置上,减压阀的阀口 x_R 为某一开度。当负载增加时,使 p_2 增大的瞬间,作用在减压阀向下的推力增大,使减压阀的阀芯下移,减压阀的阀口 x_R 开度加大,阀口压降减小,使 p_m 也增大,使节流阀进出口的压差($\Delta p = p_m - p_2$)基本保持不变。同理,当负载减小,p_2 减小时,减压阀阀芯上移,减压阀的阀口 x_R 开度减小,阀口压降增大,p_m 也减小,节流阀进出口的压差也基本不变,使流过节流阀的流量基本恒定,因此调速阀适用于负载变化较大、速度平稳性要求较高的液压系统。

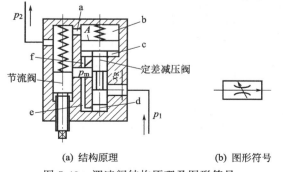

(a) 结构原理 (b) 图形符号

图 5-43 调速阀结构原理及图形符号

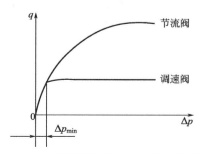

图 5-44 调速阀的流量-压差特性曲线

(2) 调速阀的主要性能

调速阀的流量-压差特性曲线如图 5-44 所示。从图中可以看出，当压差 Δp 很小时，因减压阀阀芯被弹簧推至最下端，减压阀阀口全开，失去其减压稳压作用，此时调速阀流量-压差特性与节流阀相同，即它们在这一段的曲线是重合的。当压差大于其最小值 $\Delta p_{\min}$ 后，调速阀的流量基本保持恒定。所以调速阀正常工作时需有 0.5～1MPa 的最小压差。

通过图 5-44，比较节流阀和调速阀的流量-压差特性曲线，可以看出调速阀的流量稳定性要比节流阀好得多，因而适合速度稳定性要求高的场合。

(3) 调速阀的典型应用

调速阀的主要功用还是用于调速，常用于负载变化大而对速度控制精度要求较高的场合；在需要进行速度换接的系统中，也可以用两个调速阀串联或并联在一起使用，实现两种工进速度的换接。

5.4.3 分流集流阀

分流阀、集流阀和分流集流阀都属于流量控制阀，一般用在两个液压缸或两个液压马达的同步系统中。分流阀是把进入的油液分成相等或成一定比例的两份流出；集流阀是把相等或成一定比例进入的油液合成一份流出；分流集流阀兼有分流阀和集流阀的功能。现以分流阀为例介绍分流集流阀的工作原理及应用。

(1) 分流阀的结构及工作原理

如图 5-45 所示为分流阀的结构原理图及图形符号。如图 5-45(a) 所示，设阀的进口油液压力为 p_0，流量为 q_0，进入阀后分两路分别通过两个面积相等的固定节流孔 1、2，分别进入减压阀芯 6 的环形槽 a 和 b，然后由两个减压阀口 3、4 经出油口Ⅰ和Ⅱ通往两个执行元件，两个执行元件的负载流量分别为 q_1、q_2，负载压力分别为 p_3、p_4。如果两个执行元件的负载相等，则分流阀的出口压力 $p_3=p_4$，因为阀中两个支流道的尺寸完全对称，所以输出流量也对称，$q_1=q_2=q_0/2$，且 $p_1=p_2$。当由于负载不对称而出现 $p_3\neq p_4$，且设 $p_3>p_4$ 时，q_1 必定小于 q_2，导致固定节流孔 1、2 的压差 $\Delta p_1<\Delta p_2$，$p_1>p_2$，此压差反馈至减压阀芯 6 的两端后使阀芯在不对称液压力的作用下左移，使可变节流口 3 增大，可变节流口 4 减小，从而使 q_1 增大，q_2 减小，直到 $q_1\approx q_2$ 为止，减压阀芯才在一个新的平衡位置上稳定下来。即输往两个执行元件的流量相等，当两个执行元件尺寸完全相同时，运动速度将同步。

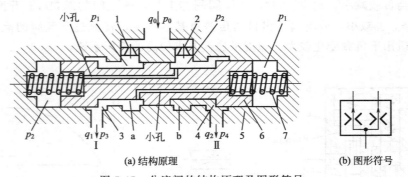

图 5-45 分流阀的结构原理及图形符号

1,2—固定节流孔；3,4—可变节流口；5—阀体；6—减压阀芯；7—对中弹簧；Ⅰ,Ⅱ—出油口

(2) 分流阀的典型应用

分流阀常用在多执行元件的同步回路中，实现多执行元件的同步动作。如图 5-46 所示

为用分流阀的同步回路，A、B两个液压缸的尺寸完全相同，分流阀4可把流入的油液分成等流量的两份从两个出油口流出，分流阀4的两个出油口分别与A、B液压缸的左腔相连，这样就可以保证进入A、B两个液压缸的流量相同，所以两个缸会以同样的速度向右运动。

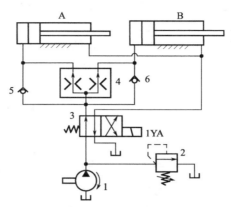

图 5-46 用分流阀的同步回路
1—液压泵；2—溢流阀；3—电磁换向阀；4—分流阀；5,6—单向阀

5.5 其他液压阀

5.5.1 插装阀

（1）插装阀的结构及工作原理

插装阀是将其基本组件插入特定的通道块内，配以盖板、先导阀等组成的一种多功能复合阀，插装阀的主流产品是二通盖板式插装阀。

插装阀基本组件由阀芯、阀套、弹簧和密封圈等组成，与通道块组合使用时，才能实现对系统油液方向、压力和流量的控制。

插装阀的工作原理如图 5-47(a) 所示，由阀套 2、阀芯 3 和弹簧 4 组成的插装阀组件，通过控制盖板 5 压入通道块 1 中，通过先导阀（电阀换向阀）的动作，控制油液的流向，使插装阀实现相应的功能。图中所示插装阀相当于一个液控单向阀。图中A和B为主油路的两个工作油口，K为控制油口（与先导阀相接）。当K口没有压力油作用时，阀芯受到的向上的液压力大于弹簧力，阀芯开启，A与B相通；反之，当K口有液压力作用时，且K口的油液压力大于A和B口的油液压力，A与B口之间关闭。该插装阀组件的图形符号如图 5-47(b) 所示。

（2）插装阀的特点及应用

插装阀的阀芯结构简单，动作灵敏，与普通的液压阀相比具有通流能力大、密封性好、泄漏小、功率损失小、易于实现集成等

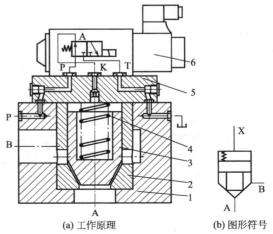

(a) 工作原理　　(b) 图形符号

图 5-47 插装阀的工作原理和图形符号
1—通道块；2—阀套；3—阀芯；4—弹簧；5—控制盖板；6—先导控制阀

优点，特别适合于大流量液压系统，被广泛应用于多种工程机械、物料搬运机械和农业机械行业。

插装阀按功能分为方向插装阀、压力插装阀和流量插装阀；插装阀还可以组合应用，用不同类型的插装阀与插装阀或插装阀与普通液压阀进行组合构成方向、压力、流量复合插装阀；插装阀还可以组成插装阀回路或系统。

如图 5-48(a) 所示相当于节流阀的插装阀；如图 5-48(b) 所示相当于二位三通换向阀的复合插装阀；如图 5-48(c) 所示相当于液控单向阀的复合插装阀。

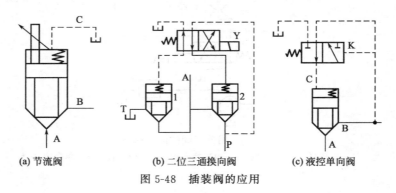

图 5-48　插装阀的应用

5.5.2　叠加阀

(1) 叠加阀的结构及工作原理

叠加式液压阀简称叠加阀，它是在板式阀集成化基础上发展起来的，其实现各类控制功能的原理与普通阀相同，也可以分为叠加式方向阀、叠加式压力阀和叠加式流量阀。每个叠加阀不仅具有控制功能，还兼有油液通道的作用。现以叠加式先导式溢流阀为例来说明叠加阀的工作原理。

如图 5-49 所示为叠加式先导式溢流阀的结构原理及图形符号。叠加阀由先导阀和主阀两部分组成，先导阀为锥阀，主阀相当于锥阀式的单向阀。压力油由进油口 P 进入主阀阀芯 6 右端的 e 腔，并经阀芯上阻尼孔 d 流至主阀阀芯 6 左端 b 腔，再经小孔 a 作用于锥阀阀芯 3 上。当系统压力低于溢流阀调定压力时，锥阀关闭，主阀也关闭，阀不溢流；当系统压力达到溢流阀的调定压力时，锥阀阀芯 3 打开，b 腔的油液经锥阀口及孔 c 由油口 T 流回油箱，主阀阀芯 6 右腔的油经阻尼孔 d 向左流动，于是使主阀阀芯的两端油液产生压力差。此压力差使主阀阀芯克服弹簧 5 而左移，主阀阀口打开，实现了自油口 P 向油口 T 的溢流。

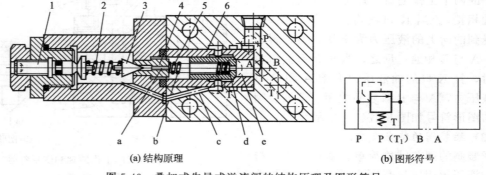

图 5-49　叠加式先导式溢流阀的结构原理及图形符号
1—推杆；2—弹簧；3—锥阀阀芯；4—阀座；5—弹簧；6—主阀阀芯

调节弹簧 2 的预压缩量便可调节溢流阀的调整压力，即溢流压力。

（2）叠加阀的特点及应用

与其他液压阀相比，叠加阀具有结构紧凑、体积小、重量轻；组装简便，周期短；调整、更换、增减液压元件简单方便；无管连接，能量损耗小，外观整齐，便于维护保养等特点。

叠加阀自成体系，每一种通径系列的叠加阀，其主油路通道和螺钉孔的大小、位置、数量都与相应通径的板式换向阀相同。因此，将同一通径系列的叠加阀互相叠加，可直接连接而组成集成化的液压系统。

如图 5-50 所示为叠加式液压装置。最下面的是底板，底板上有进油孔、回油孔和通向液压执行元件的油孔，底板上面第一个元件一般是压力表开关，然后依次向上叠加各压力控制阀和流量控制阀，最上层为换向阀，用螺栓将它们紧固成一个叠加阀组。一般一个叠加阀组控制一个执行元件。如果液压系统有几个需要集中控制的液压元件，则用多联底板，并排在上面组成相应的几个叠加阀组。

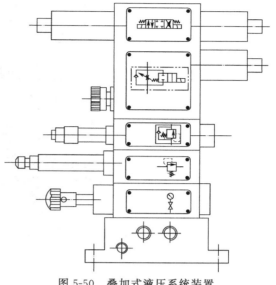

图 5-50　叠加式液压系统装置

5.5.3　电液控制阀

以上各小节所述液压阀均为普通液压阀，它们一般适用于液压传动系统中。液压传动系统以传递动力为主，追求传动特性的完善，所以用普通液压阀即可。然而对于液压控制系统来说，用普通液压阀则不能满足要求，因为液压控制系统以传递信息为主，追求控制性能的完善，在液压控制系统中通常用电液控制阀。

电液控制阀是电子技术与液压技术相结合发展的一类液压阀。它们可以实现对液压系统压力或流量的连续自动控制，可以用较小功率的输入信号（电信号）获得较大功率的输出信号（压力或流量），常用于液压控制系统中进行闭环控制，且易于实现远距离遥控及计算机控制。

电液控制阀包括电液伺服阀、电液比例阀和电液数字阀。

（1）电液伺服阀

① 电液伺服阀的工作原理　电液伺服阀通常由电-机械转换元件（力马达或力矩马达）、先导级阀、主阀和检测反馈机构组成。电-机械转换元件用于将输入的电信号转换为力或力矩，经先导级阀接受此力或力矩并将其转换为驱动主阀的液压力，再经主阀将先导级阀的液压力转换为流量或压力的输出；设在阀内部的检测反馈机构用于将先导阀或主阀控制口的压力、流量或阀芯的位移反馈到先导级阀的输入端，实现输入、输出的比较，从而提高阀的控制精度。

电液伺服阀的种类很多，其中喷嘴挡板式力反馈电液伺服阀使用较多，且多用于控制流量较大的系统中。如图 5-51 所示为喷嘴挡板式力反馈电液伺服阀的工作原理。它主要由力矩马达、双喷嘴挡板先导级阀和四凸肩的功率级滑阀三部分组成。弹簧管 11 支承衔铁 3 和挡板 5，其下端球头插入主阀芯 9 中间的槽内。左、右各一个喷嘴 6，两个喷嘴 6 及挡板 5

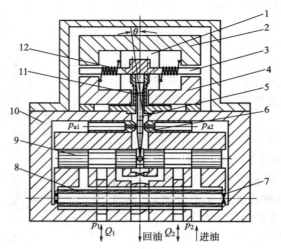

图 5-51　喷嘴挡板式力反馈电液伺服阀的工作原理
1—永久磁铁；2—上导磁铁；3—衔铁；4—下导磁铁；5—挡板；6—喷嘴；7—固定节流孔；8—过滤器；9—主阀芯；10—阀体；11—弹簧管；12—输入线圈

间形成可变液阻节流孔。当线圈 12 无电信号输入时，衔铁 3、挡板 5 和主阀芯 9 都处于中位。当线圈 12 通入电流后，在衔铁 3 两端产生磁力，使衔铁 3 克服弹簧管 11 的弹性反作用力而偏转一定的角度，并偏转到磁力所产生的力矩与弹性反作用力所产生的反力矩平衡时为止。同时，挡板 5 因随衔铁 3 偏转而发生挠曲，离开中位，造成它与两个喷嘴 6 间的间隙不等。通入伺服阀的压力油经过滤器 8、两个对称的固定节流孔 7 和左、右喷嘴 6 流出，通向回油。当喷嘴与挡板的两个间隙不等时，两喷嘴后侧的压力也不相等，它们作用在主阀芯 9 左、右端面上，使主阀芯 9 向相应方向移动一小段距离，同时打开滑阀进油和回油节流边，使压力油经过滑阀一侧控制口流向执行元件，执行元件回油则经滑阀另一个阀口通向油箱。弹簧管 11 下端球头随主阀芯 9 移动，对衔铁组件施加一个反力矩。弹簧管 11 将主阀芯 9 的位移转换为力并反馈到力矩马达，结果是使主阀芯两端的压差减小。当主阀芯 9 的液压作用力与挡板 5 下端球头因位移而产生的反作用力达到平衡时，主阀芯 9 就不再移动，并一直使其阀口保持在这一开度上，此时通过滑阀的流量基本保持不变。当改变输入线圈 12 中的电流时，伺服阀的流量也与其成正比地发生改变。

② 电液伺服阀的图形符号　以四通电液伺服控制阀为例，其图形符号如图 5-52 所示。

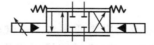

图 5-52　四通电液伺服控制阀的图形符号

③ 电液伺服阀的典型应用　电液伺服阀具有动态响应快、控制精度高、使用寿命长等优点，已广泛应用于航空、航天、舰船、冶金、化工等领域的电液伺服控制系统中。

(2) 电液比例阀

电液比例阀简称比例阀，它是一种把输入的电信号按比例地转换成力或位移，从而对压力、流量等参数进行连续控制的一种液压阀。比例阀是采用比例电磁铁作为电-机械的转换元件。它根据输入的电信号产生相应动作，使工作阀阀芯产生位移，阀口尺寸发生改变并以此完成与输入电信号成比例的压力、流量输出的元件。

比例阀由直流比例电磁铁与液压阀两部分组成。其液压阀部分与一般液压阀差别不大，而直流比例电磁铁和一般电磁阀所用的电磁铁不同，直流比例电磁铁要求吸力（或位移）与输入电流成比例。比例阀按用途和结构不同可分为比例压力阀、比例流量阀、比例方向阀三大类。现以比例溢流阀为例说明电液比例阀的工作原理、图形符号及典型应用。

① 比例溢流阀的工作原理　如图 5-53 所示为先导式比例溢流阀的结构原理及图形符号。当线圈 2 输入电信号时，比例电磁铁 1 便产生一个相应的电磁力，它通过推杆 3 作用于先导阀阀芯 4，从而使先导阀的控制压力与电磁力成比例，即与输入信号电流成比例，因此比例溢流阀进油口压力的升降与输入信号电流的大小成比例。若输入信号电流是连续、按比例地或按一定程序变化，则比例溢流阀所调节的系统压力也连续按比例地或按一定程序进行变化。

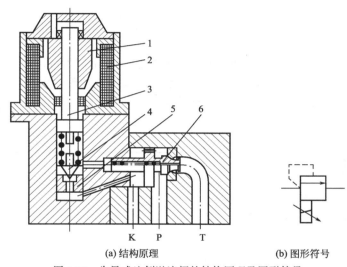

(a) 结构原理　　(b) 图形符号

图 5-53　先导式比例溢流阀的结构原理及图形符号

1—比例电磁铁；2—线圈；3—推杆；4—先导阀阀芯；5—导阀座；6—主阀阀芯

② 电液比例阀的特点及应用　与普通液压阀相比，电液比例阀使油路简化，元件数量少；能实现远距离控制，自动化程度高；能连续地、按比例地对油液的压力、流量或方向进行控制，从而实现对执行机构的位置、速度和力的连续控制，并能防止或减小压力、速度变换时的冲击。

比例阀广泛应用于要求对液压参数进行连续控制或程序控制，但不需要很高控制精度的液压系统中。如图 5-54 所示为利用比例溢流阀调压的无级调压回路。改变比例溢流阀的输入电流 I，即可控制系统获得多级工作压力。它比利用普通溢流阀的多级调压回路所用液压元件数量少，回路简单，且能对系统压力进行连续控制。

（3）电液数字阀

① 电液数字阀的结构及工作原理　电液数字阀简称为数字阀，它是用计算机数字信号直接控制压力、流量和方向的一类。按功用划分可分为数字式流量阀、数字式压力阀、数字式方向阀；按控制方式划分可分为增量式数字阀和脉宽调制式数字阀。

增量式数字阀是由步进电动机作为电-机械转换器来驱动

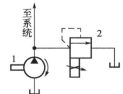

图 5-54　利用比例溢流阀调压的无级调压回路

1—液压泵；2—电液比例溢流阀

液压阀芯工作。如图 5-55 所示为数字流量控制阀的结构原理及图形符号,如图 5-55(a) 所示,步进电动机 1 直接用数字式控制,计算机发出信号后,步进电动机 1 转动,滚珠丝杠 2 转化为轴向位移,带动节流阀阀芯 3 移动,实现对流量的控制。

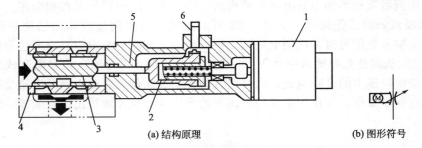

图 5-55　数字流量控制阀的结构原理及图形符号
1—步进电动机；2—滚珠丝杠；3—阀芯；4—阀套；5—连杆；6—零位移传感器

② 数字阀的典型应用　数字阀可直接与计算机接口,不需 D/A 转换器,结构简单;价廉;抗污染能力强,操作维护更简单;而且数字阀的输出量准确、可靠地由脉冲频率或宽度调节控制,抗干扰能力强;可得到较高的开环控制精度等。数字阀适用于在计算机实时控制的电液控制系统中。

思考题与习题

5-1　液压阀按功用可以划分为哪几类？
5-2　什么是液压阀的公称通径？
5-3　简述液控单向阀的工作原理。
5-4　换向阀的"位"和"通"是指什么？
5-5　先导式溢流阀的远程控制口 K 有哪些作用？
5-6　比较溢流阀、减压阀和顺序阀的工作原理及图形符号有哪些异同点？
5-7　简述调速阀的工作原理,并说明为什么调速阀比普通节流阀的流量稳定性好？
5-8　叠加阀有哪些特点？
5-9　请说明各类电液控制阀中的电-机械转换元件分别是什么？
5-10　如图 5-56 所示,试说明图中单向阀 3、溢流阀 2 和溢流阀 6 在该回路中的功用。

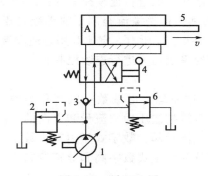

图 5-56　题 5-10 图
1—液压泵；2,6—溢流阀；3—单向阀；4—换向阀；5—液压缸

5-11 如图 5-57 所示回路中，溢流阀的调整压力为 5MPa，减压阀的调整压力为 2MPa，液压缸 4 为夹紧缸，系统负载趋于无穷，其他泄漏及压力损失不计，试计算下列情况下，A、B 的压力分别为多大？①液压缸 4 空载运动时；②液压缸 4 无杆腔的压力升到 1.5MPa 时；③液压缸 4 运行到终点时。

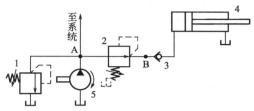

图 5-57 题 5-11 图
1—溢流阀；2—减压阀；3—单向阀；4—液压缸；5—液压泵

5-12 如图 5-58 所示回路中，系统的负载趋于无穷大，不计压力损失，分别说明下列情况下，泵出口可获得哪几种工作压力？①溢流阀 2、4、5 的调定压力分别为 $p_{y_2}=6$MPa，$p_{y_4}=4$MPa，$p_{y_5}=2$MPa；②溢流阀 2、4、5 的调定压力分别为 $p_{y_2}=4$MPa，$p_{y_4}=6$MPa，$p_{y_5}=2$MPa；③溢流阀 2、4、5 的调定压力分别为 $p_{y_2}=2$MPa，$p_{y_4}=4$MPa，$p_{y_5}=6$MPa。

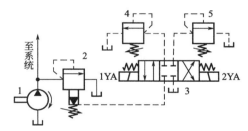

图 5-58 题 5-12 图
1—液压泵；2—先导式溢流阀；3—换向阀；4,5—直动式溢流阀

5-13 如图 5-59 所示为双泵供油回路，其中液压泵 1 为低压大流量泵，液压泵 2 为高压小流量泵，卸荷阀 3 为外控式顺序阀。当系统中的执行元件高速空载运行时，采用双泵供油，当低速重载运行时，只用液压泵 2 供油，是分别说明：①液压泵 1 和 2 的额定压力选取依据是什么？②顺序阀 3 和溢流阀 5 的调定压力依据什么确定？③单向阀 4 的功用是什么？

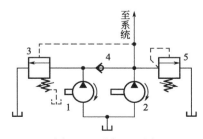

图 5-59 题 5-13 图
1,2—液压泵；3—卸荷阀；4—单向阀；5—溢流阀

5-14 如图 5-60 所示回路中，溢流阀的调定压力为 5MPa，顺序阀的调定压力为 2.5MPa，不计泄漏及压力损失，问下列几种情况下，A、B 点的压力分别为多大？①液压

缸活塞运动中，无杆腔的压力为2MPa时；②液压缸活塞运动中，无杆腔的压力为4MPa时；③液压缸活塞运动到终点时。

5-15 如图5-61所示回路中，负载$F=500$N，液压缸4无杆腔的有效面积为$A_1=100\text{cm}^2$，有杆腔的有效面积为$A_2=80\text{cm}^2$，薄壁小孔型节流阀2的阀口通流面积为$A_T=0.02\text{cm}^2$，阀口流量系数为$C_d=0.6$，通过节流阀2的流量为$q=80$mL/s，油液密度为$\rho=900\text{kg/m}^3$，其他泄漏及压力损失不计。求：①液压泵1的工作压力？②液压缸的运行速度v？

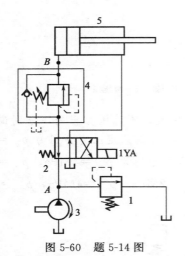

图 5-60 题 5-14 图

1—溢流阀；2—换向阀；3—液压泵；4—单向顺序阀；5—液压缸

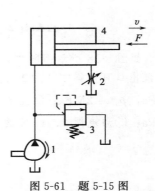

图 5-61 题 5-15 图

1—液压泵；2—节流阀；3—溢流阀；4—液压缸

第 6 章

液压辅助元件

液压系统中的辅助元件,是指除液压动力元件、执行元件和控制调节元件以外的其他各类组成元件,如蓄能器、滤油器、油箱、热交换器、管件等,它们虽被称为辅助元件,但却是液压系统中不可缺少的组成部分,它们对系统的动态性能、工作稳定性、工作寿命、噪声和温升等都有直接影响,必须予以重视。其中油箱需根据系统要求自行设计,其他辅助装置则做成标准件,供设计时选用。

6.1 油箱

6.1.1 油箱的功用和结构

油箱的基本功用是:储存工作介质;散发系统工作中产生的热量;分离油液中混入的空气、沉淀污染物及杂质。

液压系统中的油箱按工作原理分类有开式和闭式两类;按结构特征分类有整体式和分离式两种。

整体式油箱利用主机的内腔作为油箱,这种油箱结构紧凑,各处漏油易于回收,但增加了设计和制造的复杂性,维修不便,散热条件不好,且会使主机产生热变形。分离式油箱单独设置,与主机分开,减少了油箱发热和液压源振动对主机工作精度的影响,因此得到了普遍应用,特别是用在精密机械上。

开式油箱应用广泛,适用于一般的液压系统。开式油箱的典型结构如图 6-1 所示。由图可见,油箱内部用隔板 7、9 将吸油管 1 与回油管 4 隔开。顶部、侧部和底部分别装有网式过滤器 3、液位计 6 和排放污油的放油阀 8。液压泵及其驱动电动机安装在顶板 5 上。

闭式油箱则用于水下或高空无稳定气压的场合。对于充气式的闭式油箱,它不同于开式油箱之处在于油箱是整个封闭的,顶部有一根充气管,可送入

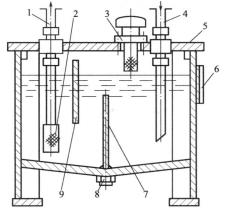

图 6-1 开式油箱的典型结构
1—吸油管;2—网式过滤器;3—空气过滤器;
4—回油管;5—顶板;6—液位计;
7,9—隔板;8—放油阀

0.05~0.07MPa、过滤纯净的压缩空气。压缩空气或者直接与油液接触，或者被输入到蓄能器式的皮囊内不与油液接触。这种油箱的优点是改善了液压泵的吸油条件，但它要求系统中的回油管、泄油管承受背压。油箱本身还须配置安全阀、压力表等元件以稳定充气压力，因此它只在特殊场合下使用。

6.1.2 油箱的设计要点

① 油箱容量的确定是油箱设计的关键，油箱的有效容积（油面高度为油箱高度80%时的容积）应根据液压系统发热、散热平衡的原则来计算，这项计算在系统负载较大、长期连续工作时是必不可少的。但对于一般情况来说，油箱的有效容积可以按液压泵的额定流量q_P（L/min）估计出来。例如，适用于机床或其他一些固定式机械的估算式为

$$V = \zeta q_P \tag{6-1}$$

式中，V为油箱的有效容积，L；ζ为与系统压力有关的经验系数，低压系统$\zeta=2\sim4$，中压系统$\zeta=5\sim7$，高压系统$\zeta=10\sim12$。

② 泵的吸油管与系统回油管之间的距离应尽可能远一些，管口都应插于最低液面以下。回油管口应截成45°斜角，以增大回流截面，并使斜面对着箱壁，以利散热和沉淀杂质。

③ 在油箱中设置隔板，以便将吸、回油隔开，迫使油液循环流动，利于散热和沉淀。

④ 设置空气滤清器与液位计。空气滤清器的作用是使油箱与大气相通，保证泵的自吸能力，滤除空气中的灰尘和杂物，有时兼作加油口，它一般布置在顶盖上靠近油箱边缘处。

⑤ 设置放油口与清洗窗口。将油箱底面做成斜面，在最低处设放油口，平时用螺塞或放油阀堵住，换油时将其打开放走油污。为了便于换油时清洗油箱，大容量的油箱一般均在侧壁设清洗窗口。

⑥ 最高油面只允许达到油箱高度的80%，油箱底脚高度应在150mm以上，以便散热、搬移和放油，油箱四周要有吊耳，以便起吊装运。

⑦ 油箱正常工作温度应在15~66℃之间，必要时应安装温度控制系统，或设置加热器和冷却器。

6.2 过滤器

6.2.1 过滤器的功用和类型

过滤器的功用是过滤混在液压油液中的杂质，降低进入系统中油液的污染度，保证系统正常地工作。

按过滤精度（滤去杂质的颗粒大小）的不同，过滤器有：粗过滤器、普通过滤器、精密过滤器和特精过滤器四种。它们分别能滤去大于$100\mu m$、$10\sim100\mu m$、$5\sim10\mu m$和$1\sim5\mu m$大小的杂质。按滤芯材料的过滤机制来分，过滤器有：表面型过滤器、深度型过滤器和吸附型过滤器三种。

(1) 表面型过滤器

整个过滤作用是由一个几何面来实现的。滤下的污染杂质被截留在滤芯元件靠油液上游的一面。在这里，滤芯材料具有均匀的标定小孔，可以滤除比小孔尺寸大的杂质。由于污染杂质积聚在滤芯表面上，因此它很容易被阻塞住。编网式滤芯、线隙式滤芯属于这种类型。

(2) 深度型过滤器

这种滤芯材料为多孔可透性材料，内部具有曲折、迂回的通道。大于表面孔径的杂质直接被截留在外表面，较小的污染杂质进入滤材内部，撞到通道壁上，由于吸附作用而得到滤除。滤材内部曲折的通道也有利于污染杂质的沉积。纸心、毛毡、烧结金属、陶瓷和各种纤维制品等属于这种类型。

(3) 吸附型过滤器

这种滤芯材料把油液中的有关杂质吸附在其表面上。磁芯即属于此类。

常见过滤器的结构简图及特点示于表 6-1 中。

表 6-1 常见过滤器的结构简图及其特点

类型	结构简图	特点说明
表面型		过滤精度与铜丝网层数及网孔大小有关。在压力管路上常用 100 目、150 目、200 目（每英寸长度上孔数，1in＝2.54cm）的铜丝网，在液压泵吸油管路上常采用 20～40 目铜丝网 压力损失不超过 0.004MPa 结构简单，通流能力大，清洗方便，但过滤精度低
表面型		滤芯由绕在芯架上的一层金属线组成，依靠线间微小间隙来挡住油液中杂质的通过 压力损失为 0.03～0.06MPa 结构简单，通流能力大，过滤精度高，但滤芯材料强度低，不易清洗 用于低压管道中，当用在液压泵吸油管上时，它的流量规格宜选得比泵大
深度型		结构与线隙式相同，但滤芯为平纹或波纹的酚醛树脂或木浆微孔滤纸制成的纸芯。为了增大过滤面积，纸芯常制成折叠形 压力损失为 0.01～0.04MPa 过滤精度高，但堵塞后无法清洗，必须更换纸芯 通常用于精过滤
深度型		滤芯由金属粉末烧结而成，利用金属颗粒间的微孔来挡住油中杂质通过。改变金属粉末的颗粒大小，就可以制出不同过滤精度的滤芯 压力损失为 0.03～0.2MPa 过滤精度高，滤芯能承受高压，但金属颗粒易脱落，堵塞后不易清洗 适用于精过滤

续表

类型	结构简图	特点说明
吸附型		滤芯由永久磁铁制成,能吸住油液中的铁屑、铁粉、可带磁性的磨料 常与其他型式滤芯合起来制成复合式过滤器 对加工钢铁件的机床液压系统特别适用

6.2.2 过滤器的主要性能指标

(1) 过滤精度

过滤精度表示过滤器对不同尺寸的污染颗粒的滤除能力,用绝对过滤精度、过滤比和过滤效率等指标来评定。

① 绝对过滤精度 是指通过滤芯的最大坚硬球状颗粒的尺寸,它反映了过滤材料中最大通孔尺寸,可以用试验的方法进行测定。

② 过滤比 是指过滤器上游油液单位容积中大于某给定尺寸的颗粒数与下游油液单位容积中大于同一尺寸的颗粒数之比。过滤比能确切地反映过滤器对不同尺寸颗粒污染物的过滤能力,它已被国际标准化组织采纳作为评定过滤器过滤精度的性能指标。一般要求系统的过滤精度要小于运动副间隙的一半。此外,压力越高,对过滤精度要求越高。

(2) 压降特性

液压回路中的过滤器对油液流动来说是一种阻力,因而油液通过滤芯时必然要出现压力降。一般情况下,在滤芯尺寸和流量一定的情况下,滤芯的过滤精度越高,压力降越大;在流量一定的情况下,滤芯的有效过滤面积越大,压力降越小;油液的黏度越大,流经滤芯的压力降也越大。

滤芯所允许的最大压力降,应以不致使滤芯元件发生结构性破坏为原则。在高压系统中,滤芯在稳定状态下工作时承受到的仅仅是它那里的压力降,这就是为什么纸质滤芯也能在高压系统中使用的道理。

(3) 纳垢容量

这是指过滤器在压力降达到其规定限值之前可以滤除并容纳的污染物数量,这项性能指标可以用多次通过性试验来确定。过滤器的纳垢容量越大,使用寿命越长,所以它是反映过滤器寿命的重要指标。一般情况下,滤芯尺寸越大,即过滤面积越大,纳垢容量就越大。增大过滤面积,可以使纳垢容量成比例地增加。

6.2.3 过滤器的选用和安装

(1) 过滤器的选用

选用过滤器时,要考虑下列几点。

① 过滤精度应满足预定要求。

② 能在较长时间内保持足够的通流能力。

③ 滤芯具有足够的强度,不因液压的作用而损坏。

④ 滤芯抗腐蚀性能好,能在规定的温度下持久地工作。
⑤ 滤芯清洗或更换简便。

因此,过滤器应根据液压系统的技术要求,按过滤精度、通流能力、工作压力、油液黏度、工作温度等条件选定其型号。

(2) 过滤器的安装

过滤器在液压系统中的安装位置通常有以下几种。

① 装在泵的吸油口处　液压泵的吸油路上一般都安装有表面型过滤器,如图 6-2 所示,目的是滤去较大的杂质微粒以保护液压泵,此处过滤器的过滤能力应为泵流量的两倍以上,压力损失小于 0.02MPa。

② 安装在泵的出口油路上　如图 6-3 所示,安装过滤器 3 的目的是用来滤除可能侵入阀类等元件的污染物。其过滤精度应为 $10\sim15\mu m$,且能承受油路上的工作压力和冲击压力,压力降应小于 0.35MPa。同时应安装安全阀以防过滤器堵塞。

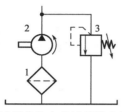
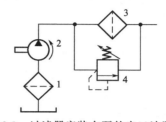

图 6-2　过滤器安装在吸油管路上的液压回路
1—过滤器;2—液压泵;3—溢流阀

图 6-3　过滤器安装在泵的出口油路上
1,3—过滤器;2—液压泵;4—溢流阀(安全阀)

③ 安装在系统的回油路上　如图 6-4 所示,这种安装起间接过滤作用。一般与过滤器并连安装一个背压阀 2,当过滤器堵塞达到一定压力值时,背压阀打开。

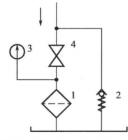
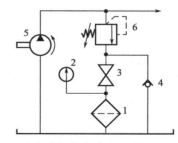

图 6-4　过滤器安装在回油管路上的液压回路
1—过滤器;2—单向阀(背压阀);
3—压力表;4—截止阀

图 6-5　过滤器安装在分支油路上的液压回路
1—过滤器;2—压力表;3—截止阀;4—单向阀;5—单向定量泵;6—溢流阀

④ 安装在系统分支油路上　如图 6-5 所示,把过滤器安装在经常只通过泵流量 20%～30%流量的分支油路上,这种方式称为局部过滤,可起到间接保护系统的作用。

⑤ 独立油液过滤回路　大型液压系统可专设一个液压泵和过滤器组成独立油液过滤回路,如图 6-6 所示。

液压系统中除了整个系统所需的过滤器外,还常

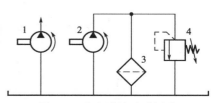

图 6-6　独立油液过滤回路
1,2—单向定量泵;3—过滤器;4—溢流阀

常在一些重要元件（如伺服阀、精密节流阀等）的前面单独安装一个专用的精过滤器来确保它们的正常工作。

6.3 蓄能器

6.3.1 蓄能器的功用和类型

（1）蓄能器的功用

蓄能器的功用主要是储存油液多余的压力能，并在需要时释放出来。在液压系统中蓄能器的作用如下。

① 在短时间内供应大量压力油液　实现周期性动作的液压系统，在系统不需大量油液时，可以把液压泵输出的多余压力油液储存在蓄能器内，到需要时再由蓄能器快速释放给系统。这样就可使系统选用流量等于循环周期内平均流量的液压泵，以减小电动机功率消耗，降低系统温升。

② 维持系统压力　在液压泵停止向系统供油的情况下，蓄能器能把储存的压力油液供给系统，补偿系统泄漏或充当应急能源，使系统在一段时间内维持系统压力，避免停电或系统发生故障时油源突然中断所造成的机件损坏。

③ 减小液压冲击或压力脉动　蓄能器能吸收压力脉动，减小液压冲击，大大减小其幅值。

（2）蓄能器的类型

蓄能器主要有弹簧加载式、充气加载式和重力加载式三大类，其中充气式又包括气瓶式、活塞式和皮囊式三种。重力加载式蓄能器体积庞大，结构笨重，反应迟钝，现在工业上已很少应用。

① 弹簧加载式蓄能器　这种蓄能器的结构原理如图6-7所示，它利用弹簧的压缩能来储存能量，产生的压力取决于弹簧的刚度和压缩量。它的特点是结构简单、反应较灵敏，但容量小、有噪声，使用寿命取决于弹簧的寿命。所以不宜用于高压和循环频率较高的场合，一般在小容量或低压系统中作缓冲之用。

② 充气加载式蓄能器

a. 气瓶式蓄能器　如图6-8所示为气瓶式蓄能器的结构原理，气体和油液在蓄能器中直接接触，故又称气液直接接触式（非隔离式）蓄能器。这种蓄能器容量大、惯性小、反应灵敏、外形尺寸小，没有摩擦损失。但气体易混入（高压时溶入）油液中，影响系统工作平稳性，而且耗气量大，必须经常补充。所以气瓶式蓄能器适用于中、低压大流量系统。

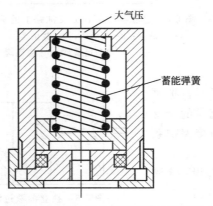

图6-7　弹簧加载式蓄能器的结构原理

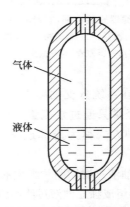

图6-8　气瓶式蓄能器的结构原理

b. 活塞式蓄能器　如图 6-9 所示为活塞式蓄能器的结构原理。这种蓄能器利用活塞将气体和油液隔开，属于隔离式蓄能器。其特点是气液隔离、油液不易氧化、结构简单、工作可靠、寿命长、安装和维护方便，但由于活塞惯性和摩擦阻力的影响，导致其反应不灵敏，容量较小，所以对缸筒加工和活塞密封性能要求较高。一般用来储能或供高、中压系统作吸收脉动之用。

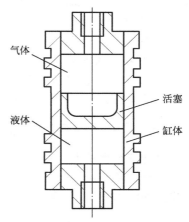

图 6-9　活塞式蓄能器的结构原理

c. 皮囊式蓄能器　如图 6-10 所示为皮囊式蓄能器的结构原理。这种蓄能器主要由壳体 1、皮囊 2、进油阀 4 和充气阀 3 等组成，气体和液体由皮囊隔开。壳体是一个无缝耐高压的外壳，皮囊用特殊耐油橡胶做原料与充气阀一起压制而成。进油阀是一个由弹簧加载的提升阀，它的作用是防止油液全部排出时皮囊被挤出壳体之外。充气阀只在蓄能器工作前用来为皮囊充气，蓄能器工作时则始终关闭。这种蓄能器具有惯性小、反应灵敏、尺寸小、重量轻、安装容易、维护方便等优点。

③ 重力加载式蓄能器　这种蓄能器的结构原理如图 6-11 所示，它利用重锤的势能变化来储存、释放能量。重锤 2 通过柱塞 1 作用在油液上，蓄能器产生的压力取决于重锤的重量和柱塞的大小。它的特点是结构简单、压力恒定、能提供大容量、压力高的油液，但它体积大、笨重、运动惯性大、反应不灵敏、密封处易泄漏、摩擦损失大，因此常用于大型固定设备。

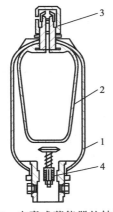

图 6-10　皮囊式蓄能器的结构原理
1—壳体；2—皮囊；3—充气阀；4—进油阀

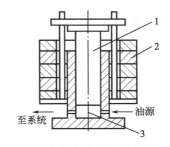

图 6-11　重力加载式蓄能器的结构原理
1—活塞；2—重锤；3—油液

6.3.2　蓄能器的使用和安装

蓄能器在液压回路中的安放位置随其功用而不同：吸收液压冲击或压力脉动时宜放在冲击源或脉动源近旁；补油保压时宜放在尽可能接近有关的执行元件处。

使用蓄能器须注意如下几点。

① 充气加载式蓄能器中应使用惰性气体（一般为氮气），允许工作压力视蓄能器结构型式而定，例如，皮囊式蓄能器为 3.5～32MPa。

② 不同的蓄能器各有其适用的工作范围，例如，皮囊式蓄能器的皮囊强度不高，不能

承受很大的压力波动,且只能在-20~70℃的温度范围内工作。

③ 皮囊式蓄能器原则上应垂直安装(油口向下),只有在空间位置受限制时才允许倾斜或水平安装。

④ 装在管路上的蓄能器须用支板或支架固定。

⑤ 蓄能器与管路系统之间应安装截止阀,供充气、检修时使用。蓄能器与液压泵之间应安装单向阀,防止液压泵停车时蓄能器内储存的压力油液倒流。

6.3.3 蓄能器的容量计算

蓄能器容量的大小和它的用途有关。下面以皮囊式蓄能器为例进行说明。

蓄能器用于储存和释放压力能时,蓄能器的容积 V_0 是由其充气压力 p_0、工作中要求输出的油液体积 V_w、系统最高工作压力 p_1 和最低工作压力 p_2 决定的。由气体定律有

$$p_0 V_0^n = p_1 V_1^n = p_2 V_2^n \tag{6-2}$$

式中,V_1 和 V_2 分别为气体在最高和最低压力下的体积;n 为指数,其值由气体工作条件决定,当蓄能器用来补偿泄漏、保持压力时,它释放能量的速度是缓慢的,可以认为气体在等温条件下工作,$n=1$;当蓄能器用来大量提供油液时,它释放能量的速度是很快的,可以认为气体在绝热条件下工作,$n=1.4$。

由于 $V_w = V_1 - V_2$,可求得蓄能器的容量

$$V_0 = \frac{V_w \left(\frac{1}{p_0}\right)^{\frac{1}{n}}}{\left(\frac{1}{p_2}\right)^{\frac{1}{n}} - \left(\frac{1}{p_1}\right)^{\frac{1}{n}}} \tag{6-3}$$

为了保证系统压力为 p_2 时蓄能器还有能力补偿泄漏,宜使 $p_0 < p_2$,一般对皮囊式蓄能器取 $p_0 = (0.8 \sim 0.85) p_2$ 就可使它更为经久耐用。

6.4 热交换器

液压系统的工作温度一般希望保持在 30~50℃ 的范围之内,最高不超过 65℃,最低不低于 15℃,如果液压系统靠自然冷却仍不能使油温控制在上述范围内时,就须安装冷却器;反之,如环境温度太低,无法使液压泵启动或正常运转时,就须安装加热器。

6.4.1 冷却器

液压系统中的冷却器,最简单的是蛇形管冷却器,如图 6-12 所示,它直接装在油箱内,冷却水从蛇形管内部通过,带走油液中的热量。这种冷却器结构简单,但冷却效率低,耗水量大。

液压系统中用得较多的冷却器是强制对流式多管冷却器,如图 6-13 所示。油液从进油口流入,从出油口 3 流出;冷却水从进水口 6 流入,通过多根水管后由出水口 1 流出。油液在水管外部流动时,它的行进路线因冷却器内设置了隔板而加长,因而增加了热交换效果。近来出现一种翅片管式冷却器,水管外面增加了许多横向或纵向的散热翅片,大大扩大了散热面积和热交换效果。

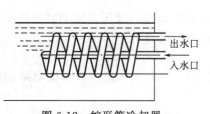

图 6-12 蛇形管冷却器

如图 6-14 所示为翅片管式冷却器的一种型式,它

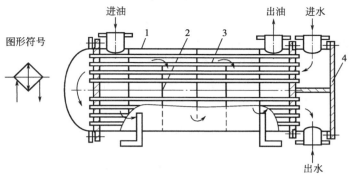

图 6-13 强制对流式多管冷却器
1—壳体；2—隔板；3—冷却水管；4—端盖

是在圆管或椭圆管外嵌套上许多径向翅片，其散热面积可达光滑管的 8~10 倍。椭圆管的散热效果一般比圆管更好。

液压系统也可以用汽车上的风冷式散热器来进行冷却。这种用风扇鼓风带走流入散热器内油液热量的装置不需另设通水管路，结构简单，价格低廉，但冷却效果较水冷式差。

一般冷却器的最高工作压力在 1.6MPa 以内，所造成的压力损失为 0.01~0.1MPa。冷却器应安放在回油路或低压管路上。如溢流阀的出口、系统的主回油路上或单独的冷却系统。

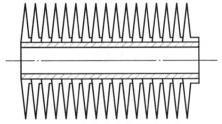

图 6-14 翅片管式冷却器的一种型式

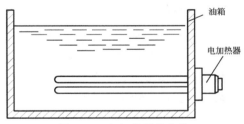

图 6-15 电加热器的安装

6.4.2 加热器

液压系统一般采用电加热器，这种加热器的安装方式如图 6-15 所示，它用法兰盘水平安装在油箱侧壁上，发热部分全部浸在油液内，加热器应安装在油液流动处，以利于热量的交换。由于油液是热的不良导体，单个加热器的功率容量不能太大，以免其周围油液的温度过高而发生变质现象。

6.5 管件及压力表辅件

6.5.1 油管

液压系统中使用的油管种类很多，有钢管、铜管、尼龙管、塑料管、橡胶管等。须按照安装位置、工作环境和工作压力来正确选用液压油管。液压系统中使用的油管如表 6-2 所示。

表 6-2　液压系统中使用的油管

种类		特点和适用场合
硬管	钢管	能承受高压,价格低廉,耐油,抗腐蚀,刚性好,但装配时不能任意弯曲,常在装拆方便处用作压力管道,中、高压系统用作无缝管,低压系统用作焊接管
	紫铜管	易弯曲成各种形状,但承压能力一般不超过 6.5～10MPa,抗震能力较弱,又易使油液氧化;通常用在液压装置内配接不便之处
软管	尼龙管	乳白色半透明,加热后可以随意弯曲成形,冷却后又能定形不变,承压能力因材质而异,2.5～8MPa 不等
	塑料管	质轻耐油,价格便宜,装配方便,但承压能力低,长期使用会变质老化,只宜用作压力低于 0.5MPa 的回油管、泄油管等
	橡胶管	高压管由耐油橡胶夹几层钢丝编织网制成,钢丝网层数越多,耐压越高,价昂,用作中、高压系统中两个相对运动件之间的压力管道。低压管由耐油橡胶夹帆布制成,可用作回油管道

液压系统对管路的基本要求是：要有足够的强度,能承受系统的最高冲击压力和工作压力;管路与各元件及装置的各连接处要保证密封可靠、不泄漏、不松动;在系统中的不同部位,应选用适当的管径;管路在安装前必须清洗干净,管内不允许有锈蚀、杂质、粉尘、水及其他液体或胶质等污物;管路安装时应避免过多的弯曲,应使用管夹将管路固定,以免产生不必要的振动;管路还应布局合理,排列整齐,方便维修和更换元器件。

6.5.2 管接头

管接头是油管与油管、油管与液压件之间的可拆式连接件,它必须具有装拆方便、连接牢固、密封可靠、外形尺寸小、通流能力大、压降小、工艺性好等各项条件。

管接头的种类很多,其规格品种可查阅有关手册。液压系统中油管与管接头的常见连接方式如表 6-3 所示。管路旋入端用的连接螺纹采用国家标准米制锥螺纹（ZM）和普通细牙螺纹（M）。

锥螺纹依靠自身的锥体旋紧和采用聚四氟乙烯等进行密封,广泛用于中、低压液压系统;细牙螺纹密封性好,常用于高压系统,但要采用组合垫圈或 O 形圈进行端面密封,有时也可用紫铜垫圈。

表 6-3　液压系统中油管与管接头的常见连接方式

名称	结构简图	特点和说明
焊接式管接头	球形头	①连接牢固,利用球面进行密封,简单可靠 ②焊接工艺必须保证质量,必须采用厚壁钢管,拆装不便
卡套式管接头	油管　卡套	①用卡套卡住油管进行密封,轴向尺寸要求不严,拆装简便 ②对油管径向尺寸精度要求较高,为此要采用冷拔无缝钢管

续表

名称	结构简图	特点和说明
扩口式管接头	油管　管套	①用油管管端的扩口在管套的压紧下进行密封,结构简单 ②适用于铜管、薄壁钢管、尼龙管和塑料管等低压管道的连接
扣压式管接头		①用于连接高压软管 ②在中、低压系统中应用
固定铰接管接头	螺钉　组合垫圈　接头体　组合垫圈	①是直角接头,优点是可以随意调整布管方向,安装方便,占空间小 ②接头与管子的连接方法,除本图卡套式外,还可用焊接式 ③中间有通油孔的固定螺钉把两个组合垫圈压紧在接头体上进行密封

液压系统中的泄漏问题大部分都出现在管系中的接头上,为此对管材的选用、接头形式的确定(包括接头设计、垫圈、密封、箍套、防漏涂料的选用等)、管系的设计(包括弯管设计、管道支承点和支承形式的选取等)以及管道的安装(包括正确地运输、储存、清洗、组装等)都要审慎从事,以免影响整个液压系统的使用质量。

6.5.3　压力表辅件

(1) 压力表

压力表用于观察液压系统中各工作点(如液压泵出口、减压阀之后等)的压力,以便于操作人员把系统的压力调整到要求的工作压力。

压力表的种类很多,最常用的是弹簧管式压力表,如图 6-16(a) 所示。当压力油进入扁截面金属弯管 1 时,弯管变形而使其曲率半径加大,端部的位移通过杠杆 4 使齿扇 5 摆动。于是与齿扇 5 啮合的小齿轮 6 带动指针 2 转动,此时就可在刻度盘 3 上读出压力值。

如图 6-16(b) 所示为压力表的图形符号。

(2) 压力表开关

压力表开关用于接通或断开压力表与测量点油路的通道。压力表开关有一点式、三点式、六点式等类型。多点式压力表开关可按需要分别测量系统中多点处的压力。

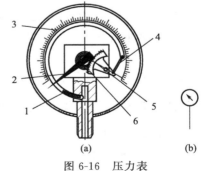

图 6-16　压力表
1—弯管；2—指针；3—刻度盘；
4—杠杆；5—齿扇；6—小齿轮

如图 6-17 所示为六点式压力表开关,图示位置为非测量位置,此时压力表油路经小孔 a、沟槽 b 与油箱接通；若将手柄向右推进去,沟槽 b 将把压力表与测量点接通,并把压力表通往油箱的油路切断,这时便可测出该测量点的压力。如将手柄转到另一个位置,便可测出另一点的压力。

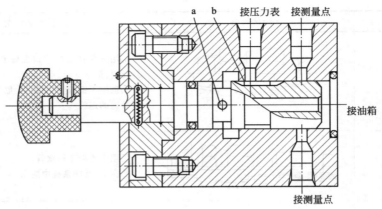

图 6-17　六点式压力表开关

6.6　密封装置

6.6.1　功用及要求

密封是解决液压系统泄漏问题最重要、最有效的手段。液压系统如果密封不良，必然出现不允许的内、外泄漏，外漏的油液将会污染环境，还可能使空气进入吸油腔，影响液压泵的工作性能和液压执行元件运动的平稳性（爬行）；内泄漏严重时，系统容积效率过低，甚至工作压力达不到要求值。若密封过度，虽可防止泄漏，但会造成密封部分的剧烈磨损，缩短密封件的使用寿命，增大液压元件内的运动摩擦阻力，降低系统的机械效率。因此，合理地选用和设计密封装置在液压系统的设计中十分重要。

对密封装置的基本要求有以下几点。

① 在工作压力和一定的温度范围内，应具有良好的密封性能，并随着压力的增加能自动提高密封性能。

② 密封装置和运动件之间的摩擦力要小，摩擦系数要稳定。

③ 抗腐蚀能力强，不易老化，工作寿命长，耐磨性好，磨损后在一定程度上能自动补偿。

④ 结构简单，使用、维护方便，价格低廉。

6.6.2　密封装置的类型和特点

密封装置按其工作原理来分类，可分为非接触式密封和接触式密封。前者指间隙密封，后者主要指密封圈密封。

（1）间隙密封

间隙密封是靠相对运动件配合面之间的微小间隙来进行密封的，如图 6-18 所示。常用于柱塞、活塞或阀的圆柱配合副中。一般在配合副的外表面（如阀芯上）开上几条等距离的均压槽，它的主要作用是使径向压力分布均匀，减少液压卡紧力，提高对中性，以减小间隙的方法来减少泄漏；同时均压槽所形成的阻力，对减少泄漏也有很好的作用。均压槽一般宽 0.3～0.5mm，深 0.5～1.0mm。圆柱面配合间隙与直径大小有关，对于阀芯与阀孔，一般取 0.005～0.017mm。

这种密封的优点是摩擦力小,缺点是磨损后不能自动补偿,主要用于直径较小的圆柱面之间,如液压泵内的柱塞与缸体之间,滑阀的阀芯与阀孔之间的配合。

(2) 密封圈密封

密封圈密封是利用橡胶或塑料的弹性使各种截面的环形圈贴紧在静、动配合面之间来防止泄漏的密封装置。密封圈结构简单,制造方便,磨损后有自动补偿能力,密封性能可靠。

密封圈的常用材料为:耐油橡胶、尼龙、聚氨酯等。密封圈的材料应具有较好的弹性,适当的机械强度,耐热耐磨性能好,摩擦系数小,与金属接触不互相黏着和腐蚀,与液压油有很好的"相容性"。

① O形密封圈　O形密封圈一般用耐油橡胶制成,其横截面呈圆形,它具有良好的密封性能,内外侧和端面都能起密封作用,结构紧凑,运动件的摩擦阻力小,制造容易,装拆方便,成本低,且高低压均可以用,所以在液压系统中得到广泛的应用。

如图6-19所示为O形密封圈的结构和工作情况。如图6-19(a)所示为其外形及截面形状;如图6-19(b)所示为装入密封沟槽的情况,δ_1、δ_2为O形密封圈装配后的预压缩量。O形密封圈的安装沟槽,除矩形外,也有V形、燕尾形、半圆形、三角形等。

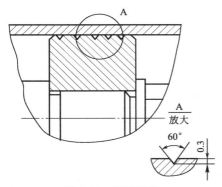
图6-18　间隙密封

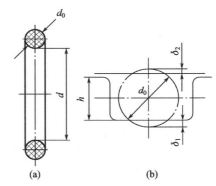
图6-19　O形密封圈的结构和工作情况

当工作压力超过10MPa时,O形密封圈在往复运动中容易被挤入间隙而过早损坏,如图6-20(a)所示。为此要在它的侧面安放聚四氟乙烯挡圈,单向受力时安放一个挡圈,如图6-20(b)所示;双向受力时则在两侧各放一个,如图6-20(c)所示。

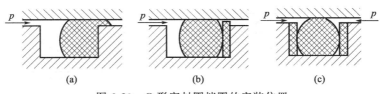
图6-20　O形密封圈挡圈的安装位置

② 唇形密封圈　唇形密封圈根据截面的形状可分为Y形、V形、U形、L形等。其工作原理如图6-21所示。液压力将密封圈的两唇边h_1压向形成间隙的两个零件的表面。这种密封作用的特点是能随着工作压力的变化自动调整密封性能,压力越高则唇边被压得越紧,密封性越好;当压力降低时唇边压紧程度也随之降低,从而减少了摩擦阻力和功率消耗,除此之外,还能自动补偿唇边的磨损,保持密封性能不降低。

在液压缸的密封中,普遍使用如图6-22所示的Y形密封圈作为活塞和活塞杆的密封。

其中如图 6-22(a) 所示为轴用密封圈，如图 6-22(b) 所示为孔用密封圈。这种 Y 形密封圈的特点是断面宽度和高度的比值大，增加了底部支承宽度，可以避免摩擦力造成的密封圈的翻转和扭曲。

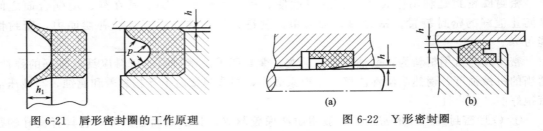

图 6-21　唇形密封圈的工作原理　　　　图 6-22　Y 形密封圈

在高压和超高压情况下（压力大于 25MPa），一般使用 V 形密封圈。V 形密封圈的形状如图 6-23 所示，它由多层涂胶织物压制而成，通常由压环、密封环和支承环三个圈叠在一起使用，此时已能保证良好的密封性，当压力更高时，可以增加中间密封环的数量，这种密封圈在安装时要预压紧，所以摩擦阻力较大。

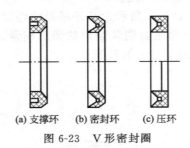

(a) 支撑环　(b) 密封环　(c) 压环

图 6-23　V 形密封圈

唇形密封圈安装时应使其唇边开口面对压力油，使两唇张开，分别贴紧在机件的表面上。

（3）组合式密封装置

随着液压技术的应用日益广泛，系统对密封的要求越来越高，普通的密封圈单独使用已不能很好地满足密封性能，特别是使用寿命和可靠性方面的要求，因此，研究和开发了由包括密封圈在内的两个以上元件组成的组合式密封装置。

如图 6-24(a) 所示为 O 形密封圈与截面为矩形的聚四氟乙烯塑料滑环组成的组合密封装置。其中，滑环 2 紧贴密封面，O 形密封圈 1 为滑环提供弹性预压力，在介质压力等于零时构成密封，由于密封间隙靠滑环，而不是 O 形密封圈，因此摩擦阻力小而且稳定。可以用于 40MPa 的高压；往复运动密封时，速度可达 15m/s；往复摆动与螺旋运动密封时，速度可达 5m/s。矩形滑环组合密封的缺点是抗侧倾能力稍差，在高低压交变的场合下工作时容易漏油。

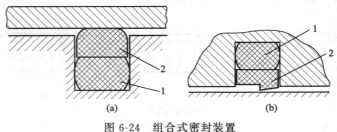

图 6-24　组合式密封装置
1—O 形密封圈；2—滑环

如图 6-24(b) 所示为由滑环 2 和 O 形密封圈 1 组成的轴用组合密封，由于滑环与被密封件之间为线密封，其工作原理类似唇边密封。滑环采用一种经特别处理的化合物，具有极佳的耐磨性、低摩擦和保形性，不存在橡胶密封低速时易产生的"爬行"现象，工作压力可达 80MPa。

组合式密封装置由于充分发挥了橡胶密封圈和滑环的长处，因此不仅工作可靠，摩擦力低而稳定，而且使用寿命比普通橡胶密封提高近百倍，在工程上的应用日益广泛。

思考题与习题

6-1　油箱的功用有哪些？

6-2　常用的过滤器有哪些类型？它们各适用于什么场合？

6-3　蓄能器有什么功用？试说明如图 6-9 所示蓄能器的特点。

6-4　液压系统中的冷却器有什么功用？通常应安装在系统的什么部位？

6-5　油管和管接头有哪些类型？各适用于什么场合？油管安装时应注意哪些问题？

6-6　液压系统中为什么要设置压力表开关？

6-7　液压系统中常用的密封装置有哪几类？各有什么特点？主要应用于液压元件哪些部位的密封？

6-8　在液压缸活塞上安装 O 形密封圈时，为什么在其侧面安放挡圈？怎样确定用一个或两个挡圈？

6-9　一个单杆液压缸，活塞直径 $D=100$mm，活塞缸直径 $d=56$mm，行程 $L=500$mm。现从有杆腔进油，无杆腔回油。问由于活塞的移动使有效底面积为 $0.2m^2$ 的油箱液面高度发生多大变化？

6-10　有一个液压泵向系统供油，工作压力为 6.3MPa，流量为 40L/min，试选定供油管的尺寸（管材为无缝钢管）。

第 7 章

液压基本回路

任何一个液压系统，无论它所要完成的动作有多么复杂，总是由一些液压基本回路组成的。所谓液压基本回路，就是由一些液压元件组成的，用来完成特定功能的油路结构。例如用来调节液压泵供油压力的调压回路，改变液压执行元件工作速度的调速回路等，都是常见的液压基本回路。

液压基本回路可分为：速度控制回路、压力控制回路、方向控制回路、多缸动作控制回路等类型。

① 速度控制回路　包括调节液压执行元件的速度的调速回路、使其获得快速运动的快速回路、快速运动和工作进给速度以及工作进给速度之间的速度换接回路等。

② 压力控制回路　是利用压力控制阀来控制系统整体或某一部分的压力，以满足液压执行元件对力或转矩要求的回路，这类回路包括调压、减压、增压、卸荷和平衡等多种回路。

③ 方向控制回路　是在液压系统中，起控制执行元件的启动、停止及换向作用的回路。方向控制回路包括换向回路和锁紧回路。

多缸动作控制回路是用来实现多执行装置的顺序、同步等预定的动作要求的回路。

熟悉和掌握这些基本回路的组成、工作原理及应用，是分析、设计和使用液压系统的基础。

7.1　速度控制回路

7.1.1　调速回路

从液压马达的工作原理可知，液压马达的转速 n_m 由输入流量 q 和液压马达的排量 V_m 决定，即 $n_m = q/V_m$；液压缸的运动速度 v 由输入流量 q 和液压缸的有效作用面积 A 决定，即 $v = q/A$。

通过上面的关系可以知道，要想调节液压马达的转速 n_m 或液压缸的运动速度 v，可通过改变输入流量 q、改变液压马达的排量 V 和改变缸的有效作用面积 A 等方法来实现。由于液压缸的有效面积 A 是定值，只有改变流量 q 的大小来调速，而改变输入流量 q，可以通过采用流量阀或变量泵来实现，改变液压马达的排量 V_m，可通过采用变量液压马达来实现。

调速回路主要有以下三种形式。

① 节流调速回路　由定量泵供油，用流量阀调节进入或流出执行机构的流量来实现调速。

② 容积调速回路　用调节变量泵或变量马达的排量来调速。

③ 容积节流调速回路　用限压变量泵供油，由流量阀调节进入执行机构的流量，并使变量泵的流量与调节阀的调节流量相适应来实现调速。

此外，还可采用几个定量泵并联的方式，按不同速度需要，启动一个泵或几个泵供油实现分级调速。如果驱动液压泵的原动机为内燃机，也可以通过调节发动机转速来改变定量液压泵的转速，达到改变输入液压执行元件的流量进行调速的目的。

(1) 节流调速回路

节流调速回路是由定量泵、溢流阀和流量阀组成的调速回路，其基本原理是通过调节流量阀的通流截面积大小来改变进入执行机构的流量，从而实现运动速度的调节。

节流调速回路有不同的分类方法。按流量阀在回路中位置的不同，可分为进油节流调速回路、出油节流调速回路、旁路节流调速回路和改善节流调速性能的回路。按流量阀的类型不同可分为普通节流阀式节流调速回路和调速阀式节流调速回路。按定量泵输出的压力是否随负载变化，又可分为定压式节流调速回路和变压式节流调速回路等。

① 进油节流调速回路　将节流阀串联在液压泵和液压缸之间，用它来控制进入液压缸的流量而达到调速目的，定量泵中多余油液通过溢流阀回到油箱，这种回路称为进油节流调速回路，如图 7-1 所示。

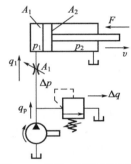

图 7-1　进油节流调速回路

a. 速度负载特性　在图 7-1 所示的进油节流调速回路中，q_p 为泵的输出流量，q_1 为流经节流阀进入液压缸的流量，Δq 为溢流阀的溢流量，p_1 和 p_2 为液压缸无杆腔和有杆腔的工作压力，p_p 为泵的出口压力即溢流阀调定压力，A_1 和 A_2 为液压缸两腔作用面积，A_T 为节流阀的通流面积，F 为负载力。

当不考虑回路中各处的泄漏和油液的压缩时，活塞运动速度为

$$v = \frac{q_1}{A_1} \tag{7-1}$$

活塞受力平衡方程为

$$p_1 A_1 = p_2 A_2 + F \tag{7-2}$$

由于液压缸回油腔与油箱相通，$p_2 = 0$，于是

$$p_1 = \frac{F}{A_1} \tag{7-3}$$

进油路上通过节流阀的流量方程为

$$q_1 = C A_T (\Delta p)^{\varphi} = C A_T (p_p - p_1)^{\varphi} = C A_T \left(p_p - \frac{F}{A_1} \right)^{\varphi} \tag{7-4}$$

于是

$$v = \frac{q_1}{A_1} = \frac{C A_T}{A_1^{1+\varphi}} (p_p A_1 - F)^{\varphi} \tag{7-5}$$

式中，C 为流量系数；A_T 为节流阀的开口面积；Δp 为节流阀前后的压差；φ 为节流阀的指数。

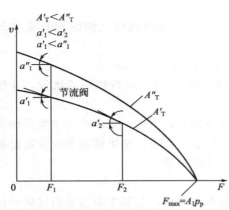

图 7-2 进油路节流调速回路的速度-负载特性曲线

式(7-5)即为进油节流调速回路的速度负载特性方程,它描述了执行元件的速度 v 与负载 F 和节流阀的开口面积 A_T 之间的关系。如以 v 为纵坐标,F 为横坐标,按节流阀不同的通流面积 A_T 作图,可得一组抛物线,称为进油路节流调速回路的速度-负载特性曲线,如图 7-2 所示。

可知:v 与 A_T、F 有关。当 A_T 一定时,F 增加,v 下降;同样,F 和 A_T 增加,v 下降。

b. 速度刚性 当节流阀的通流面积一定时,活塞速度随负载变化的程度不同,表现出速度抗负载作用的能力也不同,这种特性称为回路的速度刚性,可以用图 7-2 中曲线的斜率来表示,即

$$k_v = -\frac{\partial F}{\partial v} = -\frac{1}{\tan\alpha} \tag{7-6}$$

即

$$k_v = -\frac{\partial F}{\partial V} = \frac{A_1^{1+\varphi}}{CA_{T1}(p_pA_1-F)^{\varphi-1}\varphi} = \frac{p_pA_1-F}{\varphi v} \tag{7-7}$$

由式(7-7)可以看到,当节流阀通流面积 A_T 一定时,负载 F 越小,回路的速度刚性 k_v 越大;当负载 F 一定时,活塞速度越低,速度刚性越大。增大 p_p 和 A_1 可以提高回路的速度刚性 k_v。所以,这种调速回路适用于低速、轻载的场合。

c. 最大承载能力 当负载 $F=0$ 时,活塞的运动速度为空载速度,该点为速度负载特性曲线与纵坐标的交点,当阀的通流面积 A_T 变化时,该点在纵坐标上相应变化。不论节流阀通流面积 A_T 怎么变化,当负载 F 由 0 变化到 $F=p_pA_1$,节流阀进出口压差为零时,活塞的运动速度 $v=0$,此时液压泵的流量全部经溢流阀流回油箱。当节流阀前后的压力差为零,即 $p_1=p_p$,且 $p_2=0$,此时液压缸的速度为零,该回路的最大承载能力为

$$F_{\max} = p_pA_1 \tag{7-8}$$

尽管节流阀有不同的通流面积 A_T,但其速度负载特性曲线均交于图 7-2 的 $F_{\max}$ 点。

d. 功率和效率 在如图 7-1 所示的回路中,液压泵输出功率 $P_p=p_pq_p=$ 常量,液压缸输出的有效功率 $P_1=Fv=Fq_1/A_1=p_1q_1$,式中,q_1 为负载流量,即进入液压缸的流量。回路的功率损失为

$$\Delta P = P_p - P_1 = P_pq_p - P_1q_1 = P_p(q_1+\Delta q) - (P_p-\Delta p)q_1 = P_p\Delta q + \Delta pq_1 \tag{7-9}$$

回路的功率损失由两部分组成,即溢流损失 $\Delta P_1=p_p\Delta q$ 和节流损失 $\Delta P_2=\Delta pq_1$,回路的输出功率与输入功率之比定义为回路效率。

$$\eta = \frac{P_p-\Delta P}{P_p} = \frac{p_1q_1}{p_pq_p} \tag{7-10}$$

由于存在两种功率损失,回路的效率较低,尤其是在低速小负载的情况下,效率更低,并且此时的功率损失主要是溢流功率损失 ΔP_1,这些功率损失会造成液压系统发热,引起系统油温升高。

② 回油节流调速回路 对如图 7-3 所示的回油节流调速回路,采用与进油节流调速回路同样的方法进行相关分析。

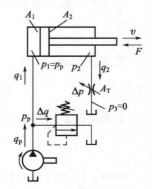

图 7-3 回油节流调速回路

a. 速度负载特性　液压缸活塞运动速度

$$v = \frac{q_2}{A_2} \tag{7-11}$$

流经节流阀的流量

$$q_2 = CA_T \Delta p^\varphi = CA_T(p_2-0)^\varphi = CA_T p_2^\varphi \tag{7-12}$$

液压缸活塞的受力平衡方程

$$p_p A_1 = p_2 A_2 + F \tag{7-13}$$

速度负载特性方程

$$v = \frac{q_2}{A_2} = \frac{CA_T(p_p A_1 - F)^\varphi}{A_2^{1+\varphi}} \tag{7-14}$$

b. 最大承载能力　活塞运动速度 $v=0$ 时，液压泵的流量全部经溢流阀溢回油箱，流经节流阀的流量 $q_2=0$，节流阀前后的压差为零，液压缸有杆腔的背压为零，所有回路的最大承载负载仍为

$$F_{max} = p_p A_1 \tag{7-15}$$

其与进油节流调速回路最大承载负载能力完全相同。

c. 速度刚性 k_v

$$k_v = -\frac{\partial F}{\partial V} = -\frac{1}{\tan\alpha} = \frac{p_p A_1 - F}{\varphi v} \tag{7-16}$$

回油节流调速回路与进油节流调速回路有相似的速度负载特性和速度刚性，其中最大承载能力 F_{max} 相同。

d. 功率特性　液压泵输出功率 $P_p = p_p q_p =$ 常量。
液压缸输出的有效功率

$$P_1 = Fv = (p_p A_1 - p_2 A_2)v = \left(p_p - p_2 \frac{A_2}{A_1}\right) q_1 \tag{7-17}$$

回路的功率损失

$$\Delta P = P_p - P_1 = p_p q_p - \left(p_p - p_2 \frac{A_2}{A_1}\right) q_1 = p_p \Delta q + p_2 q_2 \tag{7-18}$$

回路的效率

$$\eta = \frac{P_p - \Delta P}{P_p} = \frac{p_1 q_1}{p_p q_p} = \frac{P_p - P_2 \frac{A_2}{A_1}}{p_p q_p} \tag{7-19}$$

由此看出，式(7-19)与进油节流调速回路的回路效率表达式相同。

综上分析，进油与回油节流调速回路的性能差异有以下几点。

ⓐ 承受负值负载的能力　回油节流调速回路的节流阀使液压缸回油腔形成一定的背压，在负值负载时，背压能阻止工作部件的前冲，而进油节流调速由于回油腔没有背压力，因而不能在负值负载下工作。

ⓑ 停车后的启动性能　长期停车后液压缸油腔内的油液会流回油箱，当液压泵重新向液压缸供油时，在回油节流调速回路中，由于进油路上没有节流阀控制流量，会使活塞前冲；而在进油节流调速回路中，由于进油路上有节流阀控制流量，故活塞前冲很小，甚至没有前冲。

ⓒ 实现压力控制的方便性　进油节流调速回路中，进油腔的压力将随负载而变化，当工作部件碰到死挡铁而停止后，其压力将升到溢流阀的调定压力，利用这个压力变化来实现

压力控制是很方便的；但在回油节流调速回路中，只有回油腔的压力才会随负载而变化，当工作部件碰到死挡铁后，其压力将降至零，虽然也可以利用这个压力变化来实现压力控制，但其可靠性差，一般均不采用。

ⓓ 发热及泄漏的影响　在进油节流调速回路中，经过节流阀发热后的液压油将直接进入液压缸的进油腔；而在回油节流调速回路中，经过节流阀发热后的液压油将直接流回油箱冷却。因此，发热和泄漏对进油节流调速的影响均大于对回油节流调速的影响。

ⓔ 运动平稳性　在回油节流调速回路中，由于有背压力存在，它可以起到阻尼作用，同时空气也不易渗入，而在进油节流调速回路中则没有背压力存在，因此，可以认为回油节流调速回路的运动平稳性好一些；但是，从另一个方面讲，在使用单杆液压缸的场合，无杆腔的进油量大于有杆腔的回油量。故在缸径、缸速均相同的情况下，进油节流调速回路的节流阀通流面积较大，低速时不易堵塞。因此，进油节流调速回路能获得更低的稳定速度。

为了提高回路的综合性能，一般常采用进油节流调速，并在回油路上加背压阀的回路，使其兼具两者的优点。

③ 旁路节流调速回路　旁路节流调速回路如图 7-4(a) 所示，这种节流调速回路的节流阀装在液压缸并联支路上，从定量泵输出的流量 q_P，一部分 q_T 通过节流阀流回油箱，一部分流量 q_1 直接进入液压缸，使得活塞获得一定的运动速度。调节节流阀的通流面积 A_T，可调节 q_T 的大小，这样间接控制了进入液压缸的流量 q_1，从而实现调速。由于溢流阀直接与液压缸和定量泵并联，液压缸负载的变化将直接影响到溢流阀的进口压力，故正常工作时溢流阀处于关闭状态，溢流阀在回路中作安全阀用，其调定压力为最大负载压力的 1.1～1.2 倍，只有在回路过载时，溢流阀才开启溢流。液压泵的供油压力 p_p 将随负载压力变化，不是一个定值，因此这种调速回路也称为变压节流调速回路。

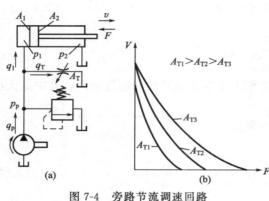

图 7-4　旁路节流调速回路

a. 速度负载特性　如图 7-4(a) 所示，其推导方法与前面进、出油路节流调速回路的方法相同，可得旁路节流调速回路的速度负载特性方程为

$$v=\frac{q_1}{A_1}=\frac{q_t-\Delta q_p-\Delta q}{A_1}=\frac{V_p n-k_1\frac{F}{A_1}-CA_T\left(\frac{F}{A_1}\right)^\varphi}{A_1} \tag{7-20}$$

式中，q_t 为定量泵的理论流量；k_1 为泵的泄漏系数；

b. 速度刚性

$$k_v=-\frac{\partial F}{\partial v}=\frac{A_1 F}{\varphi(q_t-A_1 v)+(1-\varphi)k_1\frac{F}{A_1}} \tag{7-21}$$

根据式(7-20)，选取不同的节流阀通流面积 A_T，可作出一组速度负载特性曲线，如图 7-4(b) 所示。由式(7-20)、式(7-21) 和图 7-4(b) 可看出，当节流阀通流面积一定而负载增加时速度显著下降，负载越大，速度刚性越大；当负载一定时，节流阀通流面积 A_T 越小，速度刚性越大。这与前两种调速回路正好相反。当负载变化时会引起泵的泄漏量变化，对泵的实际输出流量产生直接影响，导致回路的速度负载特性较前两种回路要差。

c. 功率特性　液压泵的输出功率
$$P_p = p_p q_p = p_1 q_p$$
负载压力
$$p_1 = \frac{F}{A_1}$$
液压缸的输出功率
$$P_1 = Fv = p_1 A_1 v = p_1 q_1$$
回路功率损失
$$\Delta P = P_p - P_1 = p_1 q_p - p_1 q_1 = p_1 \Delta q \tag{7-22}$$
回路效率
$$\eta = \frac{P_p - \Delta P}{P_p} = \frac{p_1 q_1}{p_1 q_p} = \frac{q_1}{q_p} \tag{7-23}$$

由式（7-22）可以看出，旁路节流调速回路只有节流损失，没有溢流损失，因而其功率损失比前两种调速回路小，效率高。

综上所述，旁路节流调速的效率较高，调速范围较小，速度负载特性较差，这种调速回路一般用于功率较大、速度较高、调速范围不大、对速度稳定性要求不高的场合。

三种节流调速回路特性比较见表 7-1。

表 7-1　三种节流调速回路特性比较

特性	调速方式		
	进口节流	出口节流	旁路节流
回路的主要参数	p_1、Δp、q_1 均随负载 F 变化，p_p＝常数，$p_2 \approx 0$	p_2、Δp、q_2 均随负载 F 变化，$p_1 = p_p$＝常数	p_p、p_1、Δp 均随负载 F 变化，$p_1 = p_p$，$p_2 \approx 0$
速度负载特性及运动平稳性	速度负载特性较差，平稳性较差。不能在负值负载下工作	速度负载特性较差，平稳性较好。可以在负值负载下工作	速度负载特性差，平稳性差。不能在负值负载下工作
负载能力	最大负载由溢流阀所调定的压力来决定，属于恒转矩（恒牵引力）调速	最大负载由溢流阀所调定的压力来决定，属于恒转矩（恒牵引力）调速	最大负载随节流阀开口增大而减小，低速承载能力差
调速范围	较大，可达 100	较大，可达 100	由于低速稳定性差，故调速范围较小
功率消耗	功率消耗与负载、速度无关，低速、轻载时功率消耗较大，效率低，发热大	功率消耗与负载、速度无关，低速、轻载时功率消耗较大，效率低，发热大	功率消耗与负载成正比。效率较高，发热小
发热及泄漏的影响	油通过节流孔发热后进入液压缸，影响液压缸泄漏，从而影响液压缸速度	油通过节流孔后回油箱冷却，对泵、缸泄漏影响较小，因而对缸速度影响较小	泵、缸及阀的泄漏都影响速度
其他	①停车后启动冲击小 ②便于实现压力控制	①停车后启动有冲击 ②压力控制不方便	①停车后启动有冲击 ②便于实现压力控制

④ 改善节流调速性能的回路　采用节流阀的节流调速回路速度刚性差，主要是由于负载力的变化会造成节流阀前后压差的变化，即使节流阀通流面积 A_T 没有变化，也会引起通过节流阀的流量发生变化。在负载变化较大而又要求速度稳定时，这种调速回路无法满足要求。此外，回路为手动开环控制，无法实现随机调节。为改善节流调速回路的性能，可选用以下回路。

a. 采用调速阀的调速回路　如果在节流调速回路中用调速阀代替节流阀，回路的性能将大为提高。在前述的三种节流阀调速回路中,把节流阀换成调速阀,就变成了采用调速阀的进油、回油和旁路三种节流调速回路,如图 7-5 所示,它们的回路构成、工作原理同它们各自对应的节流阀调速回路基本一样。

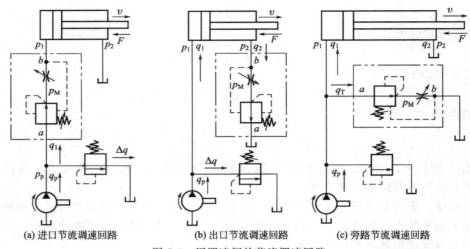

(a) 进口节流调速回路　　(b) 出口节流调速回路　　(c) 旁路节流调速回路

图 7-5　用调速阀的节流调速回路

由于调速阀能在负载变化引起调速阀进出口压力差变化的情况下,保证调速阀中节流阀节流口两端的压差基本不变,如果此刻不改变调速阀开度大小,负载的变化对通过调速阀的流量几乎没有影响,因而回路的速度-负载特性有了显著改善。与普通节流阀一样,调速阀仍为手动调节,不能在回路工作时实现随机调节。

b. 采用旁通型调速阀的调速回路　　旁通型调速阀只能用于进油节流调速回路中,如图 7-6 所示,液压泵的供油压力随负载变化而变化,因此回路的功率损失较小,效率较采用调速阀时高。旁通型调速阀的流量稳定性较调速阀差,在小流量时更为明显,故不宜用在对低速稳定性要求较高的精密机床调速系统中。与调速阀一样,旁通型调速阀也不能实现随机调节。

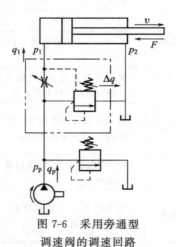

图 7-6　采用旁通型调速阀的调速回路

c. 采用电液比例流量阀的调速回路　　采用电液比例流量阀替代普通流量阀调速,由于电液比例流量阀能始终保证阀芯输出位移与输入电信号成正比,因此较普通流量阀有更好的位移调节特性和抗负载干扰能力,回路的速度稳定性更高。

此外,电液比例流量阀还可以方便地改变输入电信号的大小,适时地调节流量,实现自动且远程调速。若检测被控元件的运动速度并转换为电信号,再反馈回来与输入电液比例流量阀的电信号相比较,构成回路的闭环控制,则速度控制精度更可以大大提高。

(2) 容积调速回路

通过改变液压泵或液压马达的排量,使液压泵的全部流量直接进入执行元件来调节执行元件的运动速度的回路,称为容积调速回路。根据液压泵与液压马达(缸)的组合不同,容积调速回路分为变量泵-定量马达(缸)调速回路、定量泵-变量马达调速回路、变量泵-定量马达调速回路三种形式。

由于容积调速回路中没有流量控制元件,回路工作时液压泵与执行元件(马达或缸)的流量完全匹配，因此这种回路没有溢流损失和节流损失，回路的效率高，发热少，适用于大功率液压系统。

容积调速回路按其油路循环的方式的不同，可分为开式回路和闭式回路两种形式。回路工作时，液压泵从油箱中吸油，经过回路工作以后的热油流回油箱，使热油在油箱中停留一段时间，达到降温、沉淀杂质、分离气泡的目的，这种油路结构称为开式回路。开式回路的结构简单、散热性能较好，但回路的结构相对较松散，空气和脏物容易侵入系统，会影响系统的工作。回路工作时，管路中的绝大部分油液在系统中被循环使用，只有少量的液压油通过补油液压泵从油箱中吸油进入到系统中，实现系统油液的降温、补油，这种油路结构称为闭式回路。闭式回路的结构紧凑，回路的封闭性能好，但回路的散热性能较差，并要配有专门的补油装置进行泄漏补偿。

① 变量泵-液压缸式容积调速回路　如图 7-7 所示为变量泵-液压缸式容积调速回路，回路正常工作时溢流阀处于关闭状态，作安全阀用。工作时泵 1 的出口压力由负载 F 决定，当负载不变时泵输出的推力不变，与活塞速度的快慢无关，因此这种调速回路称为恒推力调速回路。

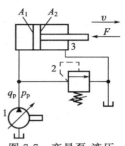

图 7-7　变量泵-液压缸式容积调速回路

变量泵-液压缸式容积调速回路的活塞运动速度为

$$v=\frac{q_\mathrm{p}}{A_1}=\frac{q_\mathrm{t}-k_1\dfrac{F}{A_1}}{A_1} \tag{7-24}$$

式中，q_t 为变量泵的理论流量；k_1 为变量泵的泄漏系数。

将上式按不同的 q_t 值作图，可得到一组平行直线，即变量泵-液压缸式容积调速回路的速度负载特性曲线，如图 7-8 所示，其中 v、F 为液压缸输出的速度和推力。由图中可见，在泵流量一定的情况下，由于泵泄漏量的影响，活塞运动速度会随负载的增大而减小。当负载增加到一定值时，在低速下会出现活塞停止运动的现象，这时变量泵的理论流量等于其泄漏量。可见，低速时回路承载性能较差。

② 变量泵-定量马达式容积调速回路　如图 7-9 所示为变量泵-定量马达闭式容积调速回路。回路中高压管路上溢流阀 4 作为安全阀使用，防止回路过载；低压管路上并联一个低压小流量的辅助泵 1，用来补充变量 3 和定量马达 5 的泄漏量，辅助泵的供油压力由低压溢流阀 6 调定；辅助泵 1 与溢流阀 6 使回路的低压管路始终保持一定压力，不仅改善了主泵的吸油条件，而且可置换部分发热油液，降低系统温升。

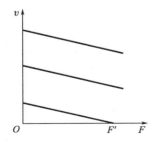

图 7-8　变量泵-液压缸式容积调速回路的速度负载特性曲线

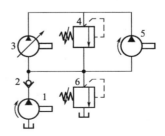

图 7-9　变量泵-定量马达式容积调速回路
1—单向定量泵；2—单向阀；3—单向变量泵；
4,6—溢流阀；5—单向定量马达

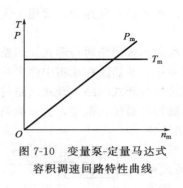

图 7-10 变量泵-定量马达式容积调速回路特性曲线

回路中液压泵 3 的转速 n_p 和马达 5 的排量 V_m 为常量,改变液压泵 3 的排量 V_p 可使马达转速 n_m 和输出功率 P_m 成比例变化。马达输出转矩 T_m 和回路的工作压力 Δp 取决于负载转矩,当负载不变对马达 5 的转速进行调节时,马达 5 输出的转矩不会因调速而发生变化,所以这种回路称为恒转矩调速回路,其回路特性曲线如图 7-10 所示。这种回路的调速范围取决于变量泵的流量调节范围,调速范围宽。

③ 定量泵-变量马达闭式容积调速回路 如图 7-11(a) 所示为定量泵-变量马达组成的闭式容积调速回路。定量泵 1 的输出流量不变,改变变量马达 3 的排量 V_m 可使马达转速 n_m 变化。溢流阀 2 作为安全阀使用,防止回路过载;泵 4 是补油泵,用来补充定量泵 1 和变量马达 3 的泄漏量,泵 4 的供油压力低压由溢流阀 5 调定。

在这种调速回路中,由于液压泵的转速和排量均为常数,当负载功率恒定时,定量泵和变量马达输出功率 P_P、P_m 以及回路工作压力 Δp 都恒定不变,而马达的输出转矩 T_m 与马达的排量 V_m 成正比,输出转速 n_m 与排量 V_m 成反比。所以这种回路称为恒功率调速回路,其调速特性如图 7-11(b) 所示。

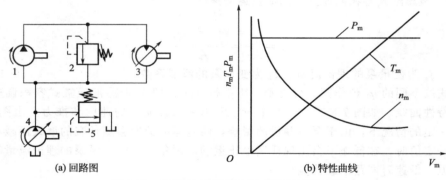

图 7-11 定量泵-变量马达闭式容积调速回路

这种回路调速范围很小,不能用来使马达实现平稳地反向调速,一般很少单独使用。

④ 变量泵-变量马达式容积调速回路 如图 7-12(a) 所示为变量泵-变量马达容积式调速回路。这种调速回路是上述两种调速回路的组合。由于泵和马达的排量均可改变,故增大了调速范围,并扩大了液压马达输出转矩和功率的选择余地。回路中各元件对称布置,变换泵的供油方向,即实现马达正反向旋转。单向阀 4 和 5 用于辅助泵 3 双向补油,单向阀 6 和 7 使溢流阀 8 在两个方向都起过载保护作用。一般工作部件都在低速时要求有较大的转矩,高速时能提供较大的输出功率,采用这种回路恰好可以达到这个要求。在低速段调速时,先将马达排量调至最大 $V_{m max}$,用变量泵进行调速,当泵的排量由最小 $V_{P min}$ 逐渐变大,直至变到最大 $V_{P max}$,马达转速随之逐渐升高,回路的输出功率也随之线性增加;此时,因马达排量处在最大值,马达能获得最大输出转矩,当负载不变时,回路处于恒转矩调速状态。在高速段调速时,泵为最大排量 $V_{P max}$,将变量马达的排量由大逐步调小,使马达转速继续升高,但马达输出的转矩逐渐降低;此时,因泵处于最大输出功率状态不变,故马达处于恒功率状态。

这种回路的特性曲线如图 7-12(b) 所示,回路的调速范围较大,是变量泵和变量马达调速范围的乘积,其传动比一般可以达到 100。

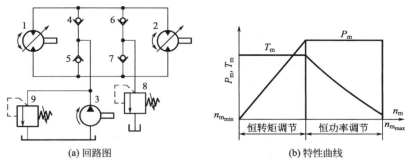

(a) 回路图　　　　　　　　　　(b) 特性曲线

图 7-12　变量泵-变量马达式容积调速回路

(3) 容积节流调速回路

容积节流调速回路的基本工作原理是采用压力补偿型变量泵供油，用流量控制阀调节进入或流出液压缸的流量来调节其运动速度，并使变量泵的输油量自动与液压缸所需流量相适应。因此它同时具有节流调速和容积调速回路的共同优点。这种调速回路工作时只有节流损失，回路的效率较高；回路的调速性能取决于流量阀的调速性能，与变量泵泄漏无关，因此回路的低速稳定性比容积调速回路好。

常用的容积节流调速回路有：限压式变量泵与调速阀等组成的容积节流调速回路；变压式变量泵与节流阀等组成的容积节流调速回路。

① 限压式变量泵与调速阀组成的容积节流调速回路　如图 7-13 所示为限压式变量泵与调速阀组成的容积节流调速回路工作原理和工作特性。在图示位置，活塞 4 快速向右运动，泵 1 按快速运动要求调节其输出流量 q_{max}，同时调节限压式变量泵的压力调节螺钉，使泵的限定压力 p_C 大于快速运动所需压力 [图 7-13(b) 中 AB 段]。当换向阀 3 通电，泵输出的压力油经调速阀 2 进入缸 4，其回油经背压阀 5 回油箱。调节调速阀 2 的流量 q_1 就可调节活塞的运动速度 v，由于 $q_1 < q_p$，压力油迫使泵的出口与调速阀进口之间的油压升高，即泵的供油压力升高，泵的流量便自动减小到 $q_p \approx q_1$ 为止。

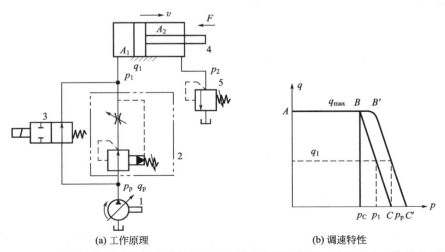

(a) 工作原理　　　　　　　　　　(b) 调速特性

图 7-13　限压式变量泵与调速阀的组成的容积节流调速回路工作原理和工作特性图

这种调速回路的运动稳定性、速度负载特性、承载能力和调速范围均与采用调速阀的节流调速回路相同。如图 7-13(b) 所示为其调速特性，由图可知，此回路只有节流损失而无溢流损失。

泵的输油压力 p_p 调得低一些，回路效率就可高一些，但为了保证调速阀的正常工作压差，泵的压力应比负载压力 p_1 至少大 5×10^5 Pa。当此回路用于"死挡铁停留"、压力继电器发信息实现快退时，泵的压力还应调高些，以保证压力继电器可靠发信息，故此时的实际工作特性曲线如图 7-13(b) 中 $AB'C'$ 所示。此外，当 p_C 不变时，负载越小，p_1 便越小，回路效率越低。

限压式变量泵与调速阀等组成的容积节流调速回路具有效率较高、调速较稳定、结构较简单等优点。目前已广泛应用于负载变化不大的中、小功率组合机床的液压系统中。

② 变压式变量泵与节流阀组成的容积节流调速回路 变压式容积节流调速回路采用差压式变量叶片泵供油，通过节流阀来确定进入液压缸或自液压缸流出的流量，不但使变量泵输出的流量与液压缸所需流量自相适应，而且液压泵出口的工作压力能自动跟随负载压力的增减而增减，因此这种回路也称为变压式容积节流调速回路。

差压式变量泵和节流阀的调节回路如图 7-14 所示，在液压缸的进油路上装有一个节流阀，节流阀两端的压差反馈作用在变量叶片泵的两个控制活塞（柱塞）上。其中柱塞 1 的面积 A_1 和活塞 2 的活塞杆面积相等。因此变量泵定子的偏心距大小，受到节流阀 3 两端压差的直接控制。回路中溢流阀 4 为安全阀，固定阻尼孔 5 用于防止定子移动过快

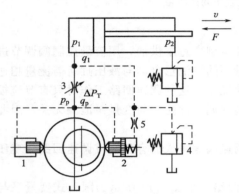

图 7-14 差压式变量泵和节流阀的调速回路

引起的振荡，以提高变量时的动态特性。改变节流阀开度大小，就可以控制进入液压缸的流量 q_1，并使泵的输出流量 q_p 自动与 q_1 相适应。若 $q_p > q_1$，泵的供油压力 q_p 将上升，泵的定子在控制活塞的作用下右移，减小偏心距，使 q_p 减小至 $q_p \approx q_1$；反之，若 $q_p < q_1$，泵的供油压力 q_p 将下降，引起定子左移，加大偏心距，使 q_p 增大至 $q_p \approx q_1$。

这种调速回路，特别适用于负载变化较大、对速度负载特性要求较高的场合。

7.1.2 快速运动回路

快速运动回路的功用在于使液压执行元件在获得尽可能大的工作速度的同时，能够使液压系统的输出功率尽可能小，实现系统功率的合理匹配。常见的快速运动回路有差动连接式、双泵供油式、充液增速式和蓄能器式等类型。

(1) 液压缸差动连接快速运动回路

如图 7-15 所示，回路由定量泵、溢流阀、二位三通换向阀和单杆液压缸组成。换向阀处于右位时，液压缸有杆腔的回油流量和液压泵输出的流量合在一起共同进入液压缸无杆腔，使活塞快速向右运动。这种回路结构简单，应用较多，但由于液压缸的结构限制，液压缸的速度加快有限，有时不能满足快速运动的要求，常常需要和其他方法联合使用。

(2) 双泵供油快速运动回路

如图 7-16 所示，在回路中用低压大流量泵 1 和高压小流量泵 2 组成的双联泵作动力源；卸荷阀 3 和溢流阀 5 分别设定双泵供油及小流量泵 2 供油时系统的最高工作压力。当换向阀 6 处于图示位置，由于空载时负载很小、系统压力很低，如果系统压力低于卸荷阀 3 调定压力时，卸荷阀 3 处于关闭状态，低压大流量泵 1 的输出流量顶开单向阀 4，与高压小流量泵 2 的流量汇合实现两个泵同时向系统供油，活塞快速向右运动，此时尽管回路的流量很大，

但由于负载很小，回路的压力很低，所以回路输出的功率并不大；当换向阀 6 处于右位，由于节流阀 7 的节流作用，会造成系统压力达到或超过卸荷阀 3 的调定压力，使卸荷阀 3 打开，导致大流量泵 1 经过卸荷阀 3 卸荷，单向阀 4 自动关闭，将高压小流量泵 2 与低压大流量泵 1 隔离，只有小流量泵 2 向系统供油，活塞慢速向右运动，溢流阀 5 处于溢流状态，保持系统压力基本不变，此时只有高压小流量泵 2 在工作。低压大流量泵 1 卸荷，减少了动力消耗，回路效率较高。

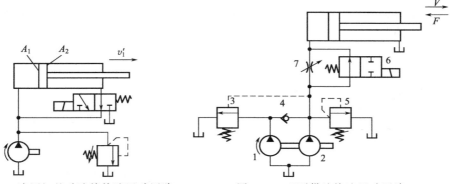

图 7-15　液压缸差动连接快速运动回路　　　图 7-16　双泵供油快速运动回路

采用双泵供油的快速运动回路在回路获得很高速度的同时，回路输出的功率较小，使液压系统功率匹配合理。

(3) 充液快速运动回路

当回路快速运动需要的流量很大时，直接用液压泵供油不经济，这时往往采用从油箱中直接向回路充液补油的方法获得快速运动，该类回路称为充液快速运动回路。常见的充液快速运动回路有以下几种。

① 自重充液快速运动回路　如图 7-17 所示，当手动换向阀 1 右位接入回路时，由于运动部件的自重作用，使活塞快速下降，其下降速度由单向节流阀 2 控制。此时因液压泵供油不足，液压缸上腔将会出现负压，安置在机器设备顶部的充液油箱 4 在油液自重和大气压力的作用下，通过液控单向阀（充液阀）3 向液压缸上腔补油；当运动部件接触到工件造成负载增加时，液压缸上腔压力升高，充液阀 3 关闭，此时只靠液压泵供油，使活塞运动速度降低。回程时，手动换向阀 1 左位接入回路，压力油进入液压缸下腔，同时打开充液阀 3，液压缸上腔低压回油进入充液油箱 4。为防止活塞快速下降时液压缸上腔吸油不充分，充液油箱 4 常被充压油箱代替，实现强制充液。这种回路用于垂直运动部件重量较大的液压机系统。

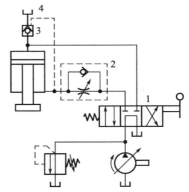

图 7-17　采用自重充液快速运动回路

② 增速缸的快速运动回路　对于在机器设备中卧式放置的液压缸不能利用运动部件自重充液做快速运动，可采用增速缸的方案。如图 7-18 所示是采用增速缸的快速运动回路。增速缸由活塞缸与柱塞缸复合而成。当换向阀左位接入回路时，压力油经柱塞中间的孔进入到增速缸小腔 1，推动活塞快速向右移动，大腔 2 所需油液由充液阀 3 从油箱吸取，活塞缸右腔的油液经换向阀回油箱，即快速运动时液压泵的全部流量进入到小腔 1 中。当执行元件

接触到工件造成负载增加时,回路压力升高,使顺序阀 4 开启,高压油关闭充液阀 3,并进入增速缸大腔 2,活塞转换成慢速运动,且推力增大,即慢速运动时液压泵的流量同时进入到复合缸的大腔 2 和小腔 1 中。当换向阀右位接入回路时,压力油进入活塞缸右腔,同时打开充液阀 3,大腔 2 的回油排回油箱,活塞快速向左退回。

(4) 采用蓄能器的快速运动回路

在图 7-19 所示的回路中,当用流量较小的液压泵供油,而系统中短期需要大流量时,换向阀 5 处于左位或右位工作,泵 1 和蓄能器 4 共同向液压缸 6 供油,使其实现快速运动。当换向阀 5 处于中位,系统停止工作时,这时泵经单向阀 2 向蓄能器供油,蓄能器压力升高至液控顺序阀 3 的调定压力时,液控顺序阀 3 被打开,使液压泵卸荷。

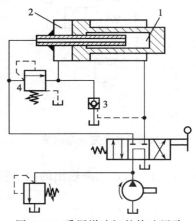

图 7-18 采用增速缸的快速回路

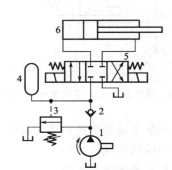

图 7-19 蓄能器快速运动回路
1—泵;2—单向阀;3—液控顺序阀;4—蓄能器;5—换向阀;6—液压缸

这种快速回路可用较小流量的泵获得较高的运动速度,但蓄能器充油时,液压缸必须停止工作,在时间上有些浪费。采用蓄能器的快速运动回路适用于某些间歇工作且停留时间较长的液压设备(如冶金机械),以及某些存在快、慢两种工作速度的液压设备(如组合机床)。根据系统工作循环要求,合理地选取液压泵的流量、蓄能器的工作压力范围和容积,可获得较高的回路效率。

7.1.3 速度换接回路

使液压执行机构在一个工作循环中从一种运动速度变换到另一种运动速度的回路,称为速度换接回路。这类回路不仅包括液压执行元件由快速到慢速的换接,而且也包括两个慢速之间的换接;同时应具有较高的速度换接平稳性。

(1) 采用行程阀的速度换接回路

采用行程阀的速度换接回路如图 7-20 所示,当换向阀处于图示位置时,节流阀不起作用,液压缸活塞处于快速运动状态,当快进到预定位置时,与活塞杆刚性相连的行程挡块压下行程阀 1(二位二通机动换向阀),行程阀关闭,液压缸右腔油液必须通过节流阀 2 后才能流回油箱,回路进入回油节流调速状态,活塞运动转为慢速工进。当换向阀左位接入回路时,压力油经单向阀 3 进入液压缸右腔,使活塞快速向左返回,在返回的过程中逐步将行程阀 1 放开。这种回路速度切换过程比较平稳,冲击小,换接点位置准确,换接可靠。但受结构限制,行程阀安装位置不能任意布置,管路连接较为复杂。

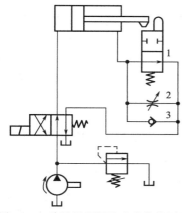 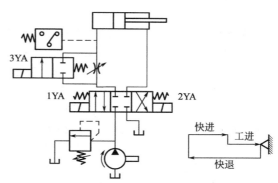

图 7-20　采用行程阀的速度换接回路　　　图 7-21　采用电磁阀的速度换接回路

(2) 采用电磁阀的速度换接回路

采用电磁阀的速度换接回路如图 7-21 所示，1YA、3YA 通电时，液压缸的活塞快进，3YA 断电，活塞由快进转为工进，实现速度换接。该回路可通过行程挡块压下电气行程开关来操纵电磁换向阀，这种方式由于不需要用行程挡铁直接碰行程阀，因此电磁阀的安装灵活、油路连接方便，但速度换接的平稳性、可靠性和换接精度相对较差。

(3) 两个调速阀并联式速度换接回路

对于某些自动机床、注塑机等，需要在自动工作循环中变换两种以上的工作进给速度，这时需要采用两种（或多种）工作进给速度的换接回路。

如图 7-22 所示是两个调速阀并联式速度换接回路。液压泵输出的压力油经调速阀 3 和电磁阀 5 进入液压缸。当需要第二种工作进给速度时，电磁阀 5 通电，其右位接入回路，液压泵输出的压力油经调速阀 4 和电磁阀 5 进入液压缸。这种回路中两个调速阀的节流口可以单独调节，互不影响，即第一种工作进给速度和第二种工作进给速度互相间没有什么限制。但一个调速阀工作时，另一个调速阀中没有油液通过，它的减压阀则处于完全打开的位置，在速度换接开始的瞬间不能起减压作用，容易出现部件突然前冲的现象。

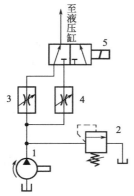 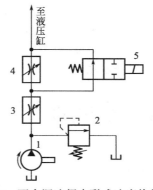

图 7-22　两个调速阀并联式速度换接回路　　图 7-23　两个调速阀串联式速度换接回路
1—泵；2—溢流阀；3,4—调速阀；5—电磁换向阀　　1—泵；2—溢流阀；3,4—调整阀；5—电磁换向阀

(4) 两个调速阀串联式速度换接回路

如图 7-23 所示是两个调速阀串联式速度换接回路。图中液压泵输出的压力油经调速阀 3

和电磁阀5进入液压缸,这时的流量由调速阀3控制。当需要第二种工作进给速度时,电磁阀5通电,其右位接入回路,则液压泵输出的压力油先经调速阀3,再经调速阀4进入液压缸,这时的流量应由调速阀4控制,所以这种回路中调速阀4的节流口应调得比调速阀3小,否则调速阀4将不起作用。这种回路在工作时调速阀3一直工作,它限制着进入液压缸或调速阀4的流量,因此在速度换接时不会使液压缸产生前冲现象,换接平稳性较好。在调速阀4工作时,油液需经过两个调速阀,故能量损失较大,系统发热也较大。

(5) 液压马达串、并联双速换接回路

在液压驱动的行走机械中,根据路况往往需要两挡速度:平地时为高速行驶,上坡时需要低速大转矩行驶。采用两个液压马达或串联,或并联,以达到上述目的。

如图7-24(a)所示为液压马达并联回路,两个液压马达1、2主轴刚性连接在一起(一般为同轴双排柱塞液压马达),手动换向阀3在左位时,压力油只驱动液压马达1,液压马达2空转;手动换向阀3在右位时,液压马达1和2并联。若两个液压马达排量相等,并联时进入每个液压马达的流量会减少一半,转速相应降低一半,而转矩增加一倍。手动阀3实现液压马达速度的切换,不管阀处于何位,回路的输出功率都相同。

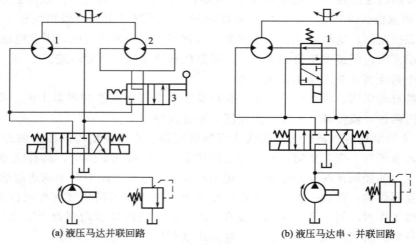

(a) 液压马达并联回路　　(b) 液压马达串、并联回路

图7-24　液压马达双速换接回路

如图7-24(b)所示为液压马达串、并联回路。用二位四通阀1使两个液压马达串联或并联来实现快慢速切换。二位四通阀1上位接入回路,两个液压马达并联;下位接入回路,两个液压马达串联。串联时为高速;并联时为低速,输出转矩相应增加。串联和并联两种情况下回路的输出功率相同。

7.2　压力控制回路

压力控制回路是液压控制系统中的基本回路,它利用压力阀、变量泵等元件控制系统中的压力,达到调压、稳压、减压、增压、卸载等目的,以满足执行元件对力或转矩的要求。

根据压力控制在液压回路中的部位,可将压力控制回路分为三类。

① 一次压力控制回路,即泵输出压力的控制。包括调压回路(供油压力控制回路)和卸载回路。

② 二次压力控制回路(由一次压力产生另一次压力)。包括减压回路和增压回路。

③ 执行元件中的压力控制回路。包括保压回路和力、力矩控制回路等。

在实际的液压控制回路中,有些回路兼备以上①、②或②、③的功能。

7.2.1 调压回路

调压回路用来调定或限制液压系统的最高工作压力,或者使执行元件在工作过程的不同阶段能够实现多种不同的压力变换。调压控制回路包括连续调压回路、多级调压回路、恒压控制回路等。

(1) 溢流阀单级调压回路

如图 7-25 所示为溢流阀单级调压回路,该回路由定量泵、溢流阀、液压缸构成,是最基本的调压回路,其具有以下几个特点。

① 溢流阀开启压力可通过调压弹簧调定,如果调整溢流阀调压弹簧的预压缩量,便可设定供油压力的最高值。

② 系统的实际工作压力由负载决定。当外负载压力小于溢流阀调定压力时,溢流阀处无溢流流量,此时溢流阀起安全阀作用。

③ 使用手调式溢流阀时,在系统一个工作循环中,溢流阀的压力不再调整。

④ 图示油路若配置远程调压阀,同样可以实现远程调压。

⑤ 图示油路可靠、价格便宜,但在系统一个工作循环中,溢流阀压力不能调整,而且受溢流阀压力流量特性(也称启闭特性)影响,系统所需流量变化(增加或减少)时,系统压力会随之降低或增高。

⑥ 若采用其他输入方式,例如机械式、液压式等,只要通过一定的转换,输入信号的变化能使溢流阀调压弹簧的预压缩量得到相应的改变,便可在系统运行过程中,连续改变系统的供油压力。

(2) 溢流阀二级调压及远程调压回路

如图 7-26 所示,当二位二通阀的电磁铁失电时,远程控制油路被切断,系统中的最高供油压力为溢流阀设定压力;当二位二通阀的电磁铁得电时,远程控制油路接通,系统的最高供油压力为远程调压阀设定压力。图示油路压力切换是阶跃式的,有一定的压力超调。远距离操纵可以采用电气或液控等方式,其中电气方式结构简单、控制方便,目前应用广泛。

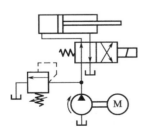
图 7-25 溢流阀单级调压回路

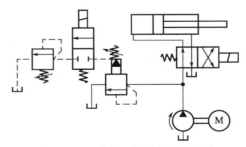
图 7-26 溢流阀二级远程调压回路

(3) 双向调压回路

执行元件正反行程需不同的供油压力时,可采用双向调压回路。

如图 7-27(a) 所示的双向调压回路,当二位四通换向阀在右位工作时,活塞杆外伸为工作行程,系统工作压力由溢流阀 1 调定为较高压力,液压缸右腔油液通过二位四通换向阀回油箱,溢流阀 2 不起作用;当二位四通换向阀在左位工作时,活塞杆作空程返回,系统工作压力由溢流阀 2 调定为较低压力。

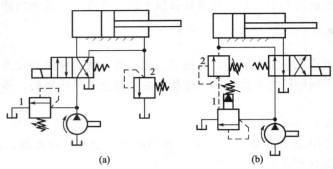

图 7-27 双向调压回路

如图 7-27(b) 所示回路，在图示位置时，阀 2 的出口被高压油封闭，即阀 1 的远控口被堵塞，故液压泵压力由阀 1 调定为较高的压力；当换向阀在右位工作时，液压缸左腔通油箱，压力为零，阀 2 相当于阀 1 的远程调压阀，液压泵被调定为较低的压力。该回路的优点是：阀 2 工作时仅通过少量油液，故可选用小规格的远程调压阀。

(4) 多级远程调压回路

如图 7-28 所示为多级远程调压回路，将主溢流阀的远程控制口与三位四通电磁换向阀及几个远程调压阀相连，通过换向阀进行油路切换，从而获得多级供油压力。

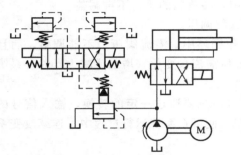

图 7-28 多级远程调压回路

(5) 比例溢流阀调压回路

如图 7-29 所示为比例溢流阀调压回路，这类系统中压力控制精度不是考虑的主要因素，更注重的是压力的转换速度、转换过程的平稳性以及压力的远程控制等。根据执行元件行程各阶段中的不同要求，改变输入比例阀的电流，即可方便地随机改变系统的供油压力。回路结构简单，能按预定压力变化规律实现连续无级的调压控制；调压精度取决于溢流阀本身的调压偏差，采用直接检测式的比例溢流阀的稳态调压偏差，小于采用间接压力检测式的比例溢流阀。

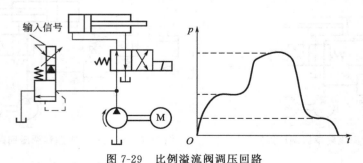

图 7-29 比例溢流阀调压回路

7.2.2 卸荷回路

卸荷回路的功用是指在液压泵驱动电动机不频繁启闭的情况下，使液压泵在功率输出接近于零的情况下运转，以减少功率损耗，降低系统发热，延长泵和电动机的寿命。液压泵的输出功率等于压力和流量的乘积，因此使液压系统卸荷有两种方法：一种是将液压泵出口的流量通过液压阀的控制直接接回油箱,使液压泵在接近零压的状况下输出流量,这种卸荷方式称为压力卸荷;另一种是使液压泵在输出流量接近零的状态下工作,此时尽管液压泵工作的压力很高,但其输出流量接近零,液压功率也接近零,这种卸荷方式称为流量卸荷。

(1) 采用主换向阀中位机能的卸荷回路

在定量泵系统中,利用三位换向阀 M、H、K 型等中位机能的结构特点,可以实现泵的压力卸荷,如图 7-30(a) 所示为采用主换向阀中位机能的卸荷回路。这种卸荷回路的结构简单,但当压力较高、流量大时易产生冲击,一般用于低压小流量场合。当流量较大时,可用液动或电液换向阀来卸荷,但应在其回油路上安装一个单向阀 1(作背压阀用),使回路在卸荷状况下能够保持有 0.3~0.5MPa 控制压力,实现卸荷状态下对电液换向阀的操纵,但这样会增加一些系统的功率损失。

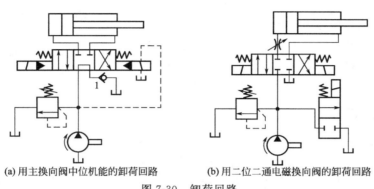

(a) 用主换向阀中位机能的卸荷回路　　(b) 用二位二通电磁换向阀的卸荷回路

图 7-30　卸荷回路

(2) 采用二位二通电磁换向阀的卸荷回路

如图 7-30(b) 所示为用二位二通电磁换向阀的卸荷回路。在这种卸荷回路中,主换向阀的中位机能为 O 型,利用与液压泵和溢流阀同时并联的二位二通电磁换向阀的通与断,实现系统的卸荷与保压功能,但要注意二位二通电磁换向阀的压力和流量参数要完全与对应的液压泵相匹配。

(3) 采用先导型溢流阀和电磁阀组成的卸荷回路

如图 7-31 所示是采用先导型溢流阀和电磁阀组成的卸荷回路。当先导型溢流阀 1 的远控口通过二位二通电磁阀 2 接通油箱时,先导型溢流阀 1 的溢流压力为溢流阀的卸荷压力,使液压泵输出的油液以很低的压力经先导型溢流阀 1 主阀口回油箱,实现泵的卸荷。这种卸荷回路可以实现远程控制,同时二位二通电磁阀可选用小流量规格,其卸荷时的压力冲击较采用二位二通电磁换向阀直接卸荷的冲击小很多。

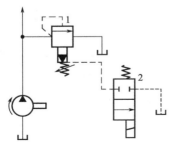

图 7-31　采用先导型溢流阀
和电磁阀组成的卸荷回路

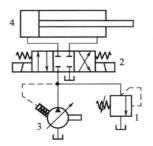

图 7-32　采用限压式变量泵的卸荷回路
1—溢流阀;2—电磁换向阀;3—单向变量泵;4—液压缸

(4) 采用限压式变量泵的卸荷回路

利用限压式变量泵压力反馈来控制流量变化的特性,可以实现流量卸荷。如图 7-32 所示,系统中的溢流阀 1 作安全阀用,以防止泵的压力补偿装置的零漂和动作滞缓导致系统压力异常。这种回路在卸荷状态下具有很高的控制压力,能使液压系统在卸荷状态下实现保压,有效减少了系统的功率匹配,极大地降低了系统的功率损失和发热。

(5) 利用卸荷阀的卸荷回路

如图 7-33 所示为利用卸荷阀的卸荷回路。当电磁铁 1YA 得电时,泵和蓄能器同时向液压缸左腔供油,推动活塞右移,接触工件后,系统压力升高。当系统压力升高到卸荷阀 1 的调定值时,卸荷阀打开,液压泵通过卸荷阀卸荷,而系统压力用蓄能器保持。若蓄能器压力降低到允许的最小值时,卸荷阀关闭,液压泵重新向蓄能器和液压缸供油,以保证液压缸左腔的压力在允许的范围内。图 7-33 中的溢流阀 2 是当安全阀用。

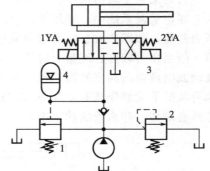

图 7-33 利用卸荷阀的卸荷回路
1—外控式顺序阀;2—溢流阀;
3—换向阀;4—蓄能器

7.2.3 减压回路

减压回路的功能在于使系统某一支路上具有低于系统压力的稳定工作压力。如在机床的工件夹紧、导轨润滑及液压系统的控制油路中常需用减压回路。

减压回路的基本构成是定量泵、溢流阀、减压阀和液压缸。如图 7-34 所示是最常见的减压回路,在所需低压的分支路上串接一个定值输出减压阀,减压并保持恒定。回路中的单向阀 3 用于防止当主油路压力由于某种原因低于减压阀 2 的调定值时,使液压缸 4 的压力不受干扰而突然降低,能短时保压。

要使减压阀稳定工作,其最低调整压力应高于 0.5MPa,最高调整压力应至少比系统压力低 0.5MPa。由于减压阀工作时存在阀口压力损失和泄漏口的容积损失,这种回路不宜在需要压力降低很多或流量较大的场合使用。

如图 7-35 所示为采用先导式减压阀的多级减压回路,整个系统压力由溢流阀 5 调定,先导式减压阀 1 用于减小它所在低压支路的压力,当电磁换向阀 3 的右位接入时,低压支路的压力由减压阀 1 调定;当电磁换向阀 3 的左位接入时,低压支路的压力由溢流阀 2 调定。这样,通过控制电磁换向阀 3 的电磁铁通断电,可以使低压支路获得两种不同的调定压力。

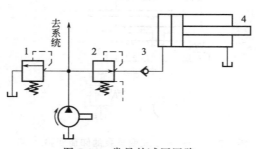

图 7-34 常见的减压回路
1—溢流阀;2—减压阀;3—单向阀;4—液压缸

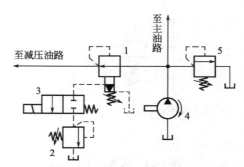

图 7-35 采用先导式减压阀的多级减压回路
1—先导式减压阀;2,5—溢流阀;3—电磁换向阀;4—液压泵

减压回路也可以采用比例减压阀来实现无级减压。

7.2.4 增压回路

当液压系统需要更高压力等级的油源时,可以通过增压回路等方法实现这一要求。增压回路用来使系统中某一支路获得比系统压力更高的压力油源,增压回路中实现油液压力放大的主要元件是增压缸,增压缸的增压比取决于增压缸大、小活塞的面积之比。

(1) 单作用增压回路

如图 7-36(a) 所示是单作用增压回路,它适用于单向作用力大、行程小、作业时间短的场合,如制动器、离合器等。其工作原理如下:当换向阀处于右位时,增压缸 1 输出压力为 $p_2 = p_1 A_1/A_2$ 的压力油进入工作缸 2;当换向阀处于左位时,工作缸 2 靠弹簧力回程,高位油箱 3 的油液在大气压力作用下经油管顶开单向阀向增压缸 1 右腔补油。采用这种增压方式,液压缸不能获得连续稳定的高压油源。

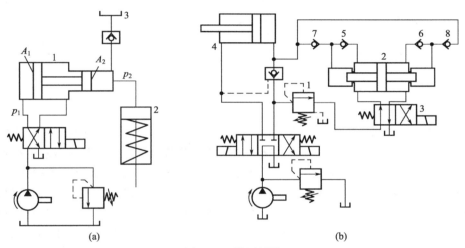

图 7-36 增压回路

(2) 双作用增压回路

如图 7-36(b) 所示是双作用增压回路,它能连续输出高压油,适用于增压行程要求较长的场合。当工作缸 4 向左运动遇到较大负载时,系统压力升高,油液经顺序阀 1 进入双作用增压缸 2,双作用增压缸 2 的活塞不论向左或向右运动,均能输出高压油,只要换向阀 3 不断切换,双作用增压缸 2 就不断往复运动,高压油就连续经单向阀 7 或 8 进入工作缸 4 右腔,此时单向阀 5 或 6 有效地隔开了高低压油路。工作缸 4 向右运动时增压回路不起作用。

7.2.5 平衡回路

平衡回路的功能在于使液压执行元件的回油路上始终保持一定的背压力,以平衡执行机构重力负载对液压执行元件的作用力,使其不会因自重而自行下滑。常见的平衡回路有以下几种。

(1) 采用单向顺序阀的平衡回路

如图 7-37(a) 所示是采用单向顺序阀的平衡回路,调整顺序阀,使其开启压力与液压缸下腔作用面积的乘积稍大于垂直运动部件的重力。当活塞下行时,由于回油路上存在一定的背压来支承重力负载,只有在活塞的上部具有一定压力时活塞才会平稳下落;当换向阀处于中位时,活塞停止运动,不再继续下行。此处的顺序阀又被称作平衡阀。在这种平衡回路中，顺序阀调整压力调定后，若工作负载变小，则泵的压力需要增加，将使系统的功率损失增大。由于滑阀结构的顺序阀和换向阀存在内泄漏，使活塞很难长时间稳定停在任意位置，会造成重力负载装置下滑，故这种回路适用于工作负载固定且液压缸活塞锁定定位要求不高的场合。

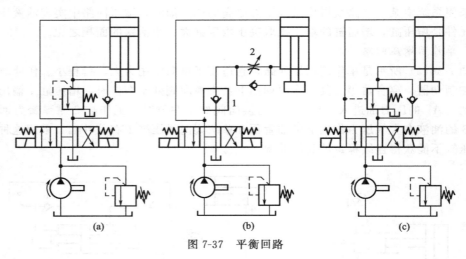

图 7-37 平衡回路

(2) 采用液控单向阀的平衡回路

如图 7-37(b) 所示，由于液控单向阀 1 为锥面密封结构，其闭锁性能好，能够保证活塞较长时间在停止位置处不动。在回油路上串联单向节流阀 2，用于保证活塞下行运动的平稳性。假如回油路上没有串接节流阀 2，活塞下行时液控单向阀 1 被进油路上的控制油打开，回油腔因没有背压，运动部件由于自重而加速下降，造成液压缸上腔供油不足而压力降低，使液控单向阀 1 因控制油路降压而关闭，加速下降的活塞突然停止；液控单向阀 1 关闭后控制油路又重新建立起压力，液控单向阀 1 再次被打开，活塞再次加速下降，这样不断重复，由于液控单向阀时开时闭，使活塞一路抖动向下运动，并产生强烈的噪声、振动和冲击。

(3) 采用远控平衡阀的平衡回路

在工程机械液压系统中常采用如图 7-37(c) 所示的远控平衡阀的平衡回路。这种远控平衡阀是一种特殊阀口结构的外控顺序阀，它不但具有很好的密封性，能起到对活塞长时间的锁闭定位作用，而且阀口开口大小能自动适应不同载荷对背压压力的要求，保证了活塞下降速度的稳定性不受载荷变化影响。这种远控平衡阀又称为限速锁。

7.2.6 保压回路

保压回路的功能在于使系统在液压缸加载不动或因工件变形而产生微小位移的工况下能保持稳定不变的压力，并且使液压泵处于卸荷状态。保压性能的两个主要指标为保压时间和压力稳定性。常用的保压回路有以下几种形式。

(1) 采用液控单向阀的保压回路

采用密封性能较好的液控单向阀可实现保压，但阀座的磨损和油液的污染会使保压性能降低。它适用于保压时间短、对保压稳定性要求不高的场合。

(2) 自动补油保压回路

如图 7-38(a) 所示是采用液控单向阀 3、电接触式压力表 4 的自动补油保压回路，它利用了液控单向阀结构简单并具有一定保压性能的长处，避开了直接用泵供油保压而大量消耗功率的缺点。当换向阀 2 右位接入回路时，活塞下降加压；当压力上升到电接触式压力表 4 上限触点调定压力时，压力表发出电信号，使换向阀 2 中位接入回路，泵 1 卸荷，液压缸由液控单向阀 3 保压；当压力下降至电接触式压力表 4 下限触点调定压力时，压力表发出电信号，使换向阀 2 右位接入回路，泵 1 又向液压缸供油，使压力回升。这种回路保压时间长，压力稳定性高，液压泵基本处于卸荷状态，系统功率损失小。

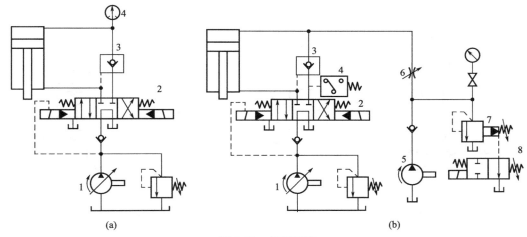

图 7-38　保压回路

（3）采用辅助泵或蓄能器的保压回路

如图 7-38（b）所示，在回路中可增设一台小流量高压辅助泵 5。当液压缸加压完毕要求保压时，由压力继电器 4 发出信号，使换向阀 2 中位接入回路，主泵 1 实现卸荷；同时二位二通换向阀 8 处于左位，由高压辅助泵 5 向封闭的保压系统供油，维持系统压力稳定。由于辅助泵只需补偿系统的泄漏量，可选用微小流量泵，尽量减少系统的功率损失。高压辅助泵 5 保压的压力由溢流阀 7 确定，回路中 6 为调节阀，其阀口开度按系统泄漏量的大小调节。如果用蓄能器来代替高压辅助泵 5 也可以达到上述目的。

7.3　方向控制回路

通过控制进入执行元件液流的通、断或变向来实现液压系统执行元件的启动、停止或改变运动方向的回路称为方向控制回路。

常用的方向控制回路有换向回路、制动回路和锁紧回路。

7.3.1　换向回路

液压系统中执行元件运动方向的变换一般由换向阀实现，根据执行元件换向的要求，可采用二位（或三位）四通（或五通）控制阀，控制方式可以是人力、机械、电动、液动和电液动等。

（1）采用换向阀的换向回路

如图 7-39（a）所示是采用二位四通电磁换向阀的换向回路。当电磁铁通电时，压力油进入液压缸左腔，推动活塞杆向右移动；电磁铁断电时，弹簧力使阀芯复位，压力油进入液压缸右腔，推动活塞杆向左移动。此回路只能停留在缸的两端，不能停留在任意位置上。

如图7-39(b)所示是采用三位四通手动换向阀的换向回路。当阀处于中位时，M型滑阀机能使泵卸荷，缸两腔油路封闭，活塞制动；当阀左位工作时，液压缸左腔进油，活塞向右移动；当阀右位工作时，液压缸右腔进油，活塞向左移动。此回路可以使执行元件在任意位置停止运动。

二位换向阀只能使执行元件实现正、反向换向运动；三位换向阀除了能够实现正、反向换向运动外，还有中位机能，不同的滑阀中位机能可使系统获得不同的控制特性，如锁紧、卸荷、浮动等。

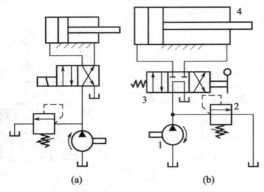 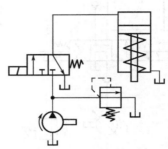

图7-39　采用换向阀的换向回路　　　　图7-40　单作用缸换向回路

对于利用重力或弹簧力回程的单作用液压缸，用二位三通阀就可使其换向，如图7-40所示。

采用电磁阀换向最为方便，但电磁阀动作快、换向有冲击、换向定位精度低、换向操作力较小、可靠性相对较低，且交流电磁铁不宜作频繁切换，以免线圈烧坏；采用电液换向阀，可通过调节单向节流阀（阻尼器）来控制换向时间，其换向冲击较小，换向控制力较大，但换向定位精度低、换向时间长、不宜频繁切换；采用机动阀换向，可以通过工作机构的挡块和杠杆，直接控制换向阀换向，这样既省去了电磁阀换向的行程开关、继电器等中间环节，换向频率也不会受电磁铁的限制，换向过程平稳、准确、可靠，但机动阀必须安装在工作机构附近，且当工作机构运动速度很低时、行程挡块推动杠杆带动换向阀阀芯移至中间位置时，工作机构可能因失去动力而停止运动，出现换向死点，使执行机构停止不动，而当工作机构运动速度较高时，又可能因换向阀芯移动过快而引起换向冲击。

由此可见，采用任何单一换向阀控制的换向回路，都很难实现高性能、高精度、准确的换向控制。

（2）机-液换向阀换向回路

① 时间控制制动式换向回路　如图7-41所示，这种回路中的主油路只受换向阀3控制。在换向过程中，当先导阀2在左端位置时，控制油路中的压力油经单向阀I_2通向换向阀3右端，换向阀左端的油经节流阀J_1流回油箱，换向阀阀芯向左移动，阀芯上的制动锥面逐渐关小回油通道，活塞速度逐渐减慢，并在换向阀3的阀芯移过l距离后将通道闭死，使活塞停止运动。换向阀阀芯上的制动锥半锥角一般为$1.5°\sim3.5°$，在换向要求不高的地方还可以取大一些。制动锥长度可根据试验确定，一般取$l=3\sim12\mathrm{mm}$。当节流阀J_1和J_2的开口大小调定之后，换向阀阀芯移过距离l所需的时间（即活塞制动所经历的时间）就确定不变。因此，这种制动方式被称为时间控制制动式。这种换向回路的主要优点是：其制动时间可根据主机部件运动速度的快慢、惯性的大小通过节流阀J_1和J_2的开口量得到调节，以便

控制换向冲击，提高工作效率。此外，换向阀中位机能采用 H 型，对减小冲击量和提高换向平稳性都有利。其主要缺点是：换向过程中的冲击量受运动部件的速度和其他一些因素的影响，换向精度不高。这种换向回路主要用于工作部件运动速度较高，要求换向平稳，无冲击，但换向精度要求不高的场合，如用于平面磨床和插、拉、刨床液压系统中。

② 行程控制制动式换向回路　如图 7-42 所示，这种回路中的主油路除受换向阀 3 控制外，还受先导阀 2 控制。当先导阀 2 在换向过程中向左移动时，先导阀阀芯的右制动锥将液压缸右腔的回油通道逐渐关小，使活塞速度逐渐减慢，对活塞进行预制动。当回油通道被关得很小，活塞速度变得很慢时，换向阀 3 的控制油路才开始切换，换向阀阀芯向左移动，切断主油路通道，使活塞停止运动，并随即使它在相反的方向启动。这里，不论运动部件原来的速度快慢如何，先导阀总是要先移动一段固定的行程 l，将工作部件先进行预制动后，再由换向阀来使它换向。所以这种制动方式被称为行程控制制动式。先导阀制动锥一般取长度 $l=5\sim12\text{mm}$，合理选择制动锥度能使制动平稳。

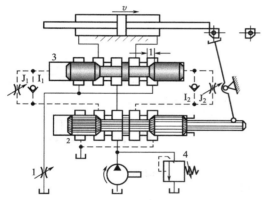

图 7-41　时间控制制动式换向回路
1—节流阀；2—先导阀；3—换向阀；4—溢流阀

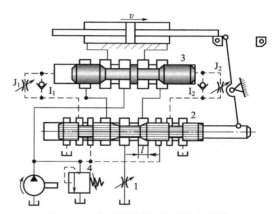

图 7-42　行程控制制动式换向回路
1—节流阀；2—先导阀；3—换向阀；4—溢流阀

行程控制制动式换向回路的换向精度较高，冲出量较小，但由于先导阀的制动行程恒定不变，制动时间的长短和换向冲击的大小就将受运动部件速度快慢的影响。所以这种换向回路宜用在主机工作部件运动速度不大，但换向精度要求较高的场合，如磨床液压系统中。

（3）采用双向变量泵的换向回路

在闭式回路中可用双向变量泵变更供油方向来直接实现液压缸（马达）换向。如图 7-43 所示，执行元件是单杆双作用液压缸 5，活塞向右运动时，其进油流量大于排油流量，双向变量泵 1 吸油侧流量不足，可用辅助泵 2 通过单向阀 3 来补充。变更双向变量泵 1 的供油方向，活塞向左运动时，排油流量大于进油流量，双向变量泵 1 吸油侧多余的油液通过单杆双作用液压缸 5 进油侧压力控制的二位二通阀 4 和溢流阀 6 排回油箱；溢流阀 6 和 8 既使活塞向左或向右运动时泵吸油侧有一定的吸油压力，又可使活塞运动平稳。溢流阀 7 是防止系统过载的安全阀。这种回路适用于压力较高、流量较大的场合。

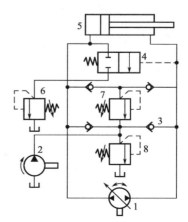

图 7-43　采用双向变量泵的换向回路

7.3.2 制动回路

制动回路的功能在于使执行元件平稳地由运动状态转换成静止状态。要求对油路中出现的异常高压和负压的情况能做出迅速反应,并应使制动时间尽可能短,冲击尽可能小。

如图7-44(a)所示为液压缸制动回路。在液压缸两侧油路上设置反应灵敏的小型直动型溢流阀2和4,换向阀切换时,活塞在溢流阀2或4的调定压力值下实现制动。如活塞向右运动换向阀突然切换时,活塞右侧油液压力由于运动部件的惯性而突然升高,当压力超过溢流阀4的调定压力时,溢流阀4打开溢流,缓和管路中的液压冲击,同时液压缸左腔通过单向阀3补油。活塞向左运动,由溢流阀2和单向阀5起缓冲及补油作用。缓冲溢流阀2和4的调定压力一般比主油路溢流阀1的调定压力高5%~10%。

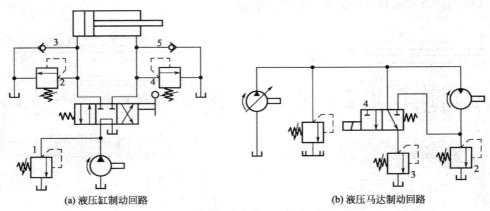

(a) 液压缸制动回路   (b) 液压马达制动回路

图7-44 采用溢流阀的制动回路

如图7-44(b)所示为液压马达制动回路。在液压马达的回油路上串接一个溢流阀2。换向阀4电磁铁得电时,马达由泵供油而旋转,马达排油通过背压阀3回油箱,背压阀调定压力一般为0.3~0.7MPa。当电磁铁失电时,切断马达回油,马达制动。由于惯性负载作用,马达将继续旋转为泵工况,马达的最大出口压力由溢流阀2限定,即出口压力超过溢流阀2的调定压力时溢流阀2打开溢流,缓和管路中的液压冲击。泵在背压阀3调定的压力下低压卸载,并在马达制动时实现有压补油,使其不致吸空。溢流阀2的调定压力不宜调得过高,一般等于系统的额定工作压力。溢流阀1为系统的安全阀。

7.3.3 锁紧回路

锁紧回路又称闭锁回路,用以实现使执行元件在任意位置上停止,并防止在受力的情况下发生移动。常用的锁紧回路有以下两种。

(1) 采用三位换向阀O型或M型中位机能的锁紧回路

如图7-45(a)所示为采用三位四通O型滑阀机能换向阀的闭锁回路,当两个电磁铁均断电时,弹簧使阀芯处于中间位置,液压缸的两个工作油口被封闭。由于液压缸两腔都充满油液,而油液又是不可压缩的,所以向左或向右的外力均不能使活塞移动,活塞被双向锁紧。如图7-45(b)所示为三位四通M型机能换向阀,具有相同的锁紧功能。不同的是前者液压泵不卸荷,并联的其他执行元件运动不受影响,后者的液压泵卸荷。

这种闭锁回路结构简单,但由于换向阀密封性差,存在泄漏,所以闭锁效果较差。

(2) 采用液控单向阀的锁紧回路

如图 7-46 所示是采用液控单向阀的锁紧回路。在液压缸的进、回油路中都串接液控单向阀（如图 7-46 中 1，2 所示），活塞可以在行程的任何位置锁紧。其锁紧精度只受液压缸内少量的内泄漏影响，因此，锁紧精度较高。采用液控单向阀的锁紧回路，换向阀的中位机能应使液控单向阀的控制油液卸压（换向阀采用 H 型或 Y 型），此时，液控单向阀便立即关闭，活塞停止运动。假如采用 O 型机能，在换向阀中位时，由于液控单向阀的控制腔压力油被闭死而不能使其立即关闭，直至由换向阀的内泄漏使控制腔泄压后，液控单向阀才能关闭，影响其锁紧精度。

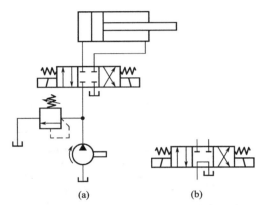

图 7-45 采用换向阀中位机能的锁紧回路

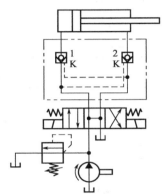

图 7-46 采用液控单向阀的锁紧回路

7.4 多缸动作控制回路

在液压系统中，如果由一个液压源给多个执行元件供油，各执行元件会因回路中压力、流量的相互影响而在动作上受到牵制。可以通过压力、流量、行程控制来实现多执行元件预定动作的要求，这种控制回路就称为多缸动作控制回路。

7.4.1 顺序动作回路

顺序动作回路的功用是使几个执行元件严格按照预定顺序依次动作。按控制方式不同，顺序动作回路分为压力控制和行程控制两种。

(1) 压力控制顺序动作回路

利用液压系统工作过程中运动状态变化引起的压力变化使执行元件按顺序先后动作，这种回路就是压力控制顺序动作回路。

① 顺序阀控制的顺序动作回路　顺序阀控制的顺序动作回路如图 7-47 所示。假设机床工作时液压系统的动作顺序为：a. 夹具夹紧工件；b. 工作台进给；c. 工作台退出；d. 夹具松开工件。其控制回路的工作过程如下：回路工作前，夹紧缸 1 和进给缸 2 均处于起点位置，当换向阀 5 左位接入回路时，夹紧缸 1 的活塞向右运动使夹具夹紧工件，夹紧工件后会使回路压力升高到顺序阀 3 的调定压力，顺序阀 3 开启，此时缸 2 的活塞才能向右运动进行切削加工；加工完毕，通过手动或操纵装置使换向阀 5 右位接入回路，缸 2 活塞先退回到左端点后，引起回路压力升高，使阀 4 开启，缸 1 活塞退回原位将夹具松开，这样完成了一个完整的多缸顺序动作循环，如果要改变动作的先后顺序，就要对两个顺序阀在油路中的安装

位置进行相应调整。

② 压力继电器控制电磁阀的顺序动作回路　如图 7-48 所示是压力继电器控制电磁的顺序动作回路。按启动按钮，电磁铁 1YA 得电，电磁换向阀 3 的左位接入回路，实现动作①，缸 1 活塞前进到右端点后，回路压力升高，压力继电器 5 动作，使电磁铁 3YA 得电，电磁换向阀 4 的左位接入回路，缸 2 活塞向右运动，实现动作②；按返回按钮，电磁铁 1YA、3YA 同时失电，且电磁铁 4YA 得电，使电磁换向阀 3 中位接入回路、电磁换向阀 4 右位接入回路，导致缸 1 锁定在右端点位置、缸 2 活塞向左运动，实现动作③；当缸 2 活塞退回原位后，回路压力升高，压力继电器 6 动作，使 2YA 得电，电磁换向阀 3 右位接入回路，缸 1 活塞后退直至到起点，实现动作④。

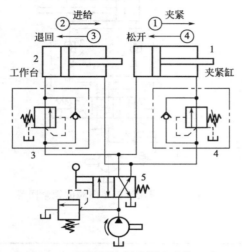
图 7-47　顺序阀控制的顺序动作回路

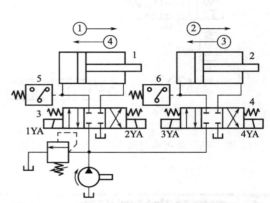
图 7-48　压力继电器控制电磁阀的顺序动作回路

在压力控制的顺序动作回路中，顺序阀或压力继电器的调定压力必须大于前一动作执行元件的最高工作压力的 10%～15%，否则在管路中的压力冲击或波动下会造成误动作，引起事故。这种回路只适用于系统中执行元件数目不多、负载变化不大的场合。

(2) 行程控制顺序动作回路

① 采用行程阀控制的多缸顺序动作回路　如图 7-49 所示是采用行程阀控制的多缸顺序动作回路。图示位置两液压缸活塞均退至左端点。当电磁阀 3 左位接入回路后，缸 1 活塞先向右运动，实现动作①，当活塞杆上的行程挡块压下行程阀 4 后，缸 2 活塞才开始向右运动，实现动作②直至两个缸先后到达右端点；将电磁阀 3 右位接入回路，使缸 1 活塞先向左退回，实现动作③，在运动当中其行程挡块离开行程阀 4 后，行程阀 4 自动复位，其下位接入回路，这时缸 2 活塞才开始向左退回，实现动作④直至两个缸都到达左端点。这种回路动作可靠，但要改变动作顺序较为困难。

② 采用行程开关控制的顺序动作回路　如图 7-50 所示是采用行程开关控制的顺序动作回路。按启动按钮，电磁铁 1YA 得电，缸 1 活塞先向右运动，实现动作①当活塞杆上的行程挡块压下行程开关 4 后，使电磁铁 2YA 得电，缸 2 活塞才向右运动，实现动作②，直到压下缸 5，使电磁铁 1YA 失电，缸 1 活塞向左退回，实现动作③，而后压下行程开关 3，使 2YA 失电，缸 2 活塞再退回，实现动作④。

在这种回路中，调整行程挡块位置，可调整液压缸的行程，通过电控系统可任意改变动作顺序，方便灵活，应用广泛。

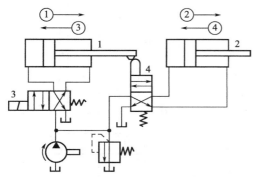

图 7-49 采用行程阀控制的多缸顺序动作回路

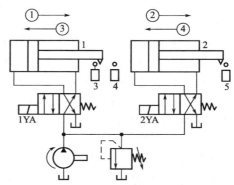

图 7-50 采用行程开关控制的顺序动作回路

7.4.2 同步回路

同步回路的功用是使系统中多个执行元件克服负载、摩擦阻力、泄漏、制造质量和结构变形上的差异,而保证在运动上的同步。

同步运动分为速度同步和位置同步两类。速度同步是指各执行元件的运动速度相等,而位置同步是指各执行元件在运动中或停止时都保持相同的位移量。实现多缸同步动作的方式有多种,它们的控制精度和价格也相差很大,实际中应根据系统的具体要求,进行合理的设计。

(1) 用机械联结的同步回路

这种同步回路是用刚性梁、齿轮、齿条等机械零件在两个液压缸的活塞杆间实现刚性联结以便来实现位移的同步。如图 7-51 所示为用机械联结的同步回路,这种同步方法比较简单经济,能基本上保证位置同步的要求,但由于机械零件在制造和安装上的误差,同步精度不高。同时,两个液压缸的负载差异不宜过大,否则会造成卡死现象。

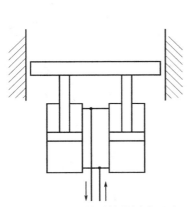

图 7-51 用机械联结的同步回路

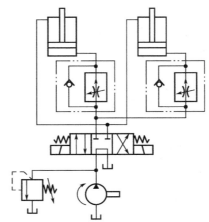

图 7-52 用调速阀的单向同步回路

(2) 用调速阀的单向同步回路

如图 7-52 所示是用调速阀的单向同步回路。在两个并联液压缸的进(回)油路上分别串接一个单向调速阀,仔细调整两个调速阀的开口大小,控制进入两液压缸或自两液压缸流出的流量,可使它们在一个方向上实现速度同步。这种回路结构简单,但调整比较麻烦,而且还受油温、泄漏等的影响,同步精度不高,不宜用于偏载或负载变化频繁的场合。

(3) 带补油装置的串联液压缸同步回路

如图7-53所示为带补偿装置的串联液压缸同步回路。当两缸活塞同时下行时,若缸5活塞先到达行程端点,则挡块压下行程开关7,电磁铁3YA得电,换向阀3左位接入回路,压力油经换向阀3和液控单向阀4进入缸6上腔,进行补油,使其活塞继续下行到达行程端点。如果缸6活塞先到达端点,行程开关8使电磁铁4YA得电,换向阀3右位接入回路,压力油进入液控单向阀4的控制腔,打开液控单向阀4,缸5下腔与油箱接通,使其活塞继续下行到达行程端点,从而消除积累误差。

(4) 用同步马达的同步回路

如图7-54所示是用同步马达的同步回路。用两个同轴等排量双向液压马达3作配油环节,输出相同流量的油液也可实现两缸双向同步,节流阀4用于行程端点消除两缸位置误差。这种回路的同步精度比采用流量控制阀的同步回路高,但专用的配流元件使系统复杂、制作成本高。

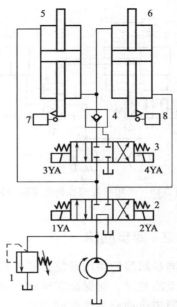

图 7-53　带补偿装置的串联缸同步回路
1—溢流阀;2,3—换向阀;4—液控单向阀;
5,6—液压缸;7,8—行程开关

(5) 用电液比例调速阀控制的同步回路

如图7-55所示为用电液比例调速阀控制的同步回路。回路中使用了一个普通调速阀1和一个比例调速阀2,它们装在由多个单向阀组成的桥式回路中,并分别控制着液压缸3和4的运动。当两个活塞出现位置误差时,检测装置就会发出信号,调节比例调速阀的开度,使液压缸4的活塞跟上液压缸3的活塞的运动而实现同步。

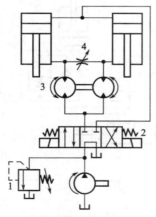

图 7-54　用同步马达的同步回路
1—溢流阀;2—换向阀;3—双向液压马达;4—节流阀

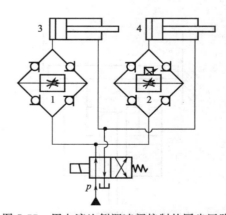

图 7-55　用电液比例调速阀控制的同步回路

这种回路的同步精度较高,位置精度可达0.5mm,已能满足大多数工作部件所要求的同步精度。比例阀性能虽然比不上伺服阀,但费用低,系统对环境适应性强。因此,用它来实现同步控制被认为是一个新的发展方向。

（6）采用伺服阀的同步回路

当液压系统有很高的同步精度要求时，必须采用比例阀或伺服阀的同步回路。如图 7-56 所示，根据两个位移传感器 B、C 的反馈信号，持续不断地调整阀口开度，控制两个液压缸的输入或输出流量，使它们获得双向同步运动。

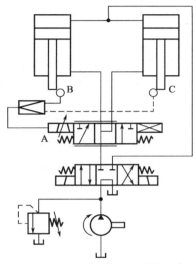

图 7-56　采用伺服阀的同步回路

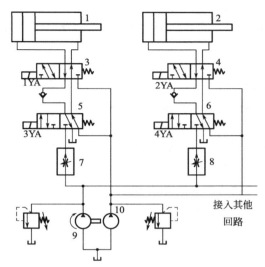

图 7-57　通过双泵供油来实现多缸快慢速互不干扰的回路
1,2—溢流阀；3~6—换向阀；7,8—调速阀；
9—小流量泵；10—大流量泵

7.4.3　多缸动作互不干扰回路

这种回路的功用是使系统中几个执行元件在完成各自工作循环时彼此互不影响。如图 7-57 所示是通过双泵供油来实现多缸快慢速互不干扰的回路。液压缸 1 和 2 各自要完成"快进→工进→快退"的自动工作循环。当电磁铁 1YA、2YA 得电，两缸均由大流量泵 10 供油，并作差动连接实现快进。如果缸 1 先完成快进动作，挡块和行程开关使电磁铁 3YA 得电，电磁铁 1YA 失电，大流量泵 10 进入缸 1 的油路被切断，而改为小流量泵 9 供油，由调速阀 7 获得慢速工进，不受缸 2 快进的影响。当两缸均转为工进、都由小流量泵 9 供油后，若缸 1 先完成工进，挡块和行程开关使电磁铁 1YA、3YA 都得电，缸 1 改由大流量泵 10 供油，使活塞快速返回。这时缸 2 仍由小流量泵 9 供油继续完成工进，不受缸 1 影响。当所有电磁铁都失电时，两缸都停止运动。

此回路采用快慢速运动，由大小泵分别供油，并由相应的电磁阀进行控制的方案来保证两缸快慢速运动互不干扰。

思考题与习题

7-1　液压传动的调速方法有哪些？

7-2　简述回油节流阀调速回路与进油节流阀调速回路的不同点。

7-3　分述串联节流调速回路和并联节流调速回路的特点。

7-4　简述容积调速回路的工作原理及特点？

7-5 什么是开式回路？什么是闭式回路？

7-6 什么叫卸荷回路？液压系统实现卸荷有哪些方法？试画出两种卸荷回路。

7-7 如图 7-1 和图 7-4(b) 所示的节流调速回路中，液压泵的流量 $q_p=1\times10^{-3} \text{m}^3/\text{s}$，溢流阀调定压力 $p_p=2.4\text{MPa}$，液压缸无杆腔的面积 $A_1=0.05\text{m}^2$，外负载 $F=10\text{kN}$，薄壁小孔式节流阀的开口面积为 $A_T=0.08\times10^{-4} \text{m}^2$，流量系数 $C_d=0.62$，油液密度 $\rho=870\text{kg/m}^3$，试求：①活塞的运动速度；②溢流阀的溢流量；③回路的功率损失；④回路的效率。

7-8 如图 7-58 所示为可实现慢进→快退的液压回路。已知液压泵的流量为 $q=25\text{L/min}$；液压缸的两腔面积分别为 $A_1=50\text{cm}^2$，有杆腔面积 $A_2=20\text{cm}^2$，负载为 $F=9000\text{N}$；薄壁小孔型调速阀的前后压差为 $\Delta p=0.4\text{MPa}$，节流通流面积为 $A_T=0.02\text{cm}^2$，流量系数为 $C_d=0.62$；油液密度 $\rho=900\text{kg/m}^3$，背压阀的调压值为 $p_b=0.5\text{MPa}$，不计换向阀和管路的压力损失。试计算液压缸慢速右行时的以下各量：①液压缸回油腔的压力 p_2；②液压缸进油腔的工作压力 p_1；③溢流阀的调整压力 p_y；④进入液压缸的负载流量 q_1；⑤溢流阀的流量 q_y；⑥通过背压阀的流量 q_b；⑦活塞向右运动的速度 v；⑧设泵的容积效率 $\eta_v=0.8$，机械效率 $\eta_m=0.9$，驱动液压泵的电机功率 P 是多少；⑨回路效率 η_c。

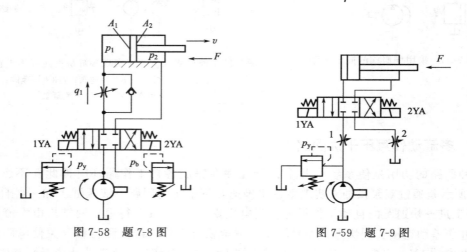

图 7-58 题 7-8 图　　　图 7-59 题 7-9 图

7-9 如图 7-59 所示的回路采用进油路与回油路同时节流调速。采用的节流阀为薄壁小孔型，两节流阀的开口面积相等，$a_1=a_2=0.1\text{cm}^2$，流量系数 $C_d=0.67$，$\rho=850\text{kg/m}^3$ 的液压缸两腔有效面积 $A_1=100\text{cm}^2$，$A_2=50\text{cm}^2$，负载 $F=5000\text{N}$，方向始终向左。溢流阀调定压力 $p_y=2\times10^6\text{Pa}$，泵流量 $q=25\text{L/min}$。试求活塞向右运动的速度是多少？通过溢流阀的溢流量为多少？

7-10 在如图 7-60 所示的回路中，若溢流阀的调整压力分别为 $p_{y1}=6\times10^6\text{Pa}$，$p_{y2}=4.5\times10^6\text{Pa}$。液压泵出口处的负载阻力为无穷大，试问在不计管道损失和调压偏差的情况下，换向阀分别处在上位和下位时，液压泵的工作压力及 B、C 点的压力各为多少？

7-11 由变量泵和定量马达组成的调速回路，变量泵的排量可在 0～50cm³/r 范围内改变，泵转速为 1000r/min，马达排量为 50cm³/r，安全阀调定压力为 10MPa，泵和马达的机械效率都是 0.85，在压力为 10MPa 时，泵和马达泄漏量均是 1L/min，求：①液压马达的最高和最低转速；②液压马达的最大输出转矩；③液压马达最高输出功率；④系统在最高转速下的总效率。

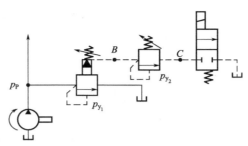

图 7-60 题 7-10 图

7-12 将两个减压阀串联成如图 7-61 所示的系统。取 $p_y = 45 \times 10^5 \text{Pa}$，$p_{j_1} = 35 \times 10^5 \text{Pa}$，$p_{j_2} = 20 \times 10^5 \text{Pa}$，活塞运动时，负载 $F = 1200\text{N}$，活塞面积 $A_1 = 15 \text{ cm}^2$，减压阀全开时的局部损失及管路损失不计。试确定：活塞在运动时和到达终端位置，A、B、C 各点处的压力等于多少？

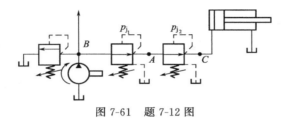

图 7-61 题 7-12 图

7-13 如图 7-62 所示，已知两液压缸的活塞面积相同，液压缸无杆腔面积 $A_1 = 20 \times 10^{-4} \text{ m}^2$，但负载分别为 $F_1 = 8000\text{N}$，$F_2 = 4000\text{N}$，如溢流阀的调整压力 $p_y = 4.5\text{MPa}$，试分析减压阀调压值分别为 1MPa、2MPa、4MPa 时，两液压缸的动作情况。

7-14 如图 7-63 所示的液压系统，液压缸有效工作面积 $A_1 = A_2 = 100\text{cm}^2$，缸 I 负载 $F = 35000\text{N}$，缸 II 运动时负载为零。不计摩擦阻力、惯性力和管路损失。溢流阀、顺序阀和减压阀的调整压力分别为 $p_y = 4\text{MPa}$、$p_x = 3\text{MPa}$、$p_j = 2\text{MPa}$。求下面三种工况下 A、B 和 C 处的压力：①液压泵启动后，两换向阀处于中位；②电磁阀 1YA 通电，缸 I 活塞移动时及活塞运动到终点时；③电磁阀 1YA 断电，电磁阀 2YA 通电，缸 II 活塞运动时及活塞碰到固定挡块时。

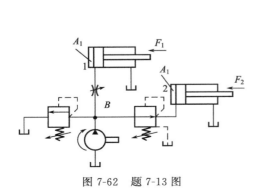

图 7-62 题 7-13 图

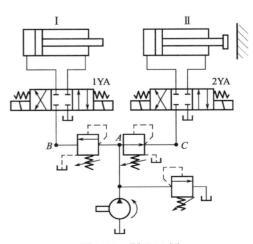

图 7-63 题 7-14 图

7-15 在如图 7-37(a) 所示采用单向顺序阀的平衡回路中，若液压缸无杆腔的面积为 $A_1=80\times10^{-4}\,\mathrm{m}^2$，有杆腔的面积 $A_2=40\times10^{-4}\,\mathrm{m}^2$，活塞与运动部件自重 $G=6000\mathrm{N}$，运动时活塞上的摩擦力为 $F_\mathrm{f}=2000\mathrm{N}$，向下运动时要克服负载阻力为 $F_\mathrm{L}=24000\mathrm{N}$，问顺序阀和溢流阀的最小调整压力应各为多少？

7-16 如图 7-64 所示为实现"快进→工进 1→工进 2→快退→停止"动作的回路，工进 1 速度比工进 2 快，试解答：①这是什么调速回路？该调速回路有何特点？②试比较阀 A 和阀 B 的开口量大小。③列出电磁铁动作的顺序表。④写出三位四通电磁换向阀的中位机能，有何特点？

7-17 要求如图 7-65 所示的系统实现"快进→工进→快退→原位停止且液压泵卸荷"工作循环，试列出电磁铁动作顺序表。

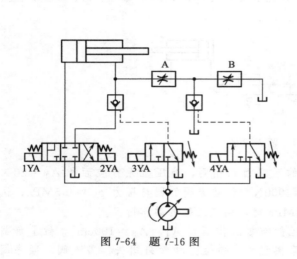

图 7-64 题 7-16 图

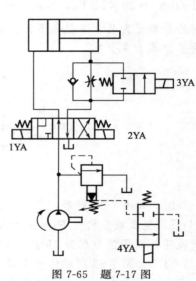

图 7-65 题 7-17 图

第 8 章

典型液压系统分析

液压传动技术应用领域广泛，液压系统种类繁多。由于液压系统所服务的主机的工作循环、动作特点等各不相同，相应的各液压系统的组成、作用和特点也不尽相同。以下通过对几个典型液压系统的分析，进一步熟悉各液压元件在系统中的作用和各种基本回路的组成，并掌握分析液压系统的方法和步骤。

阅读一个较为复杂的液压系统图，大致可按以下步骤进行。

① 了解设备功能对液压系统的动作要求。

② 初步浏览整个系统，了解系统中包含有哪些元件，并以各个执行元件为中心，将系统分解为若干子系统。

③ 对每个子系统进行分析，弄清楚其中含有哪些基本回路，然后根据执行元件的动作要求，参照动作循环图读懂这个子系统。

④ 根据液压系统中各执行元件间互锁、同步、防干涉等要求，分析各子系统之间的联系。

⑤ 在全面读懂系统的基础上，归纳总结整个系统有哪些特点，以加深对系统的理解。

8.1 组合机床动力滑台液压系统

8.1.1 主机功能

组合机床是由通用部件和某些专用部件所组成的高效率、自动化程度较高的专用机床。它能完成钻、镗、铣、刮端面、倒角、攻螺纹等加工及工件的转位、定位、夹紧、输送等动作。动力滑台是组合机床的一种通用部件。

8.1.2 液压系统组成及工作原理

YT4543 型组合机床液压动力滑台可以实现多种不同的工作循环，其中一种比较典型的工作循环是：快进→一工进→二工进→死挡铁停留→快退→停止。完成这一动作循环的动力滑台液压系统的工作原理如图 8-1 所示。

系统中采用限压式变量叶片泵供油，并使液压缸差动连接以实现快速运动。由电液换向阀换向，用行程阀、液控顺序阀实现快进与工进的转换，用二位二通电磁换向阀实现一工进和二工进之间的速度换接。为保证进给的尺寸精度，采用死挡铁停留来限位。实现工作循环

146 | 液压与气动技术

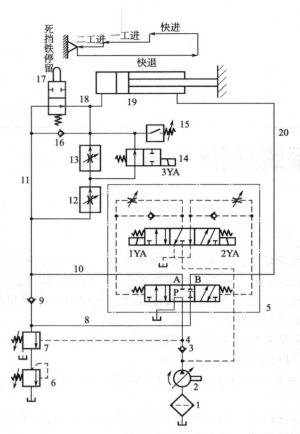

图 8-1 YT4543 型组合机床动力滑台液压的系统原理

1—过滤器；2—变量泵；3,9,16—单向阀；4,8,10,11,18,20—管路；5—电液动换向阀；6—背压阀；7—液控顺序阀；12,13—调速阀；14—电磁换向阀；15—压力继电器；17—行程阀；19—液压缸

的工作原理如下。

（1）快进

按下启动按钮，三位五通电液换向阀 5 的先导电磁换向阀 1YA 得电，使其阀芯右移，左位进入工作状态，这时的主油路如下。

① 进油路　过滤器 1→变量泵 2→单向阀 3→管路 4→电液动换向阀 5 的 P 口到 A 口→管路 10 和 11→行程阀 17→管路 18→液压缸 19 左腔。

② 回油路　液压缸 19 右腔→管路 20→电液动换向阀 5 的 B 口到 T 口→管路 8→单向阀 9→管路 11→行程阀 17→管路 18→液压缸 19 左腔。

这时形成差动连接回路。因为快进时，滑台的载荷较小，同时进油可以经行程阀 17 直通液压缸左腔，系统中压力较低，所以变量泵 2 输出流量大，动力滑台快速前进，实现快进。

（2）一工进

在快进行程结束时，滑台上的挡铁压下行程阀 17，行程阀上位工作，使管路 11 和 18 断开。电磁铁 1YA 继续通电，电液动换向阀 5 左位仍在工作，电磁换向阀 14 的电磁铁处于断电状态。进油路必须经调速阀 12 进入液压缸左腔，与此同时，系统压力升高，将液控顺序阀 7 打开，并关闭单向阀 9，使液压缸实现差动连接的油路切断。回油经液控顺序阀 7 和背压阀 6 回到油箱。这时的主油路如下。

① 进油路　过滤器 1→变量泵 2→单向阀 3→电液动换向阀 5 的 P 口到 A 口→管路 10→

调速阀 12→二位二通电磁换向阀 14→管路 18→液压缸 19 左腔。

② 回油路　液压缸 19 右腔→管路 20→电液动换向阀 5 的 B 口到 T 口→管路 8→液控顺序阀 7→背压阀 6→油箱。

因为工作进给时油压升高，所以变量泵 2 的流量自动减小，动力滑台向前做第一次工作进给，进给量的大小可以用调速阀 12 调节。

(3) 二工进

在第一次工作进给结束时，滑台上的挡铁压下行程开关，使电磁换向阀 14 的电磁铁 3YA 得电，电磁换向阀 14 右位接入工作，切断了该阀所在的油路，经调速阀 12 的油液必须经过调速阀 13 进入液压缸的右腔，其他油路不变。由于调速阀 13 的开口量小于阀 12，进给速度降低，进给量的大小可由调速阀 13 来调节。

(4) 死挡铁停留

当动力滑台第二次工作进给终了碰上死挡铁后，液压缸停止不动，系统的压力进一步升高，达到压力继电器 15 的调定值时，经过时间继电器的延时，再发出电信号，使滑台退回。在时间继电器延时动作前，滑台停留在死挡铁限定的位置上。

(5) 快退

时间继电器发出电信号后，电磁铁 2YA 得电，电磁铁 1YA 失电，电磁铁 3YA 断电，电液换向阀 5 右位工作，这时的主油路如下。

① 进油路　过滤器 1→变量泵 2→单向阀 3→管路 4→电液动换向阀 5 的 P 口到 B 口→管路 20→液压缸 19 的右腔；

② 回油路　液压缸 19 的左腔→管路 18→单向阀 16→管路 11→电液动换向阀 5 的 A 口到 T 口→油箱。

这时系统的压力较低，变量泵 2 输出流量大，动力滑台快速退回。由于活塞杆的面积大约为活塞的一半，所以动力滑台快进、快退的速度大致相等。

(6) 原位停止

当动力滑台退回到原始位置时，挡铁压下行程开关，这时电磁铁 1YA、2YA、3YA 都失电，电液动换向阀 5 处于中位，动力滑台停止运动，变量泵 2 输出油液的压力升高，使泵的流量自动减至最小。

YT4543 型组合机床动力滑台液压系统电磁铁和行程阀的动作表见表 8-1。

表 8-1　YT4543 型组合机床动力滑台液压系统电磁铁和行程阀的动作表

项目	1YA	2YA	3YA	17
快进	+	−	−	−
一工进	+	−	−	+
二工进	+	−	+	+
死挡铁停留	−	−	−	−
快退	−	+	−	−
原位停止	−	−	−	−

注：表中"+"表示电磁铁通电；"−"表示电磁铁断电。

8.1.3　系统特点

通过以上分析可知，为了实现自动工作循环，该液压系统应用了下列一些基本回路。

① 调速回路　采用了由限压式变量泵和调速阀的调速回路，调速阀放在进油路上，回

油经过背压阀。

② 快速运动回路　应用限压式变量泵在低压时输出的流量大的特点,并采用差动连接来实现快速前进。

③ 换向回路　应用电液动换向阀实现换向,工作平稳、可靠,并由压力继电器与时间继电器发出的电信号控制换向信号。

④ 快速运动与工作进给的速度换接回路　采用行程换向阀实现速度的换接,换接的性能较好。同时利用换向后,系统中的压力升高使液控顺序阀接通,系统由快速运动的差动连接转换为使回油排回油箱。

⑤ 两种工作进给的速度换接回路　采用了两个调速阀串联的回路结构。

8.2　压力机液压系统

8.2.1　主机功能及结构类型

压力机是锻压、冲压、冷挤、校直、弯曲、粉末冶金、成形、打包等加工工艺中广泛应用的压力加工机械设备。液压压力机（简称液压机）是压力机的一种类型,它通过液压系统产生很大的静压力实现对工件进行挤压、校直、冷弯等加工。液压机的结构类型有单柱式、三柱式、四柱式等型式,其中以四柱式液压机最为典型,它主要由横梁、导柱、工作台、上滑块和下滑块顶出机构等部件组成。

液压机的主要运动是上滑块机构和下滑块顶出机构的运动,上滑块机构由主液压缸（上缸）驱动,顶出机构由辅助液压缸（下缸）驱动。液压机的上滑块机构通过四个导柱导向、主缸驱动,实现上滑块机构"快速下行→慢速加压→保压延时→快速回程→原位停止"的动作循环。下缸布置在工作台中间孔内,驱动下滑块顶出机构实现"向上顶出→向下退回"或"浮动压边下行→停止→顶出"的两种动作循环。液压机液压系统以压力控制为主,系统具有高压、大流量、大功率的特点。

8.2.2　液压机液压系统工作原理

如图 8-2 所示为 3150kN 通用液压机液压系统原理图,该系统采用"主、辅泵"供油方式,主泵 1 是一个高压、大流量、恒功率控制的压力反馈变量柱塞泵,远程调压阀 5 控制高压溢流阀 4 限定系统的最高工作压力,其最高压力可达 32MPa。辅助泵 2 是一个低压小流量定量泵（与主泵为单轴双联结构）,其作用是为电液动换向阀、液动换向阀和液控单向阀的正确动作提供控制油源,辅助泵 2 的压力由低压溢流阀 3 调定。液压机工作的特点是上缸竖直放置,当上滑块组件没有接触到工件时,系统为空载高速运动,当上滑块组件接触到工件后,系统压力急剧升高,且上缸的运动速度迅速降低,直至为零,进行保压。

(1) 启动

按下启动按钮,主泵 1 和辅助泵 2 同时启动,此时系统中所有电磁铁均处于失电状态,主泵 1 输出的油经电液动换向阀 6 中位及阀 21 中位流回油箱（处于卸荷状态）,辅助泵 2 输出的油液经低压溢流阀 3 流回油箱,系统实现空载启动。

(2) 上液压缸快速下行

按下上缸快速下行按钮,电磁铁 1YA、5YA 得电,电液动换向阀 6 换右位接入系统,控制油液经电磁换向阀 8 右位使液控单向阀 9 打开,上缸带动上滑块实现空载快速运动。此时系统的油液流动情况如下。

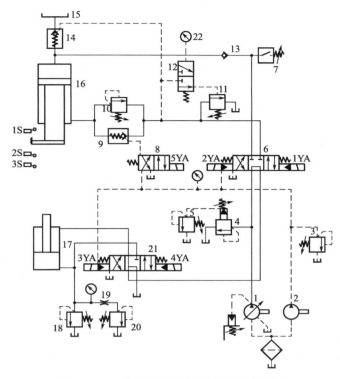

图 8-2　3150kN 通用液压机液压系统原理图

1—主泵（单向变量泵）；2—辅助泵（单向定量泵）；3,4,18—溢流阀；5—远程调压阀；6,21—电液动换向阀；7—压力继电器；8—电磁换向阀；9—液控单向阀；10,20—背压阀；11—顺序阀；12—液控滑阀；13—单向阀；14—充液阀；15—油箱；16—上缸；17—下缸；19—节流器；22—压力表

① 进油路　主泵 1→换向阀 6 右位→单向阀 13→上缸 16 上腔。

② 回油路　上缸 16 下腔→液控单向阀 9→换向阀 6 右位→换向阀 21 中位→油箱。

由于上缸竖直安放，且滑块组件的重量较大，上缸在上滑块组件自重作用下快速下降，此时主泵 1 虽处于最大流量状态，但仍不能满足上缸快速下降的流量需要，因而在上缸上腔会形成负压，上部油箱 15 的油液在一定的外部压力作用下，经液控单向阀（充液阀 14）进入上缸上腔，实现对上缸上腔的补油。

（3）上缸慢速接近工件并加压

当上滑块组件降至一定位置时（事先调好），压下行程开关 2S 后，电磁铁 5YA 失电，阀 8 左位接入系统，使液控单向阀 9 关闭，上缸下腔油液经背压阀 10、阀 6 右位、阀 21 中位回油箱。这时，上缸上腔压力升高，充液阀 14 关闭。上缸滑块组件在主泵 1 供油的压力油作用下慢速接近要压制成型的工件。当上缸滑块组件接触工件后，由于负载急剧增加，使上腔压力进一步升高，压力反馈恒功率柱塞单向变量泵 1 的输出流量将自动减小。此时系统的油液流动情况如下。

① 进油路　主泵 1→换向阀 6 右位→单向阀 13→上缸 16 上腔。

② 回油路　上缸 16 下腔→背压阀 10→换向阀 6 右位→换向阀 21 中位→油箱。

（4）保压

当上缸上腔压力达到预定值时，压力继电器 7 发出信号，使电磁铁 1YA 失电，阀 6 回中位，上缸的上、下腔封闭，由于阀 14 和 13 具有良好的密封性能，使上缸上腔实现保压，其保压时间由压力继电器 7 控制的时间继电器调整实现。在上腔保压期间，主泵 1 经由阀 6 和 21 的中位后卸荷。

(5) 上缸上腔泄压、回程

当保压过程结束后，时间继电器发出信号，电磁铁 2YA 得电，阀 6 左位接入系统。由于上缸上腔压力很高，液控滑阀 12 上位接入系统，压力油经阀 6 左位、阀 12 上位使外控顺序阀 11 开启，此时泵 1 输出油液经顺序阀 11 流回油箱。主泵 1 在低压下工作，由于充液阀 14 的阀芯为复合式结构，具有先卸荷再开启的功能，所以阀 14 在主泵 1 较低压力作用下，只能打开其阀芯上的卸荷针阀，使上缸上腔的很小一部分油液经充液阀 14 流回油箱 15，上腔压力逐渐降低，当该压力降到一定值后，阀 12 下位接入系统，外控顺序阀 11 关闭，主泵 1 供油压力升高，使阀 14 完全打开，此时系统的液体流动情况如下。

① 进油路　主泵 1→阀 6 左位→阀 9→上缸下腔。

② 回油路　上缸上腔→阀 14→上部油箱 15。

(6) 上缸原位停止

当上缸滑块组件上升至行程挡块压下行程开关 1S，使电磁铁 2YA 失电，阀 6 中位接入系统，液控单向阀 9 将主缸下腔封闭，上缸在起点原位停止不动。主泵 1 输出油液经阀 6、21 中位回油箱，主泵 1 卸荷。

(7) 下液压缸顶出及退回

当电磁铁 3YA 得电，换向阀 21 左位接入系统。此时的液体流动情况为：

① 进油路　主泵 1→换向阀 6 中位→换向阀 21 左位→下缸 17 下腔。

② 回油路　下缸 17 上腔→换向阀 21 左位→油箱。

下缸 17 活塞上升，顶出压好的工件。当电磁铁 3YA 失电、4YA 得电时，换向阀 21 右位接入系统，下缸活塞下行，使下滑块组件退回到原位。

(8) 浮动压边

有些模具工作时需要对工件进行压紧拉伸，当在压力机上用模具作薄板拉伸压边时，要求下滑块组件上升到一定位置实现上下模具的合模，使合模后的模具既保持一定的压力将工件夹紧，又能使模具随上滑块组件的下压而下降（浮动压边）。这时，换向阀 21 处于中位，由于上缸的压紧力远远大于下缸往上的上顶力，上缸滑块组件下压时下缸活塞被迫随之下行，下缸下腔油液经节流器 19 和背压阀 20 流回油箱，使下缸下腔保持所需的向上的压边压力。调节背压阀 20 的开启压力大小即可起到改变浮动压边力大小的作用。下缸上腔则经阀 21 中位从油箱补油。溢流阀 18 为下缸下腔安全阀，只有在下缸下腔压力过载时才起作用。

8.2.3　液压系统性能分析

由上可知，该液压系统主要由压力控制回路、换向回路、快慢速转换回路和平衡锁紧回路等组成。其主要性能特点如下。

① 系统采用高压大流量恒功率（压力补偿）柱塞变量泵供油，通过电液动换向阀 6、21 的中位机能使主泵 1 空载启动，在主、辅液压缸原位停止时主泵 1 卸荷，利用系统工作过程中工作压力的变化来自动调节主泵 1 的输出流量与上缸的运动状态相适应，这样既符合液压机的工艺要求，又节省能量。

② 系统利用上滑块组件的自重实现主液压缸（上缸）快速下行，并用充液阀 14 补油，使快速运动回路结构简单，补油充分，且使用的元件少。

③ 系统采用带缓冲装置的充液阀 14、液控滑阀 12 和外控顺序阀 11 组成的泄压回路，结构简单，减小了上缸由保压转换为快速回程时的液压冲击。

④ 系统采用单向阀 13、充液 14 保压，并使系统卸荷的保压回路在上缸上腔实现保压的同时实现系统卸荷，因此系统节能效率高。

⑤ 系统采用液控单向阀 9 和内控顺序阀 11 组成的平衡锁紧回路，使上缸组件在任何位置都能停止，且能够长时间保持在锁定的位置上。

8.3 汽车起重机液压系统

8.3.1 主机功能

汽车起重机是将起重机安装在汽车底盘上的一种起重运输设备。如图 8-3 所示，它主要由起升、回转、变幅、伸缩和支腿等工作机构组成，这些动作的完成由液压系统来实现。对于汽车起重机的液压系统，一般要求输出力大、动作平稳、耐冲击、操作要灵活、方便、可靠、安全。

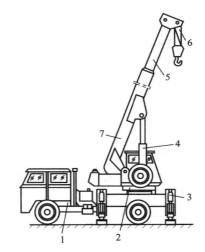

图 8-3 汽车起重机外形简图

1—载重汽车；2—回转机构；3—支腿；4—吊臂变幅缸；5—吊臂伸缩缸；6—起升机构；7—基本臂

8.3.2 液压系统工作原理

图 8-4 是汽车起重机液压系统原理图，其工作原理如下。

（1）支腿回路

汽车轮胎的承载能力是有限的，在起吊重物时，必须由支腿液压缸来承受负载，而使轮胎架空，这样也可以防止起吊时整机的前倾或颠覆。支腿动作的顺序是：缸 9 锁紧后桥板簧，同时缸 8 放下后支腿到所需位置，再由缸 10 放下前支腿。作业结束后，先收前支腿，再收后支腿。当手动换向阀 6 右位接入工作时，后支腿放下，其油路如下。

泵 1→过滤器 2→阀 3 左位→阀 5 中位→阀 6 右位→锁紧缸下腔锁紧板簧→液压锁 7→缸 8 下腔。

回油路如下。

缸 8 上腔→双向液压锁 7→阀 6 右位→油箱。

缸 9 上腔→阀 6 右位→油箱。

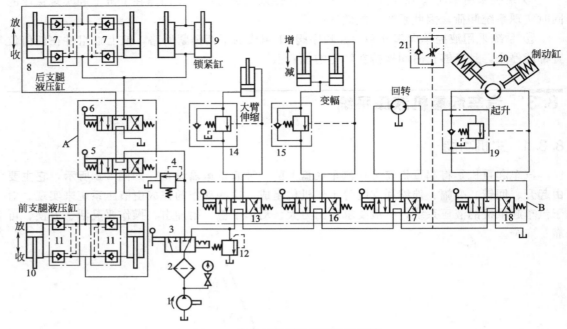

图 8-4 汽车起重机液压系统原理图

1—液压泵；2—过滤器；3—二位三通手动换向阀；4,12—溢流阀；5,6,13,16～18—三位四通手动换向阀；7,11—液压锁；8—后支腿缸；9—锁紧缸；10—前支腿缸；14,15,19—平衡阀；20—制动缸；21—单向节流阀

回路中的双向液压锁 7 和 11 的作用是防止液压支腿在支撑过程中因泄漏出现"软腿现象"，或行走过程中支腿自行下落，或因管道破裂而发生倾斜事故。

(2) 起升回路

起升机构要求所吊重物可升降或在空中停留，速度要平稳、变速要方便、冲击要小、启动转矩和制动力要大，本回路中采用 ZMD40 型柱塞液压马达带动重物升降，变速和换向是通过改变手动换向阀 18 的开口大小来实现的，用液控平衡阀 19 来限制重物超速下降。单作用液压缸是制动缸 20，单向节流阀 21 一是保证液压油先进入马达，使马达产生一定的转矩，再解除制动，以防止重物带动马达旋转而向下滑；二是保证吊物升降停止时，制动缸中的油马上与油箱相通，使马达迅速制动。

起升重物时，手动阀 18 切换至左位工作，泵 1 输出的油液经过滤器 2、阀 3 右位、阀 13、16、17 中位、阀 18 左位、阀 19 中的单向阀进入马达左腔；同时压力油经单向节流阀到制动缸 20，从而解除制动，使马达旋转。

重物下降时，手动换向阀 18 切换至右位工作，液压马达反转，回油经阀 19 的液控顺序阀，阀 18 右位回油箱。

当停止作业时，阀 18 处于中位，泵卸荷。制动缸 20 上的制动瓦在弹簧作用下使液压马达制动。

(3) 大臂伸缩回路

本机大臂伸缩采用单级长液压缸驱动。工作中，改变阀 13 的开口大小和方向，即可调节大臂运动速度和使大臂伸缩。行走时，应将大臂缩回。大臂缩回时，因液压力与负载力方向一致，为防止吊臂在重力作用下自行收缩，在收缩缸的下腔回油腔安置了平衡阀 14，提高了收缩运动的可靠性。

(4) 变幅回路

大臂变幅机构是用于改变作业高度，要求能带载变幅，动作要平稳。本机采用两个液压缸并联，提高了变幅机构承载能力。其要求以及油路与大臂伸缩油路相同。

(5) 回转油路

回转机构要求大臂能在任意方位起吊。本机采用 ZMD40 柱塞液压马达，回转速度为 $1\sim3r/min$。由于惯性小，一般不设缓冲装置，操作换向阀 17，可使马达正、反转或停止。

8.3.3 液压系统的特点

汽车起重机液压系统的特点如下。

① 因重物在下降时以及大臂收缩和变幅时，负载与液压力方向相同，执行元件会失控，为此，在其回油路上必须设置平衡阀。

② 因工况作业的随机性较大且动作频繁，所以大多采用手动弹簧复位的多路换向阀来控制各动作。换向阀常用 M 型中位机能。当换向阀处于中位时，各执行元件的进油路均被切断，液压泵出口通油箱使泵卸荷，减少了功率损失。

8.4 塑料注射成型机液压系统

8.4.1 主机功能结构

塑料注射成型机简称注塑机，它将颗粒状的塑料加热熔化到流动状，用注射装置快速、高压注入模腔，保压一定时间，冷却后成型为塑料制品。

注塑机的工作循环为：合模→注射→保压→预塑（冷却定型）→开模→顶出制品→顶出缸后退→合模。以上动作分别由合模缸、预塑液压马达、注射缸和顶出缸完成，另外注射座通过液压缸可前后移动。

注塑机液压系统要求有足够的合模力，可调节的合模、开模速度，可调节的注射压力和注射速度，可调节的保压压力，系统还应设有安全联锁装置。

8.4.2 注塑机液压系统工作原理

SZ-250A 型注塑机属中小型注塑机，每次最大注射容量为 $250cm^3$。如图 8-5 所示为其液压系统原理图。各执行元件的动作循环主要依靠行程开关切换电磁换向阀来实现。

(1) 关安全门

为保证操作安全，注塑机都装有安全门。关安全门，阀 6 恢复常位，合模缸才能动作，系统开始整个动作循环。

(2) 合模

动模板慢速启动、快速前移，当接近定模板时，液压系统转为低压、慢速控制。在确认模具内没有异物存在时，系统转为高压，使模具闭合。这里采用了液压-机械式合模机构，合模缸通过对称五连杆结构推动模板进行开模和合模，连杆机构具有增力和自锁作用。

① 慢速合模（2YA、3YA 通电）　大流量泵 1 通过电磁溢流阀 3 卸载，小流量泵 2 的压力由阀 4 调定，泵 2 的压力油经电液换向阀 5 右位进入合模缸左腔，推动活塞以带动连杆慢速合模，合模缸右腔油液经阀 5 和冷却器回油箱。

② 快速合模（1YA、2YA、3YA 通电）　慢速合模转快速合模时，由行程开关发令使 1YA 得电，泵 1 不再卸载，其压力油经单向阀 22 与泵 2 的供油汇合，同时向合模缸供油，

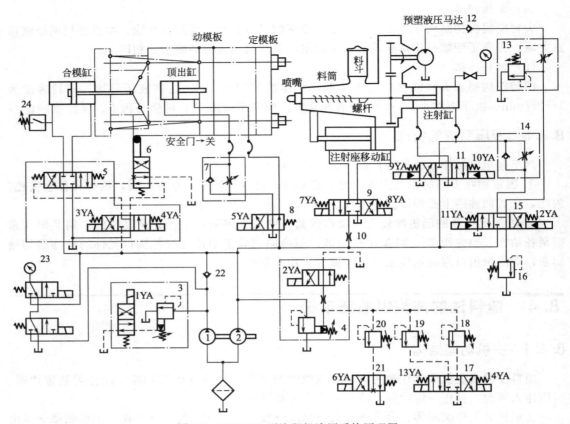

图 8-5　SZ-250A 型注塑机液压系统原理图

1,2—单向定量液压泵；3,4—先导式溢流阀；5—三位四通液动换向阀；6—二位四通机动换向阀；7,14—单向节流阀；8,21—二位四通电磁换向阀；9,17—三位四通电磁换向阀；10—节流孔；11,15—三位四通电液动换向阀；12,22—单向阀；13—旁通型调速阀；16—溢流阀（背压阀）；18~20—溢流阀（远程调压阀）；23—压力表；24—压力继电器

实现快速合模，最高压力由阀 3 限定。

③ 低压合模（2YA、3YA、13YA 通电）　泵 1 卸载，泵 2 的压力由远程调压阀 18 控制。因阀 18 所调压力较低，合模缸推力较小，故即使两个模板间有硬质异物，也不致损坏模具表面。

④ 高压合模（2YA、3YA 通电）　泵 1 卸载，泵 2 供油，系统压力由高压溢流阀 4 控制，高压合模，并使连杆产生弹性变形，牢固地锁紧模具。

(3) 注射座前移（2YA、8YA 通电）

在注塑机上安装、调试好模具后，注射喷枪要顶住模具注射口，故注射座要前移。泵 2 的压力油经电磁换向阀 9 右位进入注射座移动缸右腔，注射座前移使喷嘴与模具接触，注射座移动缸左腔油液经阀 9 回油箱。

(4) 注射

注射是指注射螺杆以一定的压力和速度将料筒前端的熔料经喷嘴注入模腔，分慢速注射和快速注射两种。

① 慢速注射（2YA、8YA、11YA、6YA 通电）　泵 2 的压力油经电液换向阀 15 左位和单向节流阀 14 进入注射缸右腔，左腔油液经电液动换向阀 11 中位回油箱，注射缸活塞带动注射螺杆慢速注射，注射速度由单向节流阀 14 调节，远程调压阀 20 起定压作用。

② 快速注射（1YA、2YA、8YA、6YA、10YA、11YA 通电）　泵 1 和泵 2 的压力油经电液动换向阀 11 右位进入注射缸右腔，左腔油液经阀 11 回油箱。由于两个泵同时供油，且不经过单向节流阀 14，因此注射速度加快。此时，远程调压阀 20 起安全作用。

(5) 保压（2YA、8YA、11YA、14YA 通电）

由于注射缸对模腔内的熔料实行保压并补塑，因此只需少量油液，所以泵 1 卸载，泵 2 单独供油，多余的油液经溢流阀 4 回油箱，保压压力由远程调压阀 19 调节。

(6) 预塑（1YA、2YA、8YA、12YA 通电）

保压完毕（时间控制），从料斗加入的熔料随着螺杆的转动被带至料筒前端，进行加热塑化，并建立一定压力。当螺杆头部熔料压力到达能克服注射缸活塞退回的阻力时，螺杆开始后退。后退到预定位置，即螺杆头部熔料达到所需注射量时，螺杆停止转动和后退，准备下一次注射。与此同时，在模腔内的制品冷却成型。

螺杆转动由预塑液压马达通过齿轮机构驱动。泵 1 和泵 2 的压力油经电液动换向阀 15 右位、旁通型调速阀 13 和单向阀 12 进入马达，马达的转速由旁通型调速阀 13 控制，溢流阀 4 为安全阀。当螺杆头部熔料压力迫使注射缸后退时，注射缸右腔油液经单向节流阀 14、电液动换向阀 15 右位和背压阀 16 回油箱，其背压力由阀 16 控制。同时，注射缸左腔产生局部真空，油箱的油液在大气压作用下经阀 11 中位进入其内。

(7) 防流涎（2YA、8YA、9YA 通电）

当采用直通开敞式喷嘴时，预塑加料结束，要使螺杆后退一小段距离以减小料筒前端压力，防止喷嘴端部熔料流出。泵 1 卸载，泵 2 压力油一方面经阀 9 右位进入注射座移动缸右腔，使喷嘴与模具保持接触；另一方面经阀 11 左位进入注射缸左腔，使螺杆强制后退。注射座移动缸左腔和注射缸右腔油液分别经阀 9 和阀 11 回油箱。

(8) 注射座后退（2YA、8YA 通电）

在安装调试模具或模具注塑口堵塞需清理时，注射座要离开注塑机的定模座并后退。泵 1 卸载，泵 2 压力油经阀 9 左位使注射座后退。

(9) 开模

开模速度一般为慢→快→慢，由行程控制。

① 慢速开模（2YA、4YA 通电）　泵 1（或泵 2）卸载，泵 2（或泵 1）压力油经液换向阀 5 左位进入合模缸右腔，左腔油液经阀 5 回油箱。

② 快速开模（1YA、2YA、4YA 通电）　泵 1 和泵 2 合流向合模缸右腔供油，开模速度加快。

③ 慢速开模（2YA、4YA 通电）　泵 1（或泵 2）卸载，泵 2（或泵 1）压力油经电液换向阀 5 左位进入合模缸右腔，左腔油液经阀 5 回油箱。

(10) 顶出

① 顶出缸前进（2YA、5YA 通电）　泵 1 卸载，泵 2 压力油经电磁换向阀 8 左位、单向节流。阀 7 进入顶出缸左腔，推动顶出杆顶出制品，其运动速度由单向节流阀 7 调节，溢流阀 4 为定压阀。

② 顶出缸后退（2YA 通电）　泵 2 的压力油经阀 8 常位使顶出缸后退。

8.4.3　液压系统特点

① 为保证足够的合模力，防止高压注射时模具开缝产生塑料溢边，该注塑机采用了液压-机械增力合模机构。

② 根据塑料注射成型工艺，模具的启闭过程和塑料注射的各阶段速度不一样，而且快

慢速之比可达 50~100，为此，该注塑机采用了双泵供油系统，快速时双泵合流，慢速时泵 2（流量为 48L/min）供油，泵 1（流量为 194L/min）卸载，系统功率利用比较合理。

③ 系统所需多级压力，由多个并联的远程调压阀控制。

④ 注塑机的多执行元件的循环动作主要依靠行程开关按事先编程的顺序完成。这种方式灵活、方便。

8.5 多轴钻床液压系统

8.5.1 液压系统工作原理

如图 8-6 所示为多轴钻床液压传动系统原理图，三个液压缸的动作顺序为：夹紧液压缸下降→分度液压缸前进→分度液压缸后退→进给液压缸快速下降→进给液压缸慢速钻削→进给液压缸上升→夹紧液压缸上升→停止，如此就完成了一个工作循环。

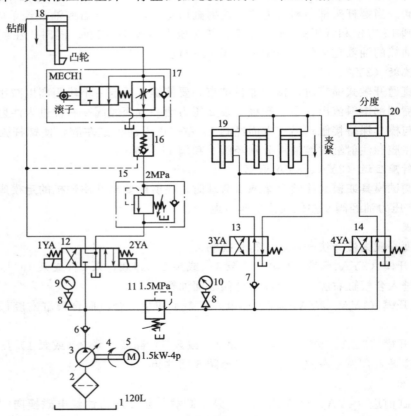

图 8-6 多轴钻床液压传动系统原理图

1—油箱；2—过滤器；3—变量叶片泵；4—联轴器；5—电动机；6,7—单向阀；8—截止阀；9,10—压力计；11—减压阀；12~14—电磁阀；15—平衡阀；16—液控单向阀；17—行程调速阀；18~20—液压缸

(1) 夹紧液压缸下降

按下启动按钮，3YA 通电，此时油路的进油路线为：泵 3→单向阀 6→减压阀 11→电磁阀 13 左位→夹紧液压缸上腔（无杆腔）。回油路线为：夹紧液压缸下腔→电磁阀 13 左位→油箱。进回油路无任何节流设施，且夹紧液压缸下降所需工作压力低，故泵以大流量送入夹

紧液压缸，夹紧液压缸快速下降。夹紧液压缸夹住工件时，其夹紧力由减压阀 11 来调定。

(2) 分度液压缸前进

夹紧液压缸将工件夹紧时并触发一个微动开关使 4YA 通电，进油路线为：泵 3→单向阀 6→减压阀 11→电磁阀 14 左位→分度液压缸右腔。回油路线为：分度液压缸左腔→电磁阀 14 左位→油箱。因无任何节流设施，且分度液压缸前进时所需工作压力低，故泵以大流量送入液压缸，分度液压缸快速前进。

(3) 分度液压缸后退

分度液压缸前进碰到微动开关使 4YA 断电，分度液压缸快速后退，进油路线为：泵 3→单向阀 6→减压阀 11→电磁阀 14 右位→分度液压缸左腔。回油路线为：分度液压缸右腔→电磁阀 14 右位→油箱。

(4) 钻头进给液压缸快速下降

分度液压缸后退碰到微动开关使 2YA 通电，进油路线为：泵 3→单向阀 6→电磁阀 12 右位→进给液压缸上腔。回油路线为：进给液压缸下腔→行程调速阀 17（行程阀右位）→液控单向阀 16→平衡阀 15→电磁阀 12 右位→油箱。在凸轮板未压到滚子时，回油没被节流，且尚未钻削，故泵工作压力 $p=2\mathrm{MPa}$，泵流量 $Q=17\mathrm{L/min}$，进给缸快速下降。

(5) 进给液压缸慢速下降（钻削进给）

当凸轮板压到滚子时，回油只能由调速阀流出，回油被节流，进给液压缸慢速钻削。进油路线与钻头进给液压缸快速下降时相同。回油路线为：进给液压缸下腔→调速阀 17→液控单向阀 16→平衡阀 15→电磁阀 12 右位→油箱。因液压缸出口液压油被节流，且钻削阻力增大，故泵工作压力增大（$p=4.8\mathrm{MPa}$），泵流量下降（$Q=1.5\mathrm{L/min}$），所以进给液压缸慢速下降。

(6) 进给液压缸上升

当钻削完成，进给液压缸碰到微动开关，使 1YA 通电时，进油路线为：泵 3→单向阀 6→电磁阀 12 左位→平衡阀 15（走单向阀）→液控单向阀 16→行程调速阀 17（走单向阀）→进给液压缸下腔。回油路线为：进油液压缸上腔→电磁阀 12 左位→油箱。进给液压缸后退时，因进油、回油路均没被节流，泵工作压力低，泵以大流量送入液压缸，故进给液压缸快速上升。

(7) 夹紧液压缸上升

进给液压缸上升碰到微动开关，使 3YA 断电时，进油路线为：泵 3→单向阀 6→减压阀 11→单向阀 7→电磁阀 13 右位→夹紧液压缸下腔。回油路线为：夹紧液压缸上腔→电磁阀 13 右位→油箱。因进、回油路均没有节流设施，且上升时所需工作压力低，泵以大流量送入液压缸，故夹紧液压缸快速上升。

8.5.2 系统组成及特点

如以液压缸为中心，可将液压系统分成三个子系统：钻头进给液压缸子系统，此子系统由液压缸 18、行程调速阀 17、液控单向阀 16、平衡阀 15 及电磁阀 12 所组成，包含速度换接（二级速度）回路、锁紧回路、平衡回路及换向回路等基本回路；夹紧液压缸子系统，由液压缸 19 及电磁阀 18 组成；分度液压缸子系统，由分度缸 20 及电磁阀 14 所组成。夹紧液压缸子系统和分度液压缸子系统均只有一个基本回路——换向回路。

多轴钻床液压系统有以下几个特点。

① 钻头进给液压缸的速度换接，由行程调速阀 17 完成，故速度的变换稳定，不易产生冲击，控制位置准确，可使钻头尽量接近工件。

② 液控单向阀 16 可使进给液压缸上升到尽头时产生锁定作用，防止进给液压缸由于自

重而产生不必要的下降现象。平衡阀 15 所建立的回油背压也可防止液压缸下降现象的产生。

③ 减压阀 11 可设定夹紧液压缸和分度液压缸的最大工作压力。

④ 单向阀 7 可防止分度液压缸前进或进给液压缸下降时，由于夹紧液压缸上腔的压力油流失而使夹紧压力下降。

⑤ 该液压系统采用变量泵（压力补偿型）作为动力源，可节省能源。此系统也可用定量式泵作为动力源，但在慢速钻削阶段，轴向力大，且大部分压力油经溢流阀流回油箱，能量损失大，易造成油温上升。

8.6 机械手液压系统

8.6.1 概述

机械手液压传动系统是一种多缸多动作的典型液压系统。机械手是模仿人的手部动作，按给定程序、轨迹等要求实现自动抓取、搬运和操作的机械装置，它属于典型的机电一体化产品。在高温、高压、危险、易燃、易爆、放射性等恶劣环境，以及笨重、单调、频繁的操作中，它代替了人的工作，具有十分重要的意义。

8.6.2 液压系统工作原理

如图 8-7 所示为机械手液压系统原理图。该系统由单向定量泵 2 供油，溢流阀 6 调节系

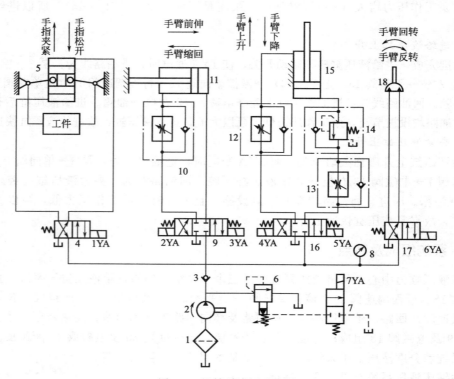

图 8-7 机械手液压系统图

1—过滤器；2—单向定量泵；3—单向阀；4,17—二位四通电磁换向阀；5—无杆活塞缸；6—先导式溢流阀；7—二位二通电磁换向阀；8—压力表；9,16—三位四通电磁换向阀；10,12,13—单向调速阀；
11,15—液压缸；14—单向顺序阀；18—叶片马达

统压力，压力值可通过压力表 8 观察。由行程开关发信号给相应的电磁换向阀，控制机械手动作。

液压机械手典型工作循环为：手臂上升→手臂前伸→手指夹紧（抓料）→手臂回转→手臂下降→手指松开（卸料）→手臂缩回→手臂反转（复位）→原位停止。

机械手各部分动作具体分析如下。

① 手臂上升　三位四通电磁换向阀 16 控制手臂的升降运动，5YA（+）→16（右位）。进油路：1→2→3→16（右位）→13→14→缸 15（下腔）。回油路：缸 15（上腔）→12→16（右位）→油箱。缸 15 活塞上升，速度由单向调速阀 12 调节，运动较平稳。

② 手臂前伸　三位四通电磁换向阀 9 控制手臂的伸缩动作，3YA（+）→9（右位）。进油路：1→2→3→9（右位）→11（右腔）。回油路：11（左腔）→10→9（右位）→油箱，11 缸筒右移。

③ 手指夹紧　1YA（-）→4（左位）→5 活塞上移。进油路：1→2→3→4（左位）→5（下腔）。回油路：5（上腔）→4（左位）→油箱。

④ 手臂回转　6YA（+）→17（右位）→18 叶片马达逆时针方向转动。进油路：1→2→3→17（右位）→18（右位）。回油路：18（左位）→17（右位）→油箱。

⑤ 手臂下降　4YA（+）→16（左位）→15 活塞下移。进油路：1→2→3→16（左位）→12→15（上腔）。回油路：15（下腔）→14→13→16（左位）→油箱。

⑥ 手指松开　1YA（+）→4（右位）→5 活塞下移。进油路：1→2→3→4（右位）→5（上腔）。回油路：5（下腔）→4（右位）→油箱。

⑦ 手臂缩回　2YA（+）→9（左位）→11 缸左移。

⑧ 手臂反转　6YA（-）→17（左位）→18 叶片马达顺时针方向转动。

⑨ 原位停止　7YA（+）→2 泵卸荷。

在工作循环中，各电磁阀电磁铁动作顺序如表 8-2 所示。

表 8-2　各电磁阀电磁铁动作顺序

动作顺序	1YA	2YA	3YA	4YA	5YA	6YA	7YA
手臂上升	-	-	-	-	+	-	-
手臂前伸	+	-	+	-	-	-	-
手指夹紧	-	-	-	-	-	-	-
手臂回转	-	-	-	-	-	+	-
手臂下降	-	-	-	+	-	+	-
手指松开	+	-	-	-	-	-	-
手臂缩回	-	+	-	-	-	+	-
手臂反转	-	-	-	-	-	-	-
原位停止	-	-	-	-	-	-	+

8.6.3　系统特点

① 采用电磁换向阀换向，方便、灵活。

② 回油路节流调速，运动平稳性好。

③ 采用了单向顺序阀的平衡回路，防止手臂自行下滑或超速。

④ 失电夹紧，安全可靠。
⑤ 设置了卸荷回路，节省功率，能量利用合理。

思考题与习题

8-1　试分析如图 8-1 所示的 YT4543 型动力滑台液压系统由哪些基本回路组成？液压缸快进时如何实现差动连接？单向阀 3、9 和 16 在系统中起什么作用？顺序阀 7 和溢流阀 6 起什么作用？

8-2　试以表格的形式列出如图 8-2 所示的 3150kN 通用液压机液压系统的工作循环及电磁铁动作表。

8-3　在如图 8-4 所示的汽车起重机液压系统中，为什么采用弹簧复位式手动换向阀控制各执行元件动作？换向阀采用 M 型中位机有什么好处？

8-4　试说明如图 8-8 所示的液压系统是如何实现"快速进给→加压、开泵保压→快速退回"三个动作的？分析单向阀 1 和 2 的功能。

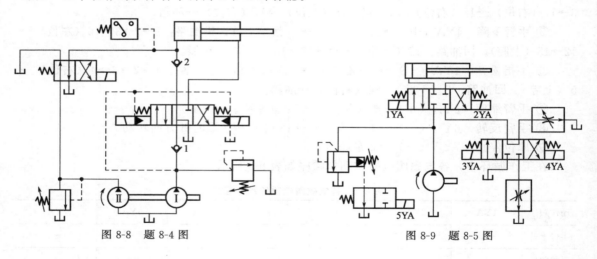

图 8-8　题 8-4 图　　　　　　　　图 8-9　题 8-5 图

8-5　试分析如图 8-9 所示液压系统的工作原理，欲实现"快进→工进Ⅰ→工进Ⅱ→快退→停止并卸荷"的动作循环，且工进Ⅰ速度比工进Ⅱ快，请列出电磁铁动作顺序表。

8-6　分析如图 8-10 所示的液压系统，填写其电磁铁动作顺序表。

8-7　如图 8-11 所示的液压机液压系统能实现"快进→慢进→保压→快退→停止"的动作循环。试分析此液压系统图，并写出：①动作循环表；②标号元件的全称和功用。

8-8　如图 8-12 所示为机械手液压系统，其动作循环为：手臂在上方原始位置→手臂下降→手指夹紧工件→手臂上升→手臂回转 90°→停在上方。试分

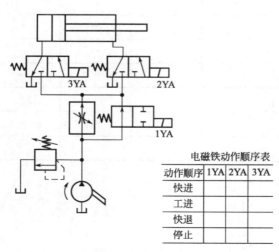

电磁铁动作顺序表

动作顺序	1YA	2YA	3YA
快进			
工进			
快退			
停止			

图 8-10　题 8-6 图

析液压系统并完成电磁铁动作顺序表（两个液压缸均为缸筒固定）。

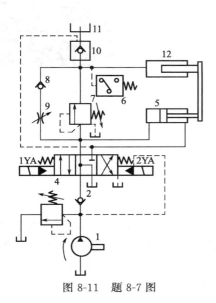

图 8-11　题 8-7 图

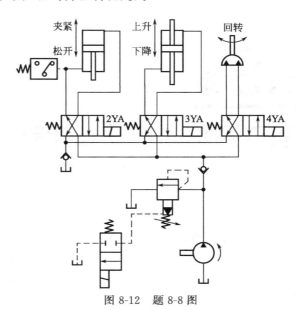

图 8-12　题 8-8 图

第9章

液压系统的设计与计算

液压系统的设计是整机设计的一部分，它除了应符合主机动作循环和静、动态性能等方面的要求外，还应当满足结构简单、工作安全可靠、效率高、经济性好、使用维护方便等条件。液压系统的设计，根据系统的繁简、借鉴的资料多少和设计人员经验的不同，在做法上有所差异。各部分的设计有时还要交替进行，甚至要经过多次反复才能完成。

液压系统设计的步骤大致如下。
① 明确设计要求，进行工况分析。
② 初定液压系统的主要参数。
③ 拟定液压系统原理图。
④ 计算和选择液压元件。
⑤ 验算液压系统性能。
⑥ 绘制工作图和编写技术文件。

9.1 明确设计要求，进行工况分析

9.1.1 明确设计要求及工作环境

在设计液压系统时，首先应明确以下问题，并将其作为设计依据。
① 主机的用途、工艺过程、总体布局以及对液压传动装置的位置和空间尺寸的要求。
② 主机对液压系统的性能要求，如运动方式、行程、速度范围、负载条件、运动平稳性、精度、工作循环和动作周期、同步或联锁等。
③ 液压系统的工作环境，如温度、湿度、振动冲击以及是否有腐蚀性和易燃物质存在等情况。

9.1.2 工况分析

在明确设计要求的基础上，应对主机进行工况分析，工况分析包括运动分析和动力分析。

（1）运动分析

主机执行元件按工艺要求的运动情况，可以用位移循环图（L-t）和速度循环图（v-t）表示，由此对运动规律进行分析。

① 位移循环图（$L\text{-}t$）　如图 9-1 所示为液压机的液压缸位移循环图，纵坐标 L 表示活塞位移，横坐标 t 表示从活塞启动到返回原位的时间，曲线斜率表示活塞移动速度。该图清楚地表明液压机的工作循环分别由快速下行、减速下行、压制、保压、泄压慢回和快速回程六个阶段组成。

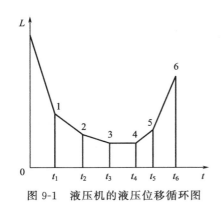

图 9-1　液压机的液压位移循环图

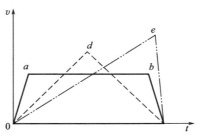

图 9-2　三种类型液压缸的速度循环图

② 速度循环图（$v\text{-}t$）　工程中液压缸的运动特点可归纳为三种类型。如图 9-2 所示为三种类型液压缸的速度循环图，第一种为实线所示，液压缸开始做匀加速运动，然后匀速运动，最后匀减速运动到终点；第二种为虚线所示，液压缸在总行程的前一半做匀加速运动，在另一半做匀减速运动，且加速度的数值相等；第三种为点划线所示，液压缸在总行程的一大半以上以较小的加速度做匀加速运动，然后匀减速至行程终点。$v\text{-}t$ 图的三条速度曲线，不仅清楚地表明了三种类型液压缸的运动规律，也间接地表明了三种工况的动力特性。

（2）动力分析

动力分析是研究机器在工作过程中其执行机构的受力情况。对液压系统而言，就是研究液压缸或液压马达的负载情况。以液压缸为例，其承受的负载主要由六部分组成，即工作负载、导向摩擦负载、惯性负载、重力负载、密封负载和背压负载。现简述如下。

① 工作负载 F_W　不同的机器有不同的工作负载，对于起重设备来说，是起吊重物的重量；对液压机来说，压制工件的轴向变形力是工作负载。工作负载与液压缸运动方向相反时为正值，方向相同时为负值。工作负载既可以为定值，也可以为变量，其大小及性质要根据具体情况加以分析。

② 导轨摩擦负载 F_f　导轨摩擦负载是指液压缸驱动运动部件时所受的导轨摩擦阻力，其值与运动部件的导轨形式、放置情况及运动状态有关，各种形式导轨的摩擦负载计算公式可查阅有关手册。例如，机床上常用平导轨和 V 形导轨，当其水平放置时，其导轨摩擦负载计算公式如下。

平导轨

$$F_f = f(G + F_N) \tag{9-1}$$

V 形导轨

$$F_f = f \frac{G + F_N}{\sin \frac{\alpha}{2}} \tag{9-2}$$

式中，G 为运动部件的重力；F_N 为垂直于导轨的工作负载；α 为 V 形导轨的夹角，一般 $\alpha = 90°$；f 为摩擦系数，其值可参考表 9-1 选取。

表 9-1　导轨摩擦系数 f

导轨类型	导轨材料	运动状态	摩擦系数 f
滑动导轨	铸铁对铸铁	启动时	0.15～0.20
		低速（$v<0.16$m/s）	0.1～0.12
		高速（$v>0.16$m/s）	0.05～0.08
滚动导轨	铸铁对滚柱（珠）		0.005～0.02
	淬火钢导轨对滚柱（珠）		0.003～0.006
静压导轨	铸铁		0.005

③ 惯性负载 F_a　惯性负载是运动部件在启动加速或制动减速时的惯性力，其值可按牛顿第二定律求出，即

$$F_a = ma = \frac{G}{g} \times \frac{\Delta v}{\Delta t} \tag{9-3}$$

式中，g 为重力加速度；Δt 为启动、制动或速度转换时间；Δv 为 Δt 时间内的速度变化值；

④ 重力负载 F_g　垂直或斜放置的运动部件，其自重也成为一种负载，倾斜放置时，只计算重力在运动方向上的分力。液压缸上行时重力取正值，反之取负值。

⑤ 密封负载 F_s　密封负载是指液压缸密封装置的摩擦力，其值与密封装置的类型、尺寸、液压缸的制造质量和油液的工作压力有关。在未完成液压系统设计之前，不知道密封装置的参数，其值无法计算，一般通过液压缸的机械效率加以考虑，常取机械效率值为 0.90～0.97。

⑥ 背压负载 F_b　背压负载是指液压缸回油腔压力所造成的阻力。在系统方案及液压缸结构尚未确定之前也无法计算，在负载计算时可暂不考虑。

液压缸各个主要工作阶段的机械负载 F 可按下列公式计算。

空载启动加速阶段

$$F = \frac{F_f + F_a + F_g}{\eta_m} \tag{9-4}$$

快速阶段

$$F = \frac{F_f \pm F_g}{\eta_m} \tag{9-5}$$

工进阶段

$$F = \frac{F_f \pm F_w \pm F_g}{\eta_m} \tag{9-6}$$

制动减速

$$F = \frac{F_f \pm F_w - F_a \pm F_g}{\eta_m} \tag{9-7}$$

对简单液压系统，上述计算过程可简化。例如采用单定量泵供油，只需计算工进阶段的总负载力，若简单系统采用限压式变量泵或双联泵供油，则只需计算快速阶段和工进阶段的总负载力。

若执行机构为液压马达，其负载力矩计算方法与液压缸相类似。

9.2 液压元件的计算和选择

9.2.1 执行元件的结构类型及参数确定

液压传动系统采用的执行元件结构类型,应视主机所要实现的运动种类和性质而定,参见表 9-2。

表 9-2 执行元件结构类型的选择

运动形式	往复直线运动		回转运动		往复摆动
	短行程	长行程	高速	低速	
执行元件的结构类型	活塞缸	柱塞缸 液压马达与齿轮/齿条或螺母/丝杠机构	高速液压马达	低速大扭矩液压马达 高速液压马达带减速器	摆动液压缸

执行元件的结构参数根据工作压力和最大流量来确定。

(1) 初选执行元件的工作压力

工作压力是确定执行元件结构参数的主要依据。它的大小影响执行元件的尺寸和成本,乃至整个系统的性能,工作压力选得高,执行元件和系统的结构紧凑,但对元件的强度、刚度及密封要求高,且要采用较高压力的液压泵;反之,如果工作压力选得低,就会增大执行元件及整个系统的尺寸,使结构变得庞大,所以应根据实际情况选取适当的工作压力,执行元件工作压力可以根据总负载值选取,见表 9-3。

表 9-3 按负载选择执行元件的工作压力

负载/kN	<10	10~20	20~30	30~50	>50
工作压力/MPa	0.8~1.2	1.5~2.5	3.0~4.0	4.0~5.0	>5.0

(2) 确定执行元件的主要结构参数

仍然以液压缸为例,需要确定的主要结构尺寸是指缸的内径 D 和活塞杆的直径 d,计算及确定 D 和 d 的一般方法见第 4 章有关内容。

对有低速运动要求的系统,尚需对液压缸有效工作面积进行验算,即应保证

$$A \geqslant \frac{q_{\min}}{v_{\min}} \qquad (9-8)$$

式中,A 为液压缸工作腔的有效工作面积;$q_{\min}$ 为控制执行元件速度的流量阀最小稳定流量,可从液压阀产品样本上查得;$v_{\min}$ 为液压缸要求达到的最低工作速度。

验算结果若不能满足式(9-8),则说明按所设计的结构尺寸和方案达不到所需要的最低速度,必须修改设计。

(3) 验算执行元件的工作压力

当液压缸的主要尺寸 D、d 计算出来以后,要按系列标准圆整,经过圆整的标准值与计算值之间一般都存在一定的偏差,因此,有必要根据圆整值对工作压力进行一次验算。此外,在按上述方法确定工作压力的过程中,没有计算回油路的背压,因此所确定的工作压力只是执行元件为了克服机械总负载所需要的那部分压力,在结构参数 D、d 确定之后,若取适当的背压估算值,即可求出执行元件工作腔的压力。

对于单杆液压缸,其工作压力 p 可按下列公式计算。

无杆腔进油工进阶段

$$p = \frac{F}{A_1} + \frac{A_2}{A_1} p_b \qquad (9\text{-}9)$$

有杆腔进油阶段

$$p = \frac{F}{A_2} + \frac{A_1}{A_2} p_b \qquad (9\text{-}10)$$

式中，F 为液压缸在各工作阶段的最大机械总负载；A_1、A_2 分别为液压缸无杆腔和有杆腔的有效面积；p_b 为液压缸回油路的背压，在系统设计完成之前根据设计手册取推荐值。

(4) 执行元件的工况图

各执行元件的主要参数确定之后，不但可以计算执行元件在工作循环各阶段内的工作压力，还可求出需要输入的流量和功率，这时就可以作出系统中各执行元件在其工作过程中的工况图，即执行元件在一个工作循环中的压力、流量、功率对时间或位移的变化曲线图。将系统中各执行元件的工况图加以合并，便得到整个系统的工况图。液压系统的工况图可以显示整个工作循环中的系统压力、流量和功率的最大值及其分布情况，为后续设计步骤中选择元件、选择回路或修正设计提供合理的依据。

对于单执行元件系统或某些简单系统，其工况图的绘制可省略，而仅将计算出的各阶段压力、流量和功率值列表表示。

9.2.2 选择液压泵

首先根据设计要求和系统工况确定泵的类型，然后根据液压泵的最大供油量和系统工作压力来选择液压泵的规格。

(1) 液压泵的最高供油压力

$$p_p \geqslant p + \sum \Delta p_1 \qquad (9\text{-}11)$$

式中，p 为执行元件的最高工作压力；Δp_1 为进油路上总的压力损失。

如系统在执行元件停止运动时才出现最高工作压力，则 $\sum \Delta p_1 = 0$；否则，须计算出油液流过进油路上的阀和管道的各项压力损失，初算时可凭经验进行估计，对简单系统取 $\sum \Delta p_1 = 0.2 \sim 0.5 \text{MPa}$，对复杂系统取 $\sum \Delta p_1 = 0.5 \sim 1.5 \text{MPa}$。

(2) 确定液压泵的最大供油量

液压泵的最大供油量为

$$q_p \geqslant K \sum q_{\max} \qquad (9\text{-}12)$$

式中，K 为系统的泄漏修正系数，一般取 $K = 1.1 \sim 1.3$，大流量取小值，小流量取大值；$\sum q_{\max}$ 为同时动作的各执行元件所需流量之和的最大值。

如果液压泵的供油量是按工进工况选取时，其供油量应考虑溢流阀的最小流量。

(3) 选择液压泵的规格型号

液压泵的规格型号按计算值在产品样本中选取，为了使液压泵工作安全可靠，液压泵应有一定的压力储备量，通常泵的额定压力可比工作压力高 $25\% \sim 60\%$。泵的额定流量则宜与 q_p 相当，不要超过太多，以免造成过大的功率损失。

(4) 选择驱动液压泵的电动机

① 在整个工作循环中，泵的压力和流量在较多时间内皆达到最大工作值时，驱动泵的电动机功率为

$$P = \frac{p_p q_p}{\eta_p} \qquad (9\text{-}13)$$

式中，η_p 为液压泵的总效率，数值可见产品样本。

② 限压式变量叶片泵的驱动功率，可按泵的实际压力流量特性曲线拐点处的功率来计算。

③ 在工作循环中，泵的压力和流量变化较大时，可分别计算出工作循环中各个阶段所需的驱动功率，然后求其均方根值即可。

在选择电动机时，应将求得的功率值与各工作阶段的最大功率值比较，若最大功率符合电动机短时超载 25% 的范围，则按平均功率选择电动机；否则应按最大功率选择电动机。

9.2.3 选择阀类元件

各种阀类元件的规格型号，按液压系统原理图和系统工况提供的情况从产品样本中选取，各种阀的额定压力和额定流量，一般应与其工作压力和最大通过流量相接近，必要时，可允许其最大通过流量超过额定流量的 20%。

具体选择时，应注意溢流阀按液压泵的最大流量来选取；流量阀还需考虑最小稳定流量，以满足低速稳定性要求；单杆液压缸系统，若无杆腔有效作用面积为有杆腔有效作用面积的几倍，当有杆腔进油时，则回油流量为进油流量的几倍，此时，应以几倍的流量来选择通过的阀类元件。

9.2.4 选择液压辅助元件

油管的规格尺寸大多由所连接的液压元件接口处尺寸决定，只有对一些重要的管道才验算其内径和壁厚，验算公式见液压辅件。过滤器、蓄能器和油箱容量的选择参见液压辅件。

对于固定式的液压设备，常将液压系统的动力源及阀类元件集中安装在主机外的液压站上，这样能使安装与维修方便，并消除动力源的振动与油温变化对主机工作精度的影响。而阀类元件在液压站上的配置也有多种形式，配置形式不同，液压系统的压力损失和元件的连接、安装结构也有所不同。液压阀的连接方式有板式、叠加式、插装式和管式（螺纹连接、法兰连接）等多种，它们的特点和选用参见第 5 章。

9.3 液压系统原理图的拟定

液压系统原理图是表示液压系统的组成和工作原理的重要技术文件。拟定液压系统原理图是设计液压系统的第一步，它对系统的性能及设计方案的合理性、经济性具有决定性的影响。

（1）确定油路类型

一般具有较大空间可以存放油箱的系统，都采用开式回路；相反，凡允许采用辅助泵进行补油，并借此进行冷却交换来达到冷却目的的系统，可采用闭式回路。通常节流调速系统采用开式回路，容积调速系统采用闭式回路。

（2）选择液压回路

在拟定液压系统原理图时，应根据各类主机的工作特点、负载性质和性能要求，先确定对主机主要性能起决定性影响的主要回路，然后再考虑其他辅助回路。例如对于机床液压系统，调速和速度换接回路是主要回路；对于压力机液压系统，调压回路是主要回路；有垂直运动部件的系统要考虑平衡回路；惯性负载较大的系统要考虑缓冲制动回路。有多个执行元件的系统要考虑顺序动作、同步或回路隔离；有空载运行要求的系统要考虑卸荷回路等。

(3) 绘制液压系统原理图

将挑选出来的各典型回路合并、整理,增加必要的元件及测压、控温等辅助回路,加以综合,构成一个完整的液压系统。绘制液压系统原理图时要注意以下事项。

① 尽量采用具有互换性的标准液压元件。
② 力求系统结构简单,工作安全可靠、动作平稳、效率高、调整和维护保养方便。
③ 有必要的安全保护措施。
④ 防止冲击、振动和噪声。

9.4 液压系统技术性能验算

液压系统初步设计完成之后,需要对它的主要性能加以验算,以便评判其设计质量,并改进和完善液压系统。由于液压系统的验算较复杂,只能采用一些简化公式近似地验算某些性能指标,如果设计中有经过生产实践考验的同类型系统供参考或有较可靠的实验结果可以采用时,可以不进行验算。

(1) 系统压力损失的验算

当液压元件规格型号和管道尺寸确定之后,即可计算管路的沿程压力损失和局部压力损失,它们的计算公式详见第2章,管路总的压力损失为沿程损失与局部损失之和。

在系统的具体管道布置情况没有明确之前,沿程损失和局部损失仍无法计算。为了尽早地评估系统的主要性能,避免后面的设计工作出现大的反复,在系统方案初步确定之后,通常用液流通过阀类元件的局部压力损失来对管路的压力损失进行概略地估算,因为这部分损失在系统的整个压力损失中占很大比重。

在算出系统油路的总的压力损失后,将此验算值与前述设计过程中初步选取的油路压力损失经验值相比较,若误差较大,一般应对原设计进行必要的修改,重新调整有关阀类元件的规格和管道尺寸等,以降低系统的压力损失。对于较简单的液压系统,压力损失验算可以省略。

(2) 系统发热温升的验算

液压系统在工作时,有压力损失、容积损失和机械损失,这些能量损失的大部分转化为热能,使油温升高,从而导致油液的黏度下降,出现油液变质、机器零件变形,影响系统正常工作。为此,必须将温升控制在许可范围内。

功率损失使系统发热,则单位时间的发热量为液压泵的输入功率与执行元件的输出功率之差。一般情况下,液压系统的工作循环往往有好几个阶段,其平均发热量为各个工作周期发热量的平均值,即

$$\phi = \frac{1}{t}\sum_{i=1}^{n}(P_{i_i} - P_{o_i})t_i \qquad (9-14)$$

式中,P_{i_i} 为第 i 个工作阶段系统的输入功率;P_{o_i} 为第 i 个工作阶段系统的输出功率;t 为工作循环周期;t_i 为第 i 个工作阶段的持续时间;n 为总的工作阶段数。

液压系统在工作中产生的热量,经过所有元件、附件的表面散发到空气中去,但绝大部分是由油箱散发的,油箱在单位时间的散发热量可按式(9-15)计算。

$$\phi' = k_h A \Delta t \qquad (9-15)$$

式中,A 为油箱的散热面积;Δt 为液压系统的温升;k_h 为油箱的散热系数。

当液压系统的散热量等于发热量时,系统达到了热平衡,这时系统的温升为

$$\Delta t = \frac{\phi}{k_h A} \tag{9-16}$$

按式(9-16)算出的温升值如果超过允许数值时，系统必须采取适当的冷却措施或修改液压系统的设计。

9.5 绘制工作图和编制技术文件

所设计的液压系统经过验算后，即可对初步拟定的液压系统进行修改，并绘制工作图和编制技术文件。

(1) 绘制工作图

工作图包括液压系统原理图、液压系统装配图、液压缸等非标准元件装配图及零件图。液压系统原理图中应附有液压元件明细表，表中标明各液压元件的型号规格、压力和流量等参数值，一般还应绘出各执行元件的工作循环图和电磁铁的动作顺序表。

液压系统装配图是液压系统的安装施工图，包括油箱装配图、集成油路装配图和管路安装图等，在管路安装图中应画出各油管的走向，固定装置结构，各种管接头的形式、规格等。

(2) 编制技术文件

技术文件一般包括液压系统设计计算说明书，液压系统使用及维护技术说明书，零、部件目录表及标准件、通用件、外购件表等。

9.6 液压系统设计举例

以一台双面组合机床液压系统为例，该机床采用零件固定，刀具旋转和进给的加工方式。其加工动作循环是快进-工进-快退-停止。同时要求两个动力头能单独调整。其最大切削力在导轨中心线方向为12000N，所要移动的总重量为15000N，工作进给要求能在0.02～1.2m/min范围内进行无级调速，快速进、退速度一致，为4m/min。

9.6.1 液压系统方案设计

(1) 确定对液压系统的工作要求

根据加工要求，刀具旋转由机械传动来实现；动力头沿导轨中心线方向的"快进-工进-快退-停止"工作循环拟采用液压传动方式来实现，故拟选定液压缸作执行机构。

考虑到机床进给系统传动功率不大，且要求低速稳定性好，粗加工时负载有较大变化，故拟选用调速阀、变量泵组成的容积节流调速方式。

为了自动实现上述工作循环，并保证零件一定的加工长度，拟采用行程开关及电磁换向阀实现顺序动作。

(2) 拟定液压系统工作原理图

该系统同时驱动两个动力头，且工作循环完全相同。为了保证快进、快退速度相等，并减小液压泵的流量规格，采用差动连接回路。由快进转工进时采用行程阀，使速度换接平稳，且工作安全可靠。工进转快退通过行程开关和电磁换向阀实现。快进转工进后，因系统压力升高，外控式顺序阀打开，回油经背压阀回油箱，背压阀可使工进时运动平稳。因工进时系统压力升高，变量泵自动减少输出流量，能量利用合理。采用三位五通换向阀换向，两个动力头可分别进行调节。分别调节两个调速阀，可得到不同的进给速度。双面组合机床液压系统原理图如图 9-3 所示。

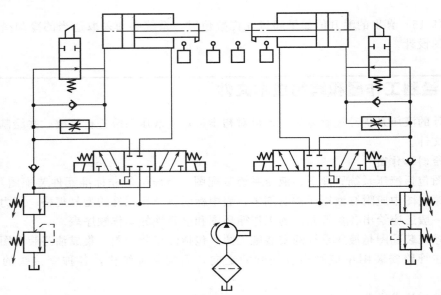

图 9-3　双面组合机床液压系统原理图

9.6.2　选择液压元件

(1) 液压缸的计算

① 工作负载及惯性负载计算　根据机构的工作情况，液压缸在不同阶段的总机械载荷可参照式(9-4)～式(9-7) 计算。

根据题意，工作负载

$$F_w = 12000N$$

液压缸所要驱动负载总重量 $G=15000N$，选取工进时速度的最大变化量 $\Delta v=0.02m/s$，根据具体情况选取 $\Delta t=0.2s$（其范围通常在 0.01～0.5s），则惯性力为

$$F_a = \frac{G}{g} \times \frac{\Delta v}{\Delta t} = \frac{15000}{9.81} \times \frac{0.02}{0.2} = 153N$$

② 密封阻力的计算　液压缸的密封阻力通常折算为克服密封阻力所需的等效压力乘以液压缸的进油腔的有效作用面积。若选取中压液压缸，且密封结构为 Y 型密封，根据资料推荐，等效压力取 $p_{eq}=0.2MPa$，液压缸的进油腔的有效作用面积初估值为 $A_1=80mm^2$，则密封力如下。

启动时

$$F_s = p_{eq} A_1 = 2 \times 10^5 \times 0.008 = 1600N$$

运动时

$$F_s = \frac{p_{eq} A_1}{2} = 2 \times 10^5 \times 0.008 \times 50\% = 800N$$

③ 导轨摩擦阻力的计算　若该机床材料选用铸铁对铸铁，根据切削原理，一般情况下，$F_x:F_y:F_z=1:0.4:0.3$，可知，$F_x=F_w=12000N$，由切削力所产生的与重力方向相一致的分力 $F_z=12000/0.3=40000N$，选取摩擦系数 $f=0.1$，V 形导轨的夹角 $\alpha=90°$，则导轨的摩擦力为

$$F_f = \frac{G+F_z}{2}f + \frac{G+F_z}{2} \times \frac{f}{\sin\frac{\alpha}{2}}$$

$$= \frac{15000+40000}{2} \times 0.1 + \frac{15000+40000}{2} \times \frac{0.1}{\sin 45°} = 6640(\text{N})$$

④ 回油背压造成的阻力计算　回油背压，一般为 0.3～0.5MPa，取回油背压 $p_b = 0.3$MPa 考虑两边差动比为 2，且已知液压缸进油腔的活塞面积 $A_1 = 80\text{mm}^2$，取有杆腔活塞面积 $A_2 = 40\text{mm}$，将上述值代入公式得

$$F_b = p_b A_2 = 3 \times 10^5 \times 0.004 = 1200\text{N}$$

分析液压缸各工作阶段中受力情况，得知在工进阶段受力最大，作用在活塞上的总载荷为

$$F = F_w + F_a + F_s + F_f + F_b = 12000 + 153 + 800 + 6640 + 1200 = 20793(\text{N})$$

⑤ 确定液压缸的结构尺寸和工作压力　根据同类型组合机床确定本系统的工作压力，选取 $p = 3$MPa，则工作腔的有效工作面积和活塞直径分别为

$$A_1 = \frac{F}{p} = \frac{20793}{30 \times 10^5} = 0.00693(\text{m}^2)$$

$$D = \sqrt{\frac{4A_1}{\pi}} = \sqrt{\frac{4 \times 0.00693}{\pi}} = 0.094(\text{m})$$

因为液压缸的差动比为 2，所以活塞杆直径为

$$d = \frac{D}{\sqrt{2}} = 0.7 \times 0.094 = 0.066(\text{m})$$

根据液压技术行业标准，选取标准直径。

$$D = 0.09\text{m} = 90\text{mm}$$
$$d = 0.063\text{m} = 63\text{mm}$$

则液压缸实际计算工作压力为

$$p = \frac{4F}{\pi D^2} = \frac{4 \times 20793}{\pi \times 0.09^2} = 32.7 \times 10^5(\text{Pa})$$

实际选取的工作压力为

$$p = 33 \times 10^5 \text{Pa}$$

由于左右两个动力头工作时需做低速进给运动，在确定液压缸活塞面积 A_1 之后，还必须按最低进给速度验算液压缸尺寸，即应保证液压缸有效工作面积为

$$A_1 \geq \frac{q_{\min}}{v_{\min}}$$

式中，$q_{\min}$ 为流量阀最小稳定流量，在此取调速阀最小稳定流量为 50mL/min；$v_{\min}$ 为活塞最低进给速度，本题给定为 20mm/min。

根据上面确定的液压缸直径，液压缸有效工作面积为

$$A_1 = \frac{\pi}{4}D^2 = \frac{\pi}{4} \times 0.09^2 = 6.36 \times 10^{-3}(\text{m}^2)$$

$$\frac{q_{\min}}{v_{\min}} = \frac{50}{2} \times 10^{-4} = 2.5 \times 10^{-3}(\text{m}^2)$$

验算说明活塞面积能满足最小稳定速度要求。

(2) 液压泵及驱动电动机的选择
① 液压泵的选择　确定液压泵的实际工作压力，由压力和流量选择液压泵。对于调速

阀进油节流调速系统,管路的局部压力损失一般取 $(5\sim15)\times10^5$ Pa,在系统的结构布局未定之前,可用局部损失代替总的压力损失,现选取总的压力损失 $\Delta p_1=10\times10^5$ Pa,则液压泵的实际计算工作压力为

$$p_p = p + \Delta p_1 = 33\times10^5 + 10\times10^5 = 43\times10^5 \text{(Pa)}$$

当液压缸左右两个动力头快进时,所需的最大流量之和为

$$q_{max} = 2\frac{\pi}{4}d^2 v_{max} = 2\times\frac{\pi}{4}\times0.63^2\times40 = 25\text{(L/min)}$$

选取液压系统的泄漏系数 $k_1=1.1$,则液压泵的流量为

$$q_p = k_1 q_{max} = 1.1\times25 = 27.5\text{(L/min)}$$

根据求得的液压泵的流量和压力,又要求泵变量,做选取 YBN-40M 型叶片泵。

② 电动机功率的选择 因该系统选用变量泵,所以应算出空载快速、最大工进时所需的功率,按两者的最大值选取电动机的功率。

最大工进时所需的流量为

$$q_{w\,max} = \frac{\pi}{4}D^2 v_{w\,max} = \frac{\pi}{4}\times0.9^2\times12 = 7.6\text{(L/min)}$$

选取液压泵的总效率为 $\eta=0.8$,则工进时所需的液压泵的最大功率为

$$P_w = 2\frac{p_p q_{w\,max}}{\eta} = 2\times\frac{43\times10^5\times7.6}{60\times0.8}\times10^{-6} = 1.36\text{(kW)}$$

快速空载时,液压缸承受以下载荷。

惯性力

$$F_a = \frac{G}{g}\times\frac{\Delta v}{\Delta t} = \frac{15000}{9.81}\times\frac{\frac{4}{60}}{0.2} = 510\text{(N)}$$

密封阻力:

$$F_s = \frac{p_{eq}}{2}\times\frac{\pi}{4}d^2 = \frac{1}{2}\times2\times10^5\times\frac{\pi}{4}\times0.063^2 = 155\text{(N)}$$

导轨摩擦力

$$F_f = \frac{G}{2}\times f + \frac{G}{2}\times\frac{f}{\sin\frac{\alpha}{2}}$$

$$= \frac{15000}{2}\times0.1 + \frac{15000}{2}\times\frac{0.1}{\sin45°} = 1800\text{(N)}$$

空载条件下的总负载

$$F_e = F_a + F_s + F_f = 510 + 155 + 1800 = 2465\text{(N)}$$

选取空载快速条件下的系统压力损失 $\Delta p_{el}=5\times10^5$ Pa,则空载快速条件下液压泵的输出压力为

$$p_{ep} = \frac{4F_e}{\pi d^2} + \Delta p_{el} = \frac{4\times2465}{\pi\times0.063^2} + 5\times10^5 = 12.9\times10^5\text{(Pa)}$$

空载快速时液压泵所需的最大功率为

$$P_e = \frac{p_p q_p}{\eta} = \frac{12.9\times10^5\times27.5}{60\times0.8}\times10^{-6} = 0.74\text{(kW)}$$

故应按最大工进时所需功率选取电动机。

(3) 选择液压阀

液压阀的规格应根据系统最高工作压力和通过该阀的最大流量，在标准元件的产品样本中选取。

方向阀：按 $p=43\times10^5$Pa，$q=12.5$L/min，选 35D-25B（中位机能 O 型）。
单向阀：按 $p=33\times10^5$Pa，$q=25$L/min，选 I-25B。
调速阀：按工进最大流量 $q=7.6$L/min，工作压力 $p=33\times10^5$Pa，选 Q-10B。
背压阀：调至 $p=33\times10^5$Pa，流量为 $q=7.6$L/min，选 B-10。
顺序阀：调至大于 $p=33\times10^5$Pa，保证快进时不打开，$q=7.6$L/min，选 X-B10B。
行程阀：按 $p=12.9\times10^5$Pa，$q=12.5$L/min，选 22C-25B。

(4) 油管及其他辅助装置的选择

查 GB/T 2351—93 和 JB 827—66，确定钢管公称通经、外径、壁厚、连接螺纹及推荐流量。在液压泵的出口，按流量 27.5L/min，查表取管路通径为 ϕ10mm；在液压泵的入口，选择较粗的管道，选取管径为 ϕ12mm；其余油管按流量 12.5L/min，查表取 ϕ8mm。

对于一般低压系统，油箱的容量一般取泵流量的 3～5 倍，本题取 4 倍，其有效容积为

$$V_t=4q_p=4\times27.5=110(L)$$

在绘制液压系统装配管路图后，可进行压力损失验算。由于该液压系统较简单，该项验算从略。

由于本系统的功率小，又采用限压式变量泵，效率高，发热少，所取油箱容量又较大，故不必进行系统温升的验算。

思考题与习题

9-1 设计液压系统一般经过哪些步骤？要进行哪些方面的计算？

9-2 如何拟定液压系统原理图？

9-3 试拟定一个钻削组合机床的液压系统原理图。要求该系统能实现工件夹紧→快进→一工进→二工进→死挡铁停留→快退→原位停止、工件松开、液压泵卸荷。

9-4 设计一台小型液压机的液压系统，要求实现快速空程下行→慢速加压→保压→快速回程→停止的工作循环，快速往返速度为 3m/min，加压速度为 40～250mm/min，压制力为 200000N，运动部件总重量为 20000N。

9-5 某立式组合机床采用的液压滑台快进、快退速度为 6m/min，工进速度为 80mm/min，快速行程为 100mm，工作行程为 50mm，启动、制动时间为 0.05s。滑台对导轨的法向力为 1500N，摩擦系数为 0.1，运动部分质量为 500kg，切削负载为 30000N。试对液压系统进行负载分析。

9-6 试为一般液压系统的设计步骤制作一个程序流程图。

第10章

气压传动基础知识

气动技术是以空气压缩机为动力源,以压缩空气为工作介质,进行能量和信号传递的工程技术,是流体传动和控制的重要分支之一。

10.1 空气的物理性质

10.1.1 空气的组成

完全不含有水蒸气的空气称为干空气。干空气在基准状态(温度 0℃,压力 0.1013MPa)的组成如表 10-1 所示。

表 10-1 干空气在基准状态的组成

项目	氮气	氧气	氩气	二氧化碳
体积组成/%	78.09	20.95	0.93	0.03
质量组成/%	75.53	23.14	1.28	0.05

事实上,空气中总含有一定的水蒸气,含有水蒸气的空气称为湿空气。当空气中所含有的水蒸气达到它最大的可能含量时,就成为饱和湿空气。在温度 20℃、压力 0.1013MPa、相对湿度 65% 的条件下的空气状态称为标准状态。

空气的压力是干空气的分压力和其中的水蒸气分压力之和,即空气总压力。

$$p = p_a + p_s \tag{10-1}$$

式中,p_a 为空气中所含干空气的分压力,MPa;p_s 为空气中所含水蒸气的分压力,MPa。

湿度为 φ 的湿空气,其分压力

$$p_s = \varphi p_b \tag{10-2}$$

式中,p_b 为同温度下饱和水蒸气分压,MPa。

饱和湿空气表见表 10-2。其中 ρ_b 为饱和水蒸气密度,相对湿度为 φ 的湿空气水蒸气密度 ρ_s 为

$$\rho_s = \varphi \rho_b \, (\text{kg/m}^3) \tag{10-3}$$

表 10-2 饱和湿空气表

温度/℃	饱和水蒸气分压力 p_b/MPa	饱和水蒸气密度 ρ_b/(g/m³)	温度/℃	饱和水蒸气分压力 p_b/MPa	饱和水蒸气密度 ρ_b/(g/m³)
−20	0.0001	1.07	40	0.0074	51.0
−10	0.00026	2.25	50	0.0133	82.9
0	0.0006	4.85	60	0.0199	129.8
10	0.0012	9.40	70	0.0312	197.0
20	0.0023	17.3	80	0.0473	290.8
30	0.0024	30.3	100	0.1013	—

10.1.2 空气的密度与比容

单位体积的空气质量称为空气密度。

$$\rho = \frac{M}{V} \ (\text{kg/m}^3) \tag{10-4}$$

单位质量的空气的体积称为比容。

$$\nu = \frac{V}{M} \ (\text{m}^3/\text{kg}) \tag{10-5}$$

干空气密度为

$$\rho_a = 3.484 \times 10^{-3} \frac{p}{T} \ (\text{kg/m}^3)$$

式中，p 为空气的绝对压力，Pa；T 为空气的热力学温度，K。

对于水蒸气

$$\rho_s = \varphi \rho_b = 2.165 \times 10^{-3} \varphi \frac{p_b}{T} \ (\text{kg/m}^3)$$

式中，φ 为相对湿度，%；T 为空气的热力学温度，K；p_b 为温度 t 下的饱和水蒸气分压力，Pa。

对于湿空气

$$\rho = \rho_a + \rho_s = 3.84 \times 10^{-3} \left(p - 0.379 \varphi \frac{p_b}{T} \right) \tag{10-6}$$

式中，p 为空气的绝对压力，Pa；φ 为相对湿度，%；T 为空气的热力学温度，K；p_b 为温度 t 下的饱和水蒸气分压力，Pa。

10.1.3 空气的黏度

空气黏度的变化只与温度有关，其大小用黏度 μ（单位 Pa·s）以及运动黏度 υ（$\upsilon = \mu/\rho$，单位 m²/s）表示。气体的黏度 μ 与温度 t 有如下关系。

$$\mu = \mu_0 \frac{273+C}{273+t+C} \times \left(\frac{273+t}{273} \right)^{1.5} \ (\text{Pa} \cdot \text{s}) \tag{10-7}$$

式中，μ_0 为 0℃时气体的黏性系数，空气为 17.09×10^{-6} Pa·s，水蒸气为 8.93×10^{-6} Pa·s；C 为常数，空气为 111，水蒸气 961；t 为气体温度，℃。

对于湿空气，可将其视为干空气与水蒸气的混合气体，其黏性系数可由下式确定。

$$\frac{1}{\mu} = \frac{Y_a}{\mu_a} + \frac{Y_s}{\mu_s} \tag{10-8}$$

式中，μ_a、μ_s 为空气与水蒸气的黏性系数，Pa·s；Y_a 为空气的质量分数，%，$Y_a = \rho_a/\rho$，ρ_a、ρ 由式(10-4) 和式(10-6) 确定；Y_s 为水蒸气的质量分数，%，$Y_s = \rho_s/\rho$，ρ_s、ρ 由式(10-5) 和式(10-6) 确定。

10.1.4 湿度

湿空气中的水分（水蒸气）含量通常用湿度来表示。表示方法有绝对湿度、相对湿度以及含湿量。

(1) 绝对湿度

在标准状态下，每立方米湿空气中所含水蒸气的质量，称为湿空气的绝对湿度，单位为 kg/m³。

$$\chi = \frac{m_s}{V} \tag{10-9}$$

式中，χ 为绝对湿度，kg/m³；m_s 为水蒸气质量，kg；V 为湿空气的体积，m³。

(2) 相对湿度

相对湿度 φ，指空气中水汽压与饱和水汽压的比例（%）。湿空气的绝对湿度与相同温度下可能达到的最大绝对湿度之比。

$$\varphi = \frac{p_s}{p_b} = \frac{\rho_s}{\rho_b} \tag{10-10}$$

式中，p_s 为空气中水蒸气分压，MPa；p_b 为同温度下饱和水蒸气分压，MPa；ρ_s 为水蒸气密度，kg/m³；ρ_b 为饱和水蒸气密度，kg/m³。

(3) 含湿量

含湿量是指在湿空气中，与每千克干空气混合共存的水蒸气的质量。

10.2 空气的状态方程

10.2.1 理想气体状态方程

忽略气体分子的自身体积，将分子看成是有质量的几何点；假设分子间没有相互吸引和排斥，即不计分子势能，分子之间及分子与器壁之间发生的碰撞是完全弹性的，不造成动能损失，这种气体称为理想气体。理想气体在平衡状态时，其状态参数之间有如下关系。

$$p\nu = RT \tag{10-11}$$

式中，p 为压力，Pa；ν 为比容或称比体积，m³/kg；R 为气体常数，空气为 287J/(kg·K)；T 为温度，K。

比容与体积 V 有如下关系。

$$\nu = \frac{V}{m} \tag{10-12}$$

式中，V 为体积，m³；m 为质量，kg。

因为比容与密度 ρ 的关系为 $\nu = 1/\rho$，因此式(10-11) 又被写成

$$p = \rho RT \tag{10-13}$$

式中，ρ 为密度，kg/m³。

10.2.2 实际气体状态方程

实际上，任何实际存在的气体，其分子间都有相互作用力，且分子占有体积。实际气体

密度较大时，就不能将其视为理想气体。实际气体的范德瓦尔斯方程为

$$\left(p+\frac{a}{v^2}\right)(v-b)=RT \tag{10-14}$$

式中，a、b 是由气体种类确定的常数。

工程中，常引入修正系数 Z（压缩率），这时实际气体的状态方程为

$$pv=ZRT \tag{10-15}$$

在气动技术所使用的压力范围内（<2MPa）$Z\approx1$ 误差仅为 1%，故可将压缩空气视为理想气体。

10.2.3 空气的状态变化

在气动系统中，工作介质的实际变化过程非常复杂。为了便于进行工程分析，通常是突出状态参数的主要特征，把复杂的过程简化为一些基本的热力过程。空气的状态变化过程有等容过程、等压过程、等温过程、绝热过程和多变过程。

(1) 等容过程

一定质量的气体在体积不变的条件下，所进行的状态变化过程称为等容过程。由式(10-11)可得到等容过程的方程（查理法则）。

$$\frac{p_1}{T_1}=\frac{p_2}{T_2} \tag{10-16}$$

密闭气罐内的气体，在受到外界温度变化的影响下，罐内气体状态发生的变化过程可以看作等容过程。即温度升高，压力增大，温度降低，压力减小，压力与温度的比值为常数。

(2) 等压过程

一定质量的气体在压力不变的条件下，所进行的状态变化过程称为等压过程。由式(10-11)可得到等压过程的方程（盖·吕萨克法则）。

$$\frac{v_1}{T_1}=\frac{v_2}{T_2} \tag{10-17}$$

负载一定的密闭气缸，被加热或放热时，缸内气体的状态变化过程可看作等压变化过程。即温度升高，体积增大，温度降低，体积减小。体积或比容与温度的比值为常数。

(3) 等温过程

一定质量的气体在温度不变的条件下，所进行的状态变化过程称为等温过程。由式(10-11)式可得到等温过程的方程（波义耳法则）。

$$p_1v_1=p_2v_2 \tag{10-18}$$

气罐内的气体通过小孔长时间放气的过程，可以看作是等温过程。即压力与体积或比容的乘积为一个定值。

(4) 绝热过程

绝热过程即气体与外界无热交换的状态变化过程。当气体流动速度较快、尚来不及与外界交换热量时，这样的气体流动过程可视为绝热过程。绝热过程气体状态方程为

$$\frac{T_2}{T_1}=\left(\frac{p_2}{p_1}\right)^{\frac{k-1}{k}}=\left(\frac{v_1}{v_2}\right)^{k-1} \tag{10-19}$$

式中，k 为气体的绝热指数，$k=c_p/c_V$，对于不同的气体，k 的取值不同，自然空气可取 $k=1.4$；c_p 为空气质量等压比热容，单位 J/(kg·K)；c_p 为空气质量等容比热容，单位 J/(kg·K)

气罐内的气体，在很短的时间内放气，罐内气体的变化可以看作是绝热过程。

(5) 多变过程

一定质量的气体,若基本的状态参数都在变化,与外界也不是绝热的,这种变化过程称为多变过程。在气动工程中大多数的变化工程为多变过程,其方程为

$$\frac{T_2}{T_1}=\left(\frac{p_2}{p_1}\right)^{\frac{n-1}{n}}=\left(\frac{v_1}{v_2}\right)^{n-1} \tag{10-20}$$

式中,n 为气体的多变指数,对于不同的气体,n 的取值不同,自然空气可取 $n=1.4$。

10.3 气体流动的基本方程

10.3.1 连续性方程

当空气在管道内作稳定、连续流动时应遵守连续性方程,根据质量守恒定律,通过流管任意截面的气体的质量都相等,可推导出

$$\rho_1 v_1 A_1 = \rho_2 v_2 A_2 = 常数 \tag{10-21}$$

式中,A_1、A_2 分别为流入处和流出处的管道截面积,m^2;v_1、v_2 分别为流入处和流出处的空气流动速度,m/s;ρ_1、ρ_2 分别为流入处和流出处的空气密度,kg/m^3。

10.3.2 伯努利方程

对于气动技术中所使用的压缩空气,其流动可看作为一维、定常、绝热的流动。由于空气的重量较轻,可忽略其重力。其流动过程的参数之间关系可用伯努利方程表示。

$$\frac{v^2}{2}+\frac{p}{\rho}\times\frac{k}{k-1}=C \tag{10-22}$$

式中,p 为气体压力,Pa;ρ 为气体密度,kg/m^3;v 为气体流动速度,m/s;k 为气体的绝热指数,空气为 1.4;C 为常数。

10.4 容器的充气和排气计算

气罐、气缸、马达、管道及其他的气动执行元件都可以看作气压容器,气压容器的充气和放气过程较为复杂,它关系到气动系统与外界之间的能量交换,也就是能量的消耗和功率的消耗,容器的充放气的计算主要涉及充气放气过程温度和时间的计算。

10.4.1 充气温度和时间的计算

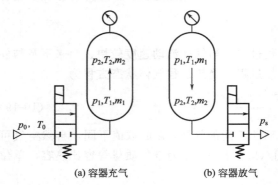

图 10-1 容器充放气过程

如图 10-1 所示为容器充放气过程。当电磁换向阀接通时,容器充气,换向阀截止时,充气结束。

设气罐的容积为 V,气源的压力为 p_0,气源的温度为 T_0。充气后气罐内的压力从 p_1 升高到 p_2,气罐的温度由原来的温度 T_1 升高到 T_2。因为充气的过程进行得比较快,热量来不及和外界进行交换,充气的过程按绝热的过程考虑。根据能量守恒定律,充气后的温度为

$$\frac{T_2}{T_1} = \frac{k}{\frac{T_1}{T_0} + \left(k - \frac{T_1}{T_0}\right)\frac{p_1}{p_2}} \tag{10-23}$$

如果充气前容器的气体温度等于充入气体的温度，即 $T_1 = T_0$，并且充气至气源的压力，则上面的公式简化为

$$T_2 = \frac{kT_0}{1 + (k-1)\frac{p_1}{p_0}} \tag{10-24}$$

充入容器的气体的质量为

$$\Delta m = m_2 - m_1 = \frac{V}{kRT_0}(p_2 - p_1) \tag{10-25}$$

充气的过程分为两个阶段，当容器中的气体压力不大于临界压力，即 $p \leqslant 0.528 p_0$ 时，充气管道中的气体流速达到声速，称为声速充气阶段，该阶段充气所需要的时间为 t_1；当容器中的压力大于临界压力，即 $p > 0.528 p_0$，充气管道中气体的流速小于声速，称为亚声速充气阶段，该阶段充气所需要的时间为 t_2。气罐充气到气源压力时所需要的时间为

$$\begin{cases} t = t_1 + t_2 = \left(1.285 - \frac{p_1}{p_0}\right)\tau \\ \tau = 5.217 \times 10^{-3} \frac{V}{kA}\sqrt{\frac{273}{T_0}} \end{cases} \tag{10-26}$$

式中，p_0 为充气气源的绝对压力，Pa；p_1 为容器中的初始绝对压力，Pa；τ 为充气时间常数，s；V 为充气容器的容积，m^3；A 为管道的有效截面积，m^2；T_0 为气源的热力学温度，K。

容器充放气压力-时间特性曲线如图 10-2 所示。

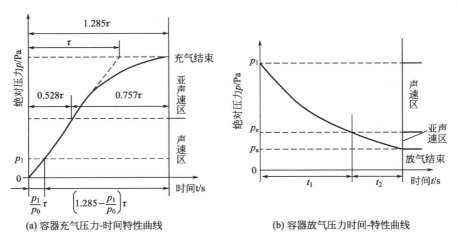

(a) 容器充气压力-时间特性曲线　　(b) 容器放气压力时间-特性曲线

图 10-2　容器充放气压力-时间特性曲线

10.4.2　放气温度和时间的计算

设气罐的容积为 V，放气后气罐内的压力从 p_1 减小到 p_2，气罐的温度由原来的温度 T_1 降低为 T_2。因为放气的过程进行得比较快，热量来不及和外界进行交换，放气的过程按绝热的过程考虑。根据能量守恒定律，放气后的温度为

$$T_2 = T_1 \left(\frac{p_2}{p_1}\right)^{\frac{k-1}{k}} \tag{10-27}$$

放气后容器中剩余的气体的质量为

$$m_2 = m_1 \left(\frac{p_2}{p_1}\right)^{\frac{1}{k}} \tag{10-28}$$

放气的过程分也为两个阶段，当容器中的气体压力 $p \geqslant 1.893 p_a$ 时，放气管道中的气体流速达到声速，称为声速放气阶段，该阶段充气所需要的时间为 t_1；当容器中的压力 $p < 1.893 p_a$ 时，充气管道中气体的流速小于声速，称为亚声速放气阶段，该阶段充气所需要的时间为 t_2。

$$t = t_1 + t_2 = \left\{ \frac{2k}{k-1} \left[\left(\frac{p_1}{p_e}\right)^{\frac{k-1}{2k}} - 1 \right] + 0.945 \left(\frac{p_1}{p_a}\right)^{\frac{k-1}{2k}} \right\} \tau \tag{10-29}$$

$$\tau = 5.217 \times 10^{-3} \frac{V}{kA} \sqrt{\frac{273}{T_1}} \tag{10-30}$$

式中，p_1 为放气前容器中的绝对压力，Pa；p_a 为大气压绝对压力，Pa；τ 为放气时间常数，s；V 为充气容器的容积，m³；A 为管道的有效截面积，m²；T_1 为气源放气前的热力学温度，K。

思考题与习题

10-1 简述气压传动的优缺点。
10-2 气压传动与液压传动有何异同？
10-3 何为干空气？何为湿空气？
10-4 何为绝对湿度、饱和绝对湿度、相对湿度？
10-5 如何理解理想气体状态方程？
10-6 气体状态变化过程中等容过程、等温过程、等压过程、绝热过程、多变过程的含义是什么？
10-7 何为气体的连续型方程？
10-8 何为气体的伯努利方程？
10-9 何为气体的能量方程？
10-10 容器的充放气过程包括哪些阶段？如何计算充放气的时间？

第11章

气源装置及辅助元件

11.1 气源装置

气源装置：用于产生、处理和储存压缩空气的设备。

气源装置的功能：为气动系统提供满足一定质量要求的清洁、干燥的压缩空气。

气源装置的组成：气源系统的组成如图 11-1 所示。

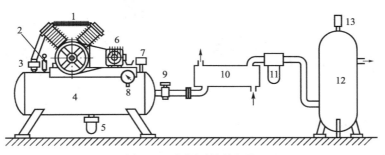

图 11-1 气源系统的组成

1—空气压缩机；2,13—安全阀；3—单向阀；4—小气罐；5—排水器；6—电动机；7—压力开关；8—压力表；9—截止阀；10—后冷却器；11—油水分离器；12—大气罐

11.1.1 空气压缩机

空气压缩机的功能：将原动机（电机或内燃机）的机械能转变成气体的压力能，从而为气动系统提供动力源。

空气压缩机的分类：根据生成压缩空气的方式，空气压缩机可分为容积式空气压缩机和动力式压缩机（图 11-2）。

如图 11-3 所示，活塞式空气压缩机一般由电动机、空气压缩器、压力表、安全阀、储气罐、排水阀、排水截止阀等几部分组成。在电动机的驱动下，空气压缩机将空气压缩成较高压力的压缩气体，输送给气动系统。压力开关用于根据储气罐内压力的大小来控制电动机的启动和停转。当储气罐内压力上升到调定的最高压力时，停止电动机运转；当储气罐内压力降至调定的最低压力时，电动机又重新启动。当储气罐 5 内的压力超过允许限度时，安全阀 4 自动打开向外排气，以保证空压机安全。

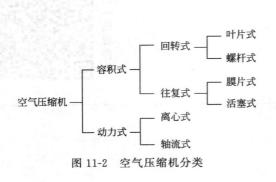

图 11-2 空气压缩机分类

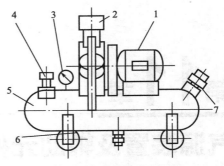

图 11-3 活塞式空气压缩机组成

1—电动机；2—空气压缩机；3—压力表；4—安全阀；
5—储气罐；6—排水阀；7—排水截止阀

单活塞式空气压缩机的工作过程可分为吸气过程和排气过程，如图 11-4(a) 所示。

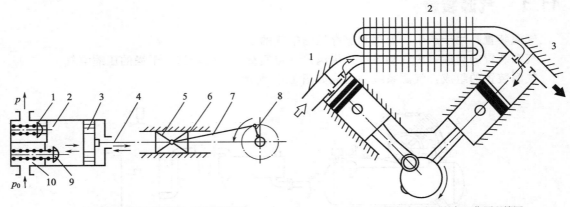

(a) 单活塞式空气压缩机工作原理简图
1—排气阀；2—气缸；3—活塞；4—活塞杆；5—滑块；
6—滑道；7—连杆；8—曲柄；9—吸气阀；10—弹簧

(b) 二级活塞式空气压缩机工作原理简图
1——一级活塞；2—中间冷却器；3—二级活塞

图 11-4 活塞式空气压缩机原理图

① 吸气过程 曲柄 8 回转带动气缸活塞 3 做直线往复运动，当活塞 3 向右运动时，气缸腔 2 容积增大形成局部真空，在大气压作用下，吸气阀 9 打开，大气进入气缸 2。

② 排气过程 当活塞向左运动时，气缸 2 容积缩小，气体被压缩，压力升高，排气阀 1 打开，压缩空气排入储气罐。

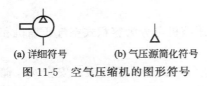

(a) 详细符号　　(b) 气压源简化符号

图 11-5 空气压缩机的图形符号

如图 11-4(b) 所示的是二级活塞式空压机工作原理简图。通常第 1 级将空气压缩到 0.3MPa，第 2 级将空气压缩到 0.7MPa。为了提高空压机的工作效率，设置了中间冷却器来降低第 2 级活塞的进口空气温度。

如图 11-5 所示为空气压缩机的图形符号。

11.1.2 后冷却器

（1）后冷却器

后冷却器的功能：对压缩机产生的压缩空气进行冷却降温处理。

一般从空气压缩机输出的压缩空气温度很高，压缩空气中所含的油、水均以气态的形式存在，为防止气态的水和油对储气罐或气动设备造成腐蚀及损害。需在压缩机出口之后，安装后冷却器使压缩空气降温至 40~50℃，使其中的大部分水汽、油雾凝结成水滴和油滴后进行分离。小型压缩机常与气罐装在一起，靠气罐表面冷却进行水和油的分离。而对中、大型压缩机其后常装有后冷却器。

（2）后冷却器的类型和工作原理

后冷却器按冷却方式不同，一般分为风冷式和水冷式两种。

风冷式冷却器工作原理简图如图 11-6 所示，由风扇将冷空气吹向管道，从压缩机输出的压缩空气进入后冷却器后，经过较长的散热管道，使压缩空气冷却。

水冷式后冷却器常用于中型和大型压缩机。如图 11-7 所示为水冷式后冷却器工作原理简图。在工作时，一般是冷却水在管内流动，空气在管间流动。水与空气的流动方向相反，因为水冷式后冷却器冷却介质为水，所以它的冷却效率较高。压缩空气在冷却过程中生成的冷凝液可通过排水器排出。

冷却器的图形符号如图 11-8 所示。

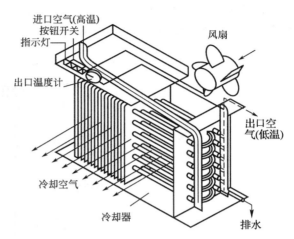

图 11-6　风冷式冷却器工作原理简图

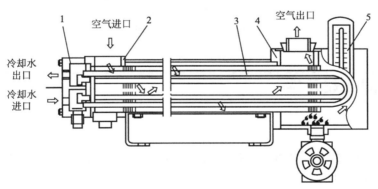

图 11-7　水冷式冷却器工作原理简图
1—水室盖；2—外筒；3—带散热片的管束；4—气室盖；5—出口温度计；

(a) 通用冷却器的图形符号　　(b) 风冷式冷却器的图形符号　　(c) 水冷式冷却器的图形符号

图 11-8　冷却器的图形符号

11.1.3　储气罐

① 对活塞式压缩机来说，因其输出气流脉动、气压不稳定，设置储气罐可以减少气流

的脉动、稳定气压、减少管道的振动，保证气流的连续性。

② 储存一定量的压缩空气，以解决压缩机排气量和用户耗气量之间的不平衡，调节供气和稳定工作压力。或储存一定数量的压缩空气，以备气源断电等情况下进行紧急处理。

③ 进一步分离压缩空气中的水分、油分和杂质。

储气罐一般为圆筒形焊接结构，从结构形式上可分为立式储气罐和卧式储气罐。储气罐的结构及其图形符号如图11-9所示。

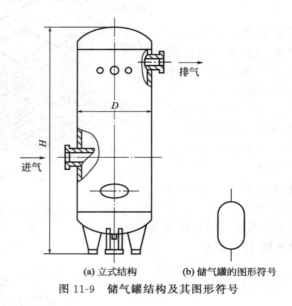

(a) 立式结构　　(b) 储气罐的图形符号

图 11-9　储气罐结构及其图形符号

11.2　气源处理元件

11.2.1　概述

气动系统的动力源是压缩空气，但实际上由压缩机产生的压缩空气必须经过适当的处理后才能送到气动装置中使用，否则会很快产生故障。

(1) 压缩空气中的杂质来源

① 由压缩机吸入口处进入的湿气和灰尘等。

② 大气被压缩后经冷却产生的冷凝水，在压缩过程中润滑油劣化变质成为油泥，管道和气动元件生锈及运动摩擦部分产生的金属粉末等。

(2) 空气净化处理的必要性

① 水分会使管道、气阀、气缸等元件锈蚀，生成锈片等固体杂质，缩短元件使用寿命直至不能工作。在温度降到冰点后可能因结冰体积膨胀而损坏气动设备或元件。

② 油分形成的杂质不仅会影响橡胶件的性能和寿命，油泥附着在管道、元件中增加阻力甚至堵塞控制通道，造成控制压力失常、阀门失灵。

③ 灰尘进入元件中会造成运动摩擦部分产生金属粉末，使元件寿命减少甚至因卡住而产生故障。

因此，必须根据具体使用要求对气源进行净化处理。

由于气动系统广泛地应用于各行各业,而不同行业的气动系统对压缩空气的质量要求也不尽相同,因此空气净化装置的配置也是多种多样的。下面介绍常用的气动净化装置的功能及其工作原理。

11.2.2 过滤器

气体经空气压缩机压缩后,先经过主管道到各支管道,为除去压缩空气中的杂质,在主管道中设置主管过滤器,在支管道中再按工作需要装设各种除尘、除油或除臭的过滤器。

(1) 主管过滤器

主管过滤器的作用主要是安装在主管道中除去压缩空气中的粉尘、水滴和油污。

如图 11-10 所示为主管过滤器的结构原理图。从入口进入主管过滤器的压缩空气经过滤芯 3 的过滤,水滴、油污、灰尘被过滤出来,流入过滤器的下部,经排水器排出。

(2) 油水分离器

油水分离器的功能:将压缩空气中的水分、油分和灰尘等分离出来。

油水分离器一般位于后冷却器后端的气源管路上,将压缩空气中的水分、油分和灰尘进行分离,从而实现对压缩空气的初步净化。油水分离器按结构形式分可以分为撞击挡板式、离心旋转式、水浴式等多种形式。

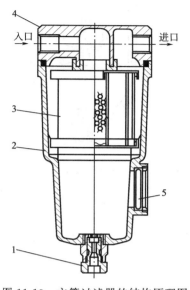

图 11-10 主管过滤器的结构原理图
1—手动排水器;2—外罩;3—滤芯;
4—主体;5—观察窗

如图 11-11(a) 所示,当压缩空气由进气管进入分离器后,气流受到隔板的阻挡,速度和流向发生了急剧的变化,压缩空气中凝结的水滴、油滴、灰尘等杂质受到惯性力而被分离出来。油水分离器的图形符号如图 11-11(b)、(c) 所示。

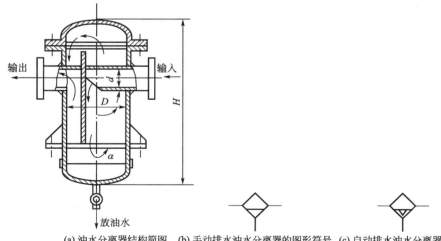

(a) 油水分离器结构简图   (b) 手动排水油水分离器的图形符号   (c) 自动排水油水分离器的图形符号
图 11-11 油水分离器及其图形符号

(3) 分水滤气器

分水滤气器的功能:分离水分、过滤杂质。

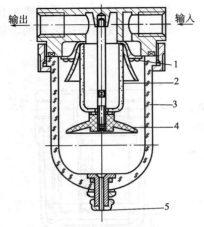

图 11-12 分水过滤器的工作原理简图
1—旋风叶片；2—滤芯；3—存水杯；
4—挡水板；5—放水阀

如图 11-12 所示为分水过滤器的工作原理简图，从输入口流入的压缩空气经旋风叶片的导流后形成旋转气流，在离心力的作用下，空气中所含的液态水、油和杂质被甩到滤杯的内壁上，并沿着杯壁流到底部。已去除液态油、水和杂质后的压缩空气通过进一步清除其中微小的固态粒子，随后从输出口流出。挡水板是防止积存在滤杯底部的液态油水再次被卷入气流中。存水杯中的水分需要手动排除。

过滤器的图形符号如图 11-13 所示。

（4）油雾分离器（图 11-14）

油雾分离器的功能：可分离掉主管过滤器和空气过滤器难以分离的 $0.3\sim 5\mu m$ 的气状溶胶油粒子及大于 $0.3\mu m$ 的锈末、炭粒等。

油雾分离器与主路过滤器的结构相类似，仅滤芯材料不同。油雾分离器的滤芯以超细纤维和玻璃纤维材料为主，具有较大的吸附面积。

(a) 通用过滤器　　(b) 手动排水分水滤气器　　(c) 自动排水分水滤气器

图 11-13 过滤器的图形符号

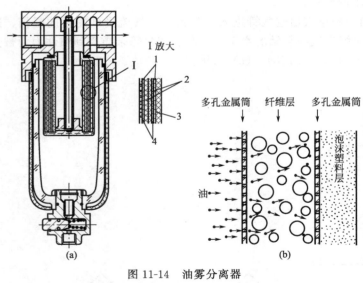

图 11-14 油雾分离器
1—多孔金属筒；2—纤维层；3—泡沫塑料；4—过滤纸

图 11-15 油雾分离器的图形符号

工作原理：压缩空气从进口流入滤芯内侧，再流向外侧。进入纤维层的油粒子，依靠其运动惯性被拦截并相互碰撞，或粒子与多层纤维碰撞，被多层纤维吸附，粒子逐渐增大变成液态，在重力作用下流到杯子底部排除。

油雾分离器的图形符号如图 11-15 所示。

11.2.3 干燥器

干燥器的功能：压缩空气经后冷却器、油水分离器、气罐、主管路过滤器得到初步净化后，仍含有一定量的水蒸气。气动回路在充、排气过程中，元件内部存在高速流动处或气流发生绝热膨胀处，温度要下降，空气中的水蒸气就会冷凝成水滴，这对气动元件的工作会产生不利的影响。故有些应用场合，必须进一步清除水蒸气。干燥器就是用来进一步清除水蒸气的，但不能依靠它清除油分。

干燥器的主要类别：干燥器根据滤出水分的方法不同可以分为：冷冻式干燥器、吸附式干燥器、吸收式干燥器、中空膜式干燥器等。

（1）冷冻式干燥器

冷冻式干燥器利用冷媒与压缩空气进行热交换，把压缩空气冷却至 2~10℃ 的范围，以除去压缩空气中的水分（水蒸气成分）。如图 11-16 所示是冷冻式干燥器的工

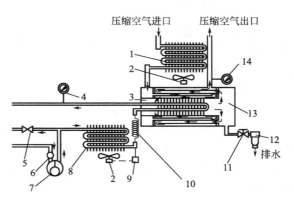

图 11-16 冷冻式干燥器的工作原理图
1—后冷却器；2—风扇；3—冷却器；4—蒸发温度表；5—容量控制阀；6—抽吸储气罐；7—压缩机；8—冷凝器；9—压力开关；10—毛细管；11—截止阀；12—自动排水器；13—热交换器；14—出口空气压力表

作原理图。潮湿的热压缩空气，经风冷式后冷却器冷却后，再流入冷却器冷却到压力露点 2~10℃。在此过程中，水蒸气冷凝成水滴，经自动排水器排出。除湿后的冷空气通过热交换器吸收进口侧空气的热量，使空气温度上升。提高输出空气的温度，可避免输出口管外壁结霜，并降低压缩空气的相对湿度。把处于不饱和状态的干燥空气从输出口流出，供气动系统使用。只要输出空气温度不低于压力露点温度，就不会出现水滴。压缩机将制冷剂压缩以升高压力，经冷凝器冷却，使制冷剂由气态变成液态。液态制冷剂在毛细管中被减压，变为低温易蒸发的液态。在热交换器中，与压缩空气进行热交换，并被气化。气化后的制冷剂再回到压缩机中进行循环压缩。

（2）吸附式干燥器

利用某些具有吸附水分性能的吸附剂（如活性氧化铝、分子筛、硅胶等）来吸附压缩空气中的水分。

吸附式干燥器的工作原理及图形符号如图 11-17 所示。潮湿的压缩空气从湿空气进气口 1 进入，经过上吸附层、滤网、上栅板、下

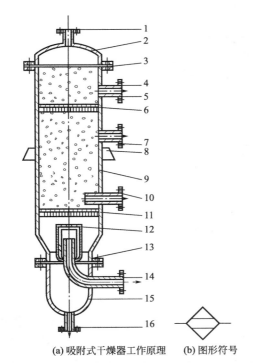

(a) 吸附式干燥器工作原理　(b) 图形符号

图 11-17 吸附式干燥器
1—湿空气进气口；2—上封头；3—密封；4,7—再生空气排气口；5,13—钢丝滤网；6—上栅板；8—支撑架；9—下吸附层；10—再生空气进气口；11—主体；12—毛毡层；14—干空气排气口；15—下封头；16—排水口

吸附层之后，在吸附剂的作用下，压缩空气中的水分被吸附剂所吸附，从而成为干燥的空气，干燥的空气通过滤网、栅板、毛毡层的进一步过滤，杂质和粉尘被过滤掉，干燥洁净的空气从干空气排气口 14 排出。

11.2.4 油雾器

油雾器的功能：为保证气动元件工作可靠，延长使用寿命，常常对控制阀和气缸采取润滑措施。在封闭的空气管道内不能随意向气动元件注入润滑油，这就需要一种特殊的注油装置——油雾器。它可以将润滑油雾化为微小颗粒，并随压缩空气进入气动元件中。特点是：润滑均匀、稳定、耗油量小等。

油雾器的工作原理：如图 11-18 所示，压缩空气从输入口进入后，通过喷嘴组件上的小孔进入截止阀座 4，其中的大部分气体从出口排出，一小部分气体经过孔 a、截止阀 2 进入到储油杯 5 的上方 c 腔中，油液在压缩空气的气压作用下沿吸油管 6、单向阀 7 和节流针阀 8 滴入透明的视油器 9 内，进而滴入主管内。油滴在主管内，在高速气流的作用下被撕裂成为微小颗粒，随气流进入到之后的气动元件中。

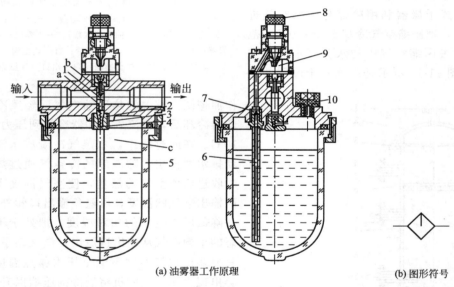

图 11-18 油雾器的工作原理及图形符号
1—喷嘴组件；2—截止阀；3—弹簧；4—截止阀座；5—储油杯；6—吸油管；7—单向阀；
8—节流针阀；9—视油器；10—油塞

11.2.5 空气组合元件

气动系统中的分水滤气器、减压阀、油雾器常组合在一起使用，俗称气动三联件（图 11-19）。三个气动元件的安装顺序为分水滤气器、减压阀、油雾器。滤气器、减压阀、油雾器可以和其他阀类一起组合出不同的空气处理组合单元，可以 2 件组合、3 件组合，也可以多件组合。组合单元的选择要根据气动回路元件对压缩空气的要求（是否需要减压，是否需要过滤，是否需要润滑来）配置。

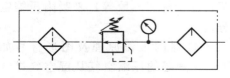

图 11-19 气动三联件

11.2.6 分水排水器

分水排水器用于排除管道低处、油水分离器、储气罐等各种过滤器底部的冷凝水，按其工作方式可分为手动排水器和自动排水器。

自动排水器用于自动排除空气管道、储气罐、过滤器等处的积水。分水过滤器（自动排水型）中内置的自动排水机构，都可以构成独立的自动排水器。自动排水器根据其结构原理不同，一般有如下几种形式：浮子式、弹簧式、压差式和电动式。浮子式自动排水器最为常用。

浮子式自动排水器的工作原理是当冷凝水积聚至一定水位时，由浮子的浮力启动排水机构进行自动排水。

如图 11-20 所示为浮子式自动排水器的结构原理和图形符号。水分被分离出来后流入自动排水器内，使容器内的水位不断升高，当水位升至一定高度后，浮筒的浮力大于浮筒的自重及作用在上孔座面上的气压力时，喷嘴 2 开启，气压力克服弹簧力使活塞右移，打开排水阀放水。排水后，浮子复位，关闭喷嘴。活塞左侧气体经手动操纵杆上的溢流阀孔排出后，在弹簧 7 的作用下活塞左移，自动关闭排水口。

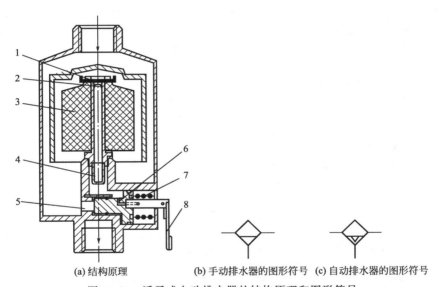

图 11-20 浮子式自动排水器的结构原理和图形符号
1—盖板；2—喷嘴；3—浮子；4—滤芯；5—排水口；6—溢流孔；7—弹簧；8—操纵杆

11.3 真空元件

以真空吸附作为动力源，以真空发生器为核心所组建的真空系统广泛用于轻工、食品、印刷、医疗、塑料制品的工件的自动抓取和搬运。对任何具有较光滑表面的物体，特别对于非铁、非金属且不适合夹紧的物体，如薄的、柔软的纸张、塑料膜、铝箔，易碎的玻璃及其制品等，都可使用真空吸附来完成各种作业。为保证足够的真空度来抓取工件，工件的表面应光滑平整，粗糙的工件表面，由于形不成足够的真空度而导致抓取失败。

真空发生装置有真空泵和真空发生器两种。真空泵是吸入口形成负压，排气口直接通大气，两端压力比很大的抽除气体的机械。真空发生器是利用压缩空气的流动而形成一定真空度的气动元件。

真空系统一般由真空发生器、吸盘、真空阀及辅助元件等组成。

11.3.1 真空发生器

(1) 真空发生器的工作原理

如图 11-21 所示为真空发生器的工作原理及卷吸现象。真空发生器由喷嘴、接收室、混合室和扩散室组成。空气通过压缩后,从喷嘴内喷射出来的一束流体的流动称为射流。射流能卷吸周围的静止流体和它一起向前流动,这称为射流的卷吸作用。而自由射流在接收室内的流动,将限制射流与外界的接触,但从喷嘴流出的主射流还是要卷吸一部分周围的流体向前运动,于是在射流的周围形成一个低压区,接收室内的流体便被吸进来,与主射流混合后,经接收室另一端流出。这种利用一束高速流体将另一束流体(静止或低速流)吸进来,相互混合后一起流出的现象称为引射现象。若在喷嘴两端的压差达到一定值时,气流达声速或亚声速流动,于是在喷嘴出口处,即接收室内可获得一定负压。

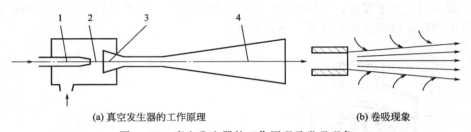

(a) 真空发生器的工作原理　　　　(b) 卷吸现象

图 11-21　真空发生器的工作原理及卷吸现象
1—喷嘴;2—接收室;3—混合室;4—扩散室

(2) 普通真空发生器

如图 11-22 所示,压缩空气从真空发生器的供气口经喷嘴流向排气口时,在真空口产生真空。当 P 口无压缩空气输入时,抽吸过程停止,真空消失。

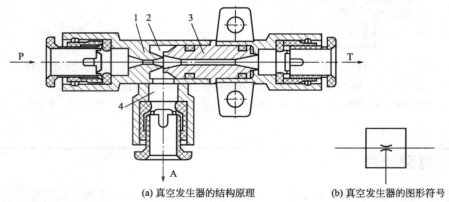

(a) 真空发生器的结构原理　　　　(b) 真空发生器的图形符号

图 11-22　普通真空发生器的结构原理及图形符号
1—拉法尔喷管;2—负压腔;3—接收管;4—真空吸气口

11.3.2 真空吸盘

真空吸盘用于吸附表面光滑且平整的工件。吸盘是由丁腈橡胶、聚氨酯和硅橡胶等橡胶材料与金属骨架压制成的,柔软而富有弹性。吸盘内部形成真空,工件在大气压力作用下被吸附在吸盘上。真空吸盘的符号如图 11-23 所示。

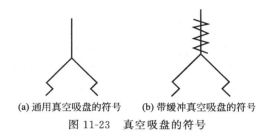

(a) 通用真空吸盘的符号　　(b) 带缓冲真空吸盘的符号

图 11-23　真空吸盘的符号

11.4　其他辅助元件

11.4.1　消声器

根据消声器工作原理的不同，消声器可以分为阻性消声器、抗性消声器、阻抗消声器等多种形式。按照安装位置和用途不同，消声器有可分为空压机输出端消声器和阀用消声器。

好的消声性能是指在产生的噪声频率范围内，有足够大的消声量。常用的消声器有吸收型消声器和膨胀干涉型消声器。

吸收型消声器让压缩空气通过多孔的吸声材料，靠气流流动摩擦生热，使气体的压力能部分转化为热能，从而减少排气噪声。吸收型消声器具有良好的消除中、高频噪声的性能。膨胀干涉型消声器的直径比排气孔径大，气流在里面扩散、碰撞反射，互相干涉，减弱了噪声强度，最后从孔径较大的多孔外壳排入大气。主要用于消除中、低频噪声。

阀用消声器一般采用螺纹连接方式直接安装在阀的排气口上。如图 11-24 所示为阀用消声器的排气方式和图形符号。通常在罩壳中设置消声件，并在罩壳上开有许多小孔或沟槽。罩壳材料一般为塑料或铝、黄铜等金属。消声件的材料通常为纤维、多孔塑料、金属烧结物或金属网状物等。

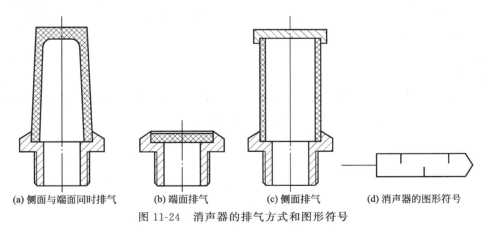

(a) 侧面与端面同时排气　　(b) 端面排气　　(c) 侧面排气　　(d) 消声器的图形符号

图 11-24　消声器的排气方式和图形符号

11.4.2　缓冲器

在气动自动化系统中，出现振动和冲击现象是经常的。如高速运动的气缸在行程末端会产生很大的冲击力。若气缸本身的缓冲能力不足，为避免撞坏气缸盖及设备，应在外部设置缓冲器，吸收冲击能量。设置液压缓冲器，能增加输出，延长使用寿命，降低噪声。

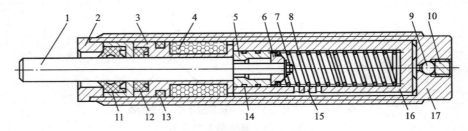

图 11-25 液压缓冲器的结构原理

1—活塞杆；2—限位器；3—轴套；4—储油元件；5—活塞；6—弹簧座；7—螺母；8—复位弹簧；9—钢球；10—止动螺堵；11~14—密封及防尘组件；15—节流孔；16—内筒；17—外筒

如图 11-25 所示是液压缓冲器的结构原理。当运动物体撞到活塞杆端部时，活塞向右运动。由于内筒上节流孔 15 的节流作用，右腔中的油不能通畅流出，外界冲击能使右腔的油压急剧上升。高压油从小孔以高速喷出，使大部分压力能转变为热能，由筒身散发到大气中。当缓冲器活塞位移至行程终端之前，冲击能量已被全部吸收。小孔流出的油返回至活塞左腔。由于活塞位移时，右腔油体积大于左腔（因左腔有活塞杆），泡沫式储油元件被油压缩，以储存由于两腔体积差而多余的油液。外负载撤去，油压力和复位弹簧力使活塞杆伸出的同时，活塞右腔产生负压，左腔及储油元件中的油就返回至右腔，使活塞复位至端部。液压缓冲器的图形符号如图 11-26 所示。

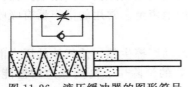

图 11-26 液压缓冲器的图形符号

11.4.3 气液转换器

液压传动的工作介质是液压油，而气动传动的工作介质是压缩空气，使用气压力比液压力简便，但空气有压缩性，难以得到定速运动和低速的平稳运动；液体一般可不考虑压缩性，但液压系统需有液压泵系统，配管较困难，成本也高。使用气液转换器，用气压力驱动气液联用缸动作，就避免空气可压缩性的缺陷，系统启动时或负载变动时，能得到平稳的运动速度。低速动作时，也没有爬行问题。

将空气压力转换成相同压力的液压力的元件称为气液转换器。它的工作原理和图形符号如图 11-27 所示，隔板将一个圆筒形缸筒分隔成两个腔室，右腔室充满油液，在左腔室输入有压气体后，由于隔板两侧受压面积相同，则右腔室输出与有压气体压力相同的油液。

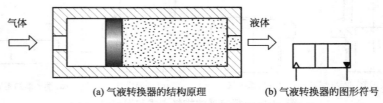

(a) 气液转换器的结构原理　　　　(b) 气液转换器的图形符号

图 11-27 气液转换器的结构原理图和图形符号

思考题与习题

11-1 何为气源装置？它的功能是什么？

11-2　储气罐的功能有哪些？
11-3　油雾器的工作原理是什么？应用在什么场合？
11-4　何为气动三联件？三联件的安装顺序如何？三联件各自的作用是什么？
11-5　真空发生器的工作原理是什么？
11-6　干燥器有哪些种类？
11-7　为什么要安装消声器？
11-8　缓冲器应用在哪些场合？
11-9　气液转换气的作用是什么？

第12章 气动执行元件

气动执行元件是一种将压缩空气的能量转化为机械能,实现直线、摆动或回转运动的传动装置。气动执行元件有三大类:第一类是产生直线往复运动的气缸;第二类是在一定角度范围内作摆动的摆动马达(也称摆动气缸);第三类是产生连续转动的气动马达。

12.1 气缸

普通气缸与液压缸相似,由缸筒、缸盖、活塞和活塞杆密封元件等组成。按作用形式可分为单作用气缸和双作用气缸。按其活塞杆的数量可分为单活塞杆气缸、双活塞杆气缸和无杆气缸。单活塞杆气缸是各类气缸中应用最广的一种气缸。由于它只在活塞的一端有活塞杆,活塞两侧承受气压作用的面积不等,因而活塞杆伸出时的推力大于退回时的拉力。双活塞杆气缸活塞两侧都有活塞杆,两侧受气压作用的面积相等,活塞杆伸出时的推力和退回时的拉力相等。

12.1.1 标准气缸

(1) 单作用气缸

单作用气缸由一侧气口供给气压驱动活塞运动,依靠弹簧力、外力或自重等作用返回。单作用气缸的结构原理如图12-1所示。

① 单作用气缸的类型和工作原理 单作用气缸有预缩型和预伸型两种。预缩型为压缩空气推动活塞,使活塞杆伸出,靠复位力使活塞杆退回。

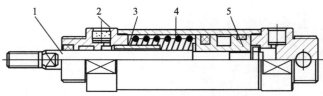

图12-1 单作用气缸的结构原理
1—活塞杆;2—过滤片;3—止动套;4—弹簧;5—活塞

预伸型为压缩空气推动活塞,使活塞杆退回,靠复位力使活塞杆伸出。为了准确知道气缸是否到达终端位置,有些气缸在活塞上安装一个永久磁性橡胶环,随活塞一起运动。在缸身上外装磁性开关以检测活塞的位置。磁性开关又名舌簧开关或磁性发信器,开关内部装有舌簧片式的开关、保护电路装置和动作指示灯等。当装有永久磁铁的活塞运动到舌簧开关附近时,两个簧片被吸引使开关接通。当永久磁铁随活塞离开时,磁力减弱,两簧片弹开,使开关断开。如图12-2所示,气缸左侧进气,右侧排气,活塞位于气缸的右侧,右侧的磁性开关闭合,而左侧的磁性开关断开。

② 单作用气缸的图形符号　如图12-3所示。

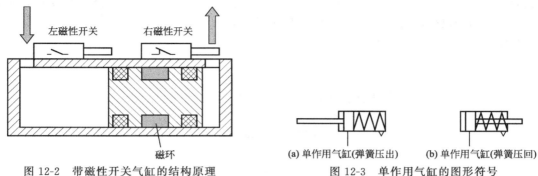

图12-2　带磁性开关气缸的结构原理

图12-3　单作用气缸的图形符号

（2）双作用气缸

双作用气缸是指由两侧供气口交替供给气压使活塞做往复运动，其结构原理如图12-4所示。A孔通有压气体，B孔排气时活塞向右移动；反之，B孔通有压气体，A孔排气时活塞向左移动。

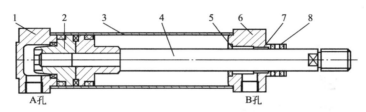

图12-4　双作用气缸的结构原理

1—后缸盖；2—活塞；3—缸筒；4—活塞杆；5—缓冲密封圈；6—前缸盖；7—导向套；8—防尘圈

（3）带缓冲气缸

双作用气缸在行程末端的运动速度较大时，仅靠缓冲垫不足以吸收活塞对缸盖的冲击力，通常可以在气缸内设置气缓冲装置。气缓冲装置是由缓冲套、缓冲密封圈和缓冲阀等组成，其工作原理如图12-5所示。当活塞向右运动时，右缓冲套接触右缓冲密封圈，活塞右侧便形成一个封闭缓冲腔。缓冲腔内的气体只能通过缓冲调节阀排出，如图12-5（a）所示。当缓冲调节阀开度很小时，缓冲腔向外排气很少，活塞继续右行，缓冲腔内气体处于绝热压缩，使腔内压力较快上升。此压力对活塞产生反向作用力，从而使活塞减速，直至停止，避

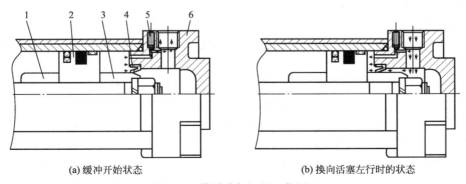

图12-5　带缓冲气缸的工作原理

1—左缓冲套；2—活塞；3—右缓冲套；4—右缓冲密封圈；5—缓冲调节阀；6—缸盖

免或减轻了活塞对缸盖的撞击，达到缓冲的目的。调节缓冲阀的开度，可改变缓冲能力，故带缓冲调节阀的气缸，称为可调缓冲气缸。活塞左行时，有压气体中的一路将右缓冲密封圈推开，另一路经过缓冲阀作用于活塞上，如图 12-5(b) 所示。

双作用气缸的图形符号如图 12-6 所示。

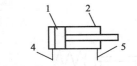 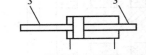

(a) 单活塞杆双作用气缸的图形符号　　　(b) 双活塞杆双作用气缸的图形符号

图 12-6　双作用气缸的图形符号

1—活塞；2—缸筒；3—活塞杆；4，5—进排气管路

12.1.2　其他类型的气缸

（1）膜片式气缸

原理：压缩空气推动非金属膜片活塞杆做往复运动。如图 12-7 所示，当气口 2 通入压力气体时，膜片 3 克服弹簧力和负载向右运动，当压力气体排空后在复位弹簧的作用下，膜片左移。

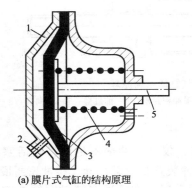 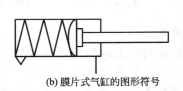

(a) 膜片式气缸的结构原理　　　　　　(b) 膜片式气缸的图形符号

图 12-7　膜片式气缸的结构原理和图形符号

1—缸体；2—气口；3—膜片；4—弹簧；5—活塞杆

特点：结构简单、紧凑、制造容易、维修方便、寿命长。

适用于：气动夹具等短行程的场合。

（2）无杆气缸

无杆气缸没有普通气缸的刚性活塞杆，它利用活塞直接或间接实现往复运动。这种气缸最大的优点是节省了安装空间，特别适用于小缸径、长行程的场合。

无杆气缸主要有机械接触式气缸、磁性耦合气缸、绳索气缸和钢带气缸。前两种无杆气缸在气动自动化系统、气动机器人中获得了大量应用。通常把机械耦合的无杆气缸简称为无杆气缸，磁性耦合的气缸称为磁性气缸。这样既不会混淆，称呼又方便。

如图 12-8 所示为无杆气缸的结构原理。在活塞上安装了一组高磁性的稀土永久磁环，其输出力的传递靠磁性耦合，由活塞 3（内磁环）带动缸筒 2 外边的外磁钢 5 与负载连接套 4 一起移动。特点是无外部泄漏，小型，轻量化，节省轴向空间，可承受一定的横向负载等。

无杆气缸的图形符号如图 12-9 所示。

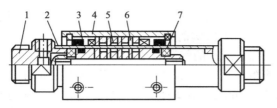

图 12-8 无杆气缸的结构原理

1—气缸盖；2—缸筒；3—活塞（内磁环）；4—负载连接套；5—磁钢（外磁环）；6—隔磁套；7—缓冲垫

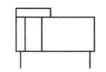

图 12-9 无杆气缸的图形符号

(3) 带导向杆的气缸

带导杆的气缸（图 12-10）是将与活塞平行的两根导杆与气缸组成一体，从而使气缸提高了导向精度并能够承受较大的横向负载和力矩。

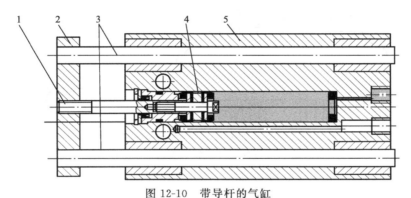

图 12-10 带导杆的气缸

1—活塞杆；2—连接板；3—导向杆；4—活塞；5—缸筒

(4) 气液阻尼缸

气液阻尼缸的功能：用气缸产生驱动力，利用液压缸的阻尼作用获得平稳的运动。气液阻尼缸的类型及工作原理如下。

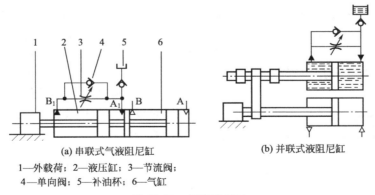

(a) 串联式气液阻尼缸　　(b) 并联式液阻尼缸

1—外载荷；2—液压缸；3—节流阀；4—单向阀；5—补油杯；6—气缸

图 12-11 气液阻尼缸

① 串联式气液阻尼缸　串联式气液阻尼缸如图 12-11(a) 所示。串联式气液阻尼缸由气缸和液压缸两部分组成，气缸和液压缸的活塞被固定在同一个活塞杆上，A 口进入压缩空气时，活塞与活塞杆左移，液压缸左腔中的液体经过节流阀 3 流入液压缸的右腔。由于节流阀的节流作用，液缸左腔液体的排出被节流，从而速度得以控制，此时液压缸与节流阀组成

了一个阻尼回路。B口进入压缩空气时，活塞与活塞杆右移，液压缸内的液压油从 A_1 口流出经单向阀 4 从 B_1 口流入液压缸右腔。由于单向阀的开启，此时液压缸与单向阀组成的回路并未起到阻尼的作用，因此如图 12-11(a) 所示的气液阻尼缸为单向阻尼。

② 并联式气液阻尼缸　并联式气液阻尼缸如图 12-11(b) 所示。液压缸与气缸并联使用，液压缸与气缸用一块刚性连接板相连，液压缸活塞杆可在连接板内浮动一段行程。与串联式气液阻尼缸相比，并联式气液阻尼缸具有缸体长度短、占机床空间位置小、结构紧凑的优点。

(5) 波纹气囊气缸

波纹气囊式气缸是在橡胶气囊的两端安装金属硬芯构成的无复位弹簧的一种膜片气缸。气缸的优点在于其安装高度低，从而降低了整体的安装高度。波纹气囊气缸的结构简图和图形符号如图 12-12 所示。

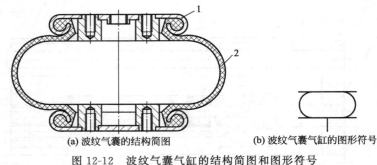

(a) 波纹气囊的结构简图　　(b) 波纹气囊气缸的图形符号

图 12-12　波纹气囊气缸的结构简图和图形符号

1—金属板；2—橡胶气囊

12.2　摆动马达

12.2.1　摆动马达概述

摆动马达是一种在小于 360°角度范围内做往复摆动的气动执行元件。它将压缩空气的压力能转换成机械能，输出力矩使机构实现往复摆动。常用的摆动马达的最大摆动角度分别为 90°、180°、270°三种规格。摆动马达输出轴承受扭矩，对冲击的耐力小，因此若受到驱动物体停止时的冲击作用将容易损坏，需采用缓冲或安装制动器予以保护。

根据摆动马达的结构型式，摆动马达可以分为叶片式摆动马达和齿轮齿条式摆动马达。

12.2.2　叶片式摆动马达

叶片式摆动马达的工作原理简图如图 12-13 所示。在马达的定子上有两条气路，在左路进气时，右路排气。压缩空气作用在叶片上带动转子逆时针转动；反之，作顺时针转动。用方向控制阀控制马达的进排气方向，实现马达的正反转。

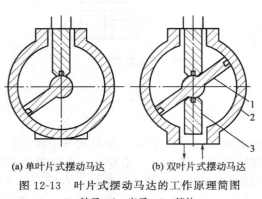

(a) 单叶片式摆动马达　(b) 双叶片式摆动马达

图 12-13　叶片式摆动马达的工作原理简图

1—转子；2—定子；3—挡块

12.2.3 齿轮齿条式摆动马达

齿轮齿条式摆动马达通过一个可补偿磨损的齿轮齿条将活塞的直线运动转化为轴出轴的回转运动。活塞仅做往复直线运动。这种摆动马达的回转角度不受限制，可超过 360°（实际使用一般不超过 360°），但不宜太大，否则齿条太长也不合适。如图 12-14 所示，当马达左腔进气、右腔排气时，活塞推动齿条向左运动，齿轮和轴做顺时针方向回转运动，输出转矩；反之，齿轮做逆时针方向回转，其回转角度取决于活塞的行程和齿轮的节圆半径。摆动马达的图形符号如图 12-15 所示。

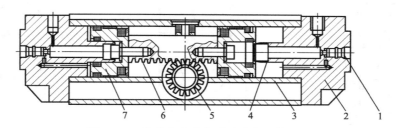

图 12-14 齿轮齿条式摆动马达的工作原理

1—缓冲节流阀；2—端盖；3—缸体；4—缓冲柱塞；5—齿轮；6—齿条；7—活塞

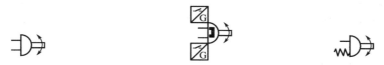

(a) 双作用摆动马达的图形符号 (b) 带磁环和磁开关的摆动马达的图形符号 (c) 单作用摆动马达的图形符号

图 12-15 摆动马达的图形符号

12.3 气动手指气缸

12.3.1 气动手指气缸概述

气动手指气缸也称气指或气爪，其作用是实现各种抓取功能，是现代气动机械手的关键部件。根据气指的数目不同可分为 2 点手指气缸、3 点手指气缸、4 点手指气缸。根据运动型式不同可分为平行手指气缸和摆动手指气缸。气动手指气缸的基本结构是在活塞杆上连接一个传动机构。带动气指气缸做直线移动或绕某支点做旋转摆动，以夹紧或释放工件。

12.3.2 平行手指气缸

如图 12-16 所示，平行手指气缸的手指是通过两个活塞动作的。每个活塞由一个滚轮和一个双曲柄与气动手指气缸相连，形成一个特殊的驱动单元。这样，气动手指气缸总是轴向对心移动，每个手指气缸是不能单独移动的。如果手指气缸反向移动，则先前

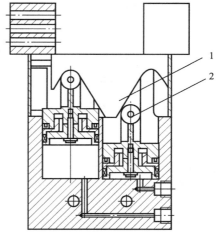

图 12-16 平行手指气缸的结构原理

1—双曲柄；2—滚轮

受压的活塞处于排气状态,而另一个活塞处于受压状态。

12.3.3 3点手指气缸

如图 12-17 所示,3 点手指气缸的活塞上有一个环形槽,每个曲柄与一个气动手指气缸相连,活塞运动能驱动三个曲柄动作,因而可控制三个手指气缸同时打开和合拢。

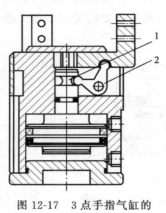 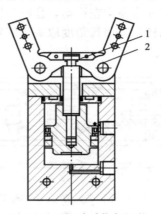 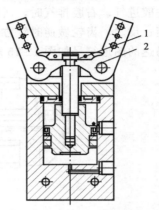

图 12-17　3点手指气缸的结构原理
1—活塞环形槽；2—曲柄

图 12-18　摆动手指气缸的结构原理
1—活塞环形槽；2—耳轴

图 12-19　旋转手指气缸的结构原理
1—环形槽；2—驱动轮

12.3.4 摆动手指气缸

如图 12-18 所示,摆动手指气缸的活塞杆上有一个环槽,由于手指气缸耳轴与环形槽相连,因而手指气缸可同时移动且自动对中,并确保抓取力矩始终恒定。

12.3.5 旋转手指气缸

如图 12-19 所示,旋转手指气缸的动作是按照齿轮齿条的啮合原理工作的。活塞与一根可上下移动的轴固定在一起。轴的末端有三个环形槽,这些槽与两个驱动轮的齿啮合。因而,气动手指气缸可同时移动并自动对中,齿轮齿条原理确保了抓取力矩始终恒定。

气动手指气缸的图形符号如图 12-20 所示。

 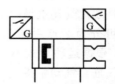

(a) 单作用气动手指气缸(爪)　　(b) 双作用气动手指气缸(爪)　　(c) 带磁环和磁开关双作用气动手指气缸(爪)

图 12-20　气动手指气缸的图形符号

12.4 气马达

12.4.1 气马达概述

气动马达是将压缩空气的压力能转换成回转机械能的转换装置。气马达和电动机相比,有如下特点。

① 工作安全 适用于易燃、高温、振动、潮湿、粉尘等恶劣的工作环境，在不利条件下能正常工作。

② 有过载保护作用 过载时气马达只会降低速度或停车，不会因过载而发生烧毁。

③ 能够实现正反转 气马达回转部分惯性矩小且空气本身的惯性也小，所以能快速启动和停止。只要改变进、排气方向，就能实现输出轴的正转和反转。

气马达按结构形式分为叶片式、活塞式和齿轮式三类。

12.4.2 叶片式气马达

如图 12-21 所示为叶片式马达的结构原理。其主要由定子、转子、叶片及壳体构成。在定子上有进、排气用的配气槽孔。转子上铣有长槽，槽内装有叶片。定子两端有密封盖。转子与定子偏心安装。这样，沿径向滑动的叶片与壳体内腔构成气马达的工作腔。

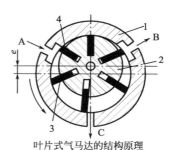

图 12-21 叶片式气马达
1—定子；2—转子；3,4—叶片；e—偏心距；A—顺时针旋转进气口；B—逆时针旋转进气口；C—排气口

叶片式气马达的工作原理是，压缩空气从输入口进入，作用在工作腔两侧的叶片上。由于转子偏心安装，气压作用在两侧叶片上产生转矩，使转子按逆时针方向旋转。当偏心转子转动时，工作腔容积发生变化，在相邻工作腔间产生压力差，利用该压力差推动转子转动。做功后的气体从输出口排出，若改变压缩空气的输入方向，即可改变转子的转向。

12.4.3 活塞式气马达

常用活塞式气马达大多是径向连杆式的，如图 12-22 所示为径向连杆活塞气马达的结构原理。

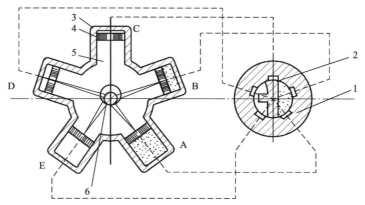

图 12-22 径向连杆活塞式气马达的结构原理
1—配气阀套；2—配气阀；3—气缸体；4—活塞；5—连杆组件；6—曲轴

压缩空气由进气口（图中未画出）进入配气阀套 1 及配气阀 2，经配气阀及配气阀套上的孔进入气缸 3（图示进入气缸 A 和 B），推动活塞 4 及连杆组件 5 运动。通过活塞连杆带动曲轴 6 旋转。曲轴旋转的同时，带动与曲轴固定在一起的配气阀 2 同步转动，使压缩空气随着配气阀角位置的改变进入不同的缸内（图示顺序为 A、B、C、D、E），依次推动各个

活塞运动，各活塞及连杆带动曲轴连续运转。与此同时，与进气缸相对应的气缸处于排气状态。

12.4.4 齿轮式气马达

齿轮式气马达的结构原理如图 12-23 所示，压缩空气从进气口进入马达缸体内驱动两个相啮合的直齿轮轴反向旋转。压缩空气作用于两个齿轮的齿侧面，产生接近于两倍单齿轮的扭力，其中一个齿轮轴输出到前端和马达的轴内侧啮合，从而带动马达轴旋转。

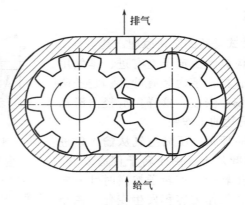

图 12-23 齿轮式气马达的结构原理

气动马达的图形符号如图 12-24 所示。

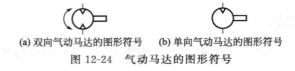

(a) 双向气动马达的图形符号 (b) 单向气动马达的图形符号

图 12-24 气动马达的图形符号

思考题与习题

12-1 标准气缸都有哪些种类？如何工作？

12-2 特殊气缸有哪些种类？

12-3 膜片气缸、无杆气缸、波纹气囊气缸、带导杆气缸应用在什么场合？

12-4 摆动气缸的种类有哪些？它们如何工作？

12-5 气动手指气缸有哪些种类？应用在什么场合？

12-6 气液阻尼缸的工作原理和适用场合是什么？

第13章

气动控制元件

气动控制元件是指在气动系统中控制气流的压力、流量和流动方向,保证气动执行元件或机构按规定程序正常工作的各类气动元件。按其实现的功能主要可以分为以下几类:方向控制阀、压力控制阀、流量控制阀和逻辑控制阀。

① 方向控制阀 改变工作气体的流动方向和控制气流通断。
② 压力控制阀 控制和调节工作气体压力。
③ 流量控制阀 控制和调节工作气体流量。
④ 逻辑控制阀 实现一定逻辑功能,已逐步被可编程控制器PLC所取代。

13.1 方向控制阀

方向控制阀是主要用于改变气体的流动方向或改变气体的通断状态的控制元件。按阀内气流作用的方向可分为单向型和换向型。

13.1.1 单向型方向控制阀

单向型方向控制阀只允许气体沿一个方向流动。常用的单向型方向控制阀有单向阀、梭阀、双压阀、快速排气阀等。

(1) 单向阀

常用的单向阀可分为普通单向阀和气控单向阀。

普通单向阀只允许气流在一个方向上通过,而在相反方向上则完全关闭,如图13-1所示。图示位置为阀芯在弹簧力作用下关闭。在P口加入气压后,作用在阀芯上的气压力克服弹簧力和摩擦力将阀芯打开,P口、A口接通。气流从P口流向A口的流动称为正向流动。为了保证气流从P口到A口稳定流动,应在P口和A口之间保持一定的压力差,使阀保持在开启位置。若在A口加

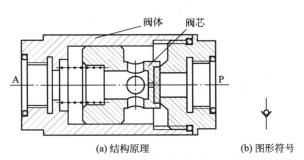

图 13-1 普通单向阀的结构原理图和图形符号

入气压,A口、P口不通,即气流不能反向流动。弹簧的作用是增加密封性,防止低压泄

漏。另外，在反向流动时，使阀门迅速关闭。

气控单向阀比普通单向阀增加了一个控制口——K口（图13-2），K口未通入控制气体时，气控单向阀与普通单向阀功能相同，即气流从P口流向A口，而不能从A口流向P口。如果K口通入控制气体，在控制气体的作用下，阀芯被顶开，气体可以通过A口流向P口实现反向流动。

（2）梭阀

如图13-3所示，梭阀有两个入口P_1、P_2和一个出口A，作用相当于或门逻辑功能，无论是P_1口或P_2口进气，A口总是有输出的。

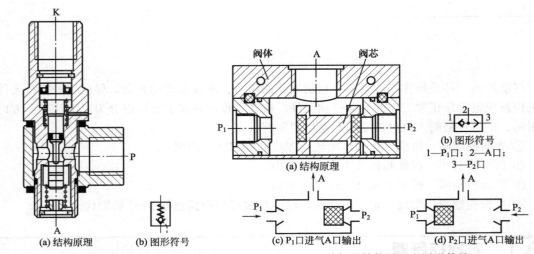

图13-2 气控单向阀的结构原理和图形符号

图13-3 梭阀的结构原理和图形符号

（3）双压阀

双压阀的作用相当于与门逻辑功能。如图13-4所示为双压阀的结构原理和图形符号，有两个输入口P_1和P_2，一个输出口A。只有P_1、P_2同时有输入时，A口才有输出。

（4）快速排气阀

如图13-5所示为快速排气阀的结构原理和图形符号。当P口进气后，阀芯关闭排气口O，P、A口通路导通，A口有输出。当P口无气时，输出管路中的空气使阀芯将P口封住，A、O接通，排向大气。快速排气阀用于使气动元件和装置需要快速排气的场合。

13.1.2 换向型方向控制阀

改变气流流动方向的控制阀称为换向型方向控制阀，简称换向阀。

（1）按控制方式分类

常用的有气压控制、电磁控制、人

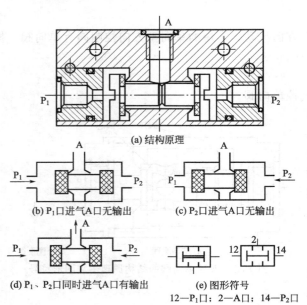

图13-4 双压阀的结构原理和图形符号

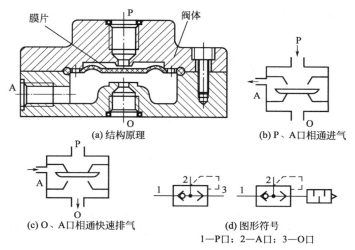

图 13-5 快速排气阀的结构原理和图形符号

力控制和机械控制四类。

① 气压控制 用气压力来操纵阀切换的控制方式，这种阀称为气压控制换向阀，简称气控阀（图 13-6）。在易燃、易爆、潮湿、粉尘的工作环境中能安全可靠工作。

② 电磁控制 利用电磁线圈通电时，静铁芯对动铁芯产生电磁吸力使阀切换以改变气流方向的阀，称为电磁控制方向阀，简称电磁阀（图 13-7）。这种阀易于实现电、气联合控制，能实现远距离操作，故得到广泛应用。

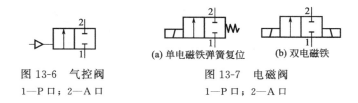

图 13-6 气控阀
1—P 口；2—A 口

图 13-7 电磁阀
1—P 口；2—A 口

③ 人力控制 依靠人力使阀切换的换向阀，称为人力控制换向阀，简称人控阀（图 13-8）。它可分为手动阀和脚踏阀两大类。

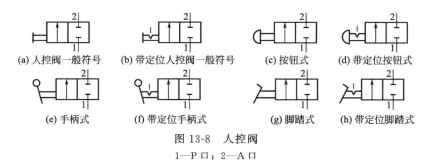

图 13-8 人控阀
1—P 口；2—A 口

④ 机械控制 利用凸轮、撞块或其他机械外力使阀换向的阀，称为机械控制换向阀，简称机控阀（图 13-9）。这种阀常用作信号阀使用。

（2）按阀的通口数目分类

这里所指的阀的通口数目是阀的切换通口数目，不包括控制口数目。阀的切换通口包括输入口、输出口和排气口。按切换通口数目分,常用的有二通阀、三通阀、四通阀和五通阀等。

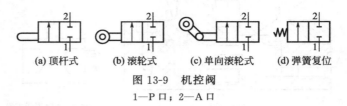

(a) 顶杆式 (b) 滚轮式 (c) 单向滚轮式 (d) 弹簧复位

图 13-9　机控阀

1—P口；2—A口

① 二通阀　二通阀（图 13-10）有两个口,即一个输入口（用 P 表示）和一个输出口（用 A 表示）。

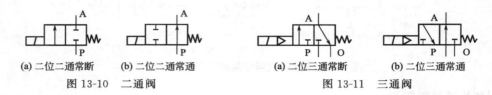

(a) 二位二通常断　(b) 二位二通常通　　(a) 二位三通常断　(b) 二位三通常通

图 13-10　二通阀　　　　　　图 13-11　三通阀

② 三通阀　三通阀（图 13-11）有三个口,除 P 口、A 口外,增加一个排气口（用 O 表示）。也可以是两个输入口（用 P_1、P_2 表示）和一个输出口,作为选择阀（选择两个不同大小的压力值）；或一个输入口,两个输出口,作为分配阀。

③ 四通阀　四通阀有四个口,除 P、A、O 口外,还有一个输出口（用 B 表示）。气流通路为 P-A、B-O 或 P-B、A-O。二位四通阀如图 13-12 所示。

图 13-12　二位四通阀　　　　图 13-13　五通阀

④ 五通阀　五通阀（图 13-13）有五个口,除 P、A、B 口外,还有两个排气口（用 O_1、O_2 表示）。通路为 P-A、B-O_2 或 P-B、A-O_1。五通阀也可变成选择式阀,即两个输入口（P_1 和 P_2）、两个输出口（A 和 B）和一个排气口 O。两个输入口供给压力不同的压缩空气。

(3) 按阀芯的工作位置数分类

阀芯的工作位置简称"位"。有几个工作位置的阀就是几位阀。

① 二位阀　有两个通口的二位阀称为二位二通阀。它可实现气路的通或断。有三个通口的二位阀,称为二位三通阀。在不同工作位置,可实现 P、A 口相通或 A、O 口相通。这种阀可用于推动单作用气缸的回路中。常见的还有二位五通阀,它可用于推动双作用气缸的回路中。由于有两个排气口,能对气缸的工作行程和返回行程分别进行调速。

② 三位阀　三位阀有三个工作位置。当阀芯处于中间位置时（也称零位）,各通口呈封闭状态,则称为中位封闭式阀；若出口与排气口相通,则称为中位泄压式阀,也称为 ABO 连接式；若出口都与进口相通,则称为中位加压式阀,也称为 PAB 连接式；若在中泄式阀的两个出口内,装上单向阀,则称为中位止回式阀。阀的工作位置如图 13-14 所示。

(4) 气压控制阀

气压控制可分为加压控制、卸压控制、差压控制和延时控制等。

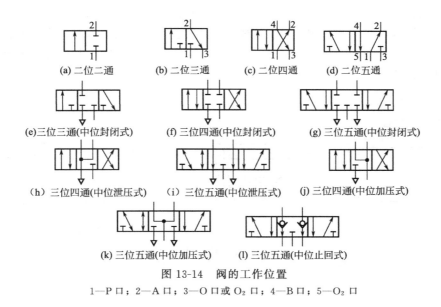

图 13-14 阀的工作位置
1—P 口；2—A 口；3—O 口或 O_2 口；4—B 口；5—O_2 口

① 加压控制　加压控制是指输入的控制气压是逐渐上升的。这是最常用的控制方式，气控阀有单气控和双气控之分。

如图 13-15 所示为单气控换向阀的动作原理，加压前在弹簧力的作用下滑阀的阀芯位于右侧的位置，X 口通入压缩空气，在气体的压力作用下弹簧受到压缩，滑阀阀芯移至左位。

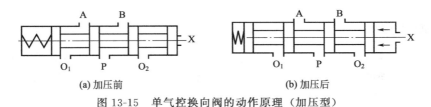

(a) 加压前　　　　　　　　　　(b) 加压后
图 13-15　单气控换向阀的动作原理（加压型）

如图 13-16 所示为双气控换向阀的动作原理，当 X 口通入压缩空气，在气体的压力作用下，滑阀阀芯移至左位。

当 Y 口通入压缩空气，在气体的压力作用下，滑阀阀芯移至右位。

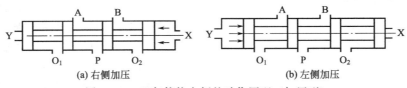

(a) 右侧加压　　　　　　　　　　(b) 左侧加压
图 13-16　双气控换向阀的动作原理（加压型）

② 卸压控制　卸压控制（释压控制）是指输入的控制气压是逐渐降低的，当压力降至某一值时阀便被切换。

③ 差压控制　差压控制是利用阀芯两端受气压作用的有效面积不等，在气压的作用下产生的作用力的差值使阀切换。

④ 延时控制　延时控制是利用气流经过小孔或缝隙节流后向气室里充气，当气室里的压力升至一定值后使阀切换，从而达到信号延时输出的目的。

如图 13-17 所示，当右控制腔 5 通入压缩空气时，由于气容空间较大，且气体经过节流阀 3 缓慢进入气容 C 腔，因此阀芯 2 右侧的压力小于左侧的压力，阀芯向左移动，经过一段延时后气容 C 腔内的压力不断增大，由于阀芯 2 左侧的承压面积大于右侧的承压面积，因此阀芯延时后右移。

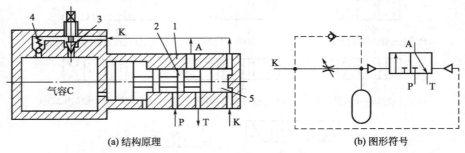

图 13-17　延时控制换向阀的结构原理和图形符号
1—阀体；2—阀芯；3—节流阀；4—左控制腔；5—右控制腔

13.2　压力控制阀

压力控制阀的功能：调节和控制压力大小。

常用的压力控制阀主要有：减压阀（调压阀）、安全阀、溢流阀、顺序阀、增压阀及多功能组合阀等。

13.2.1　减压阀

在一个气动系统中，来自于同一个压力源的压缩空气可能要去控制不同的执行元件（气缸或马达等），不同的执行元件对于压力的需求是不一样的。因此在各个气动支路的压力也是不同的。这就需要使用一种控制元件为每一个支路提供不同的稳定的压力，这种元件就是减压阀。减压阀是将较高的输入压力调到规定的输出压力的压力控制阀，并能保持稳定的出口侧压力。

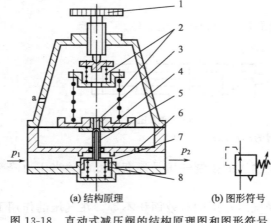

图 13-18　直动式减压阀的结构原理图和图形符号
1—手柄；2—调压弹簧；3—溢流口；
4—膜片；5—阀芯；6—反馈导管；
7—阀口；8—复位弹簧

减压阀的调压方式有直动式和先导式两种。直动式减压阀是借助弹簧力直接进行调压的；先导式减压阀是用预先调整好的气压来代替直动式调压弹簧进行调压的。

如图 13-18 所示是直动式减压阀的结构原理和图形符号。顺时针旋转调节手柄，调压弹簧被压缩，推动膜片和阀杆下移，进气阀门打开，在输出口有气压输出。同时，输出气压经反馈导管作用在膜片上产生向上的推力。该推力与调压弹簧作用力相平衡时，阀便有稳定的压力输出。若输出压力超过调定值，则膜片离开平衡位置而向上变形，使得溢流阀打开，多余的空气经溢流口排入大气。当输出压力降至调定值时，溢流阀关闭，膜片上的受力保持平衡状态。逆时针旋转手柄，调压弹簧放松，作用在膜片上的气压力大于弹簧力，溢流阀打开，输出压力降低直至为零。

如图 13-19 所示是先导式减压阀的结构原理和图形符号。先导式减压阀是使用预先调整好的压力空气来代替直动式调压弹簧进行调压的。其调节原理和主阀部分的结构与直动式减压阀相同。

13.2.2 安全阀和溢流阀

安全阀是为了防止元件和管路等的破坏，而限制回路中最高压力的阀，超过最高压力就自动放气。溢流阀是在回路中的压力达到阀的规定值时，使部分气体从排气侧放出，以保持回路内的压力在规定值的阀。溢流阀和安全阀的作用不同，但结构原理基本相同。

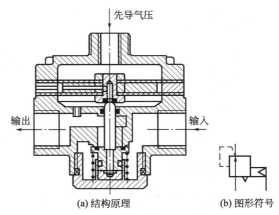

图 13-19 先导式减压阀的结构原理图和图形符号

如图 13-20 所示为溢流阀的结构原理和图形符号。阀的输入口与控制系统（或装置）连接。当系统中的气体压力为零时，作用在阀芯上的弹簧力使它紧压在阀座上。随着系统中的气压增加，即在阀芯下面产生一个气压作用力，若此力小于弹簧力时两者作用力之差形成阀芯和阀座之间的密封力。当系统中压力上升到某一值时，阀的密封力变为零。若压力继续上升到阀的开启压力时，阀芯开始打开，压缩空气从排气口急速喷出。阀开启后，若系统中的压力继续上升到阀的全开压力时，则阀芯全部开启，从排气口排出额定的流量。此后，系统中的压力逐渐降低，当低于系统工作压力的调定值时（即阀的关闭压力）阀门关闭，并保持密封。

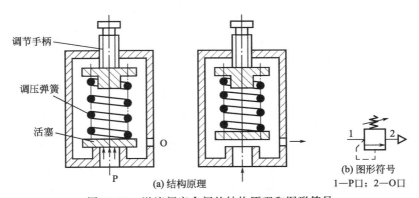

图 13-20 溢流阀安全阀的结构原理和图形符号

13.2.3 顺序阀

顺序阀也称为压力联锁阀，是依靠回路中压力的变化来控制顺序动作的一种压力控制阀。顺序阀是当进口压力或先导压力达到设定值时，便允许压缩空气从进口侧向出口侧流动的阀。使用它，可依据气压的大小，来控制气动回路中各元件动作的先后顺序。顺序阀常与单向阀并联，构成单向压力顺序阀。

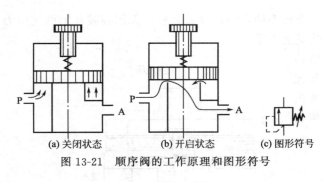

图 13-21　顺序阀的工作原理和图形符号

顺序阀的工作原理比较简单，如图 13-21(a) 所示，压缩空气从 P 口进入阀后，作用在阀芯下面的环形活塞面积上，当此作用力低于调压弹簧的作用力时，阀关闭。如图 13-21(b) 所示，当空气压力超过调定的压力值时即将阀芯顶起，气压立即作用于阀芯的全面积上，使阀达到全开状态，压缩空气便从 A 口输出。当 P 口的压力低于调定压力时，阀再次关闭。如图 13-21 所示为其图形符号。

13.2.4　增压阀

工厂气路中的压力通常不高于 1.0MPa。但在下列情况下，却需要少量、局部高压气体。

① 气路中个别或部分装置需使用高压（比主管路压力高）。

② 工厂主气路压力下降，不能保证气动装置的最低使用压力时，利用增压阀提供高压气体，以维持气动装置正常工作。

③ 空间窄小，不能配置大缸径气缸，但输出力又必须确保。

④ 气控式远距离操作，必须增压以弥补压力损失。

因此需要使用增压阀对部分支路进行增压。

如图 13-22 所示是增压阀的动作原理和图形符号。输入的气压分两路：一路打开单向阀充入小气缸的增压室 A 和 B；另一路经调压阀及换向阀，向大气缸的驱动室 B 充气，驱动室 A 排气。这样，大活塞左移，带动小活塞也左移，增压室 B 增压，打开单向阀从出口送出高压气体。小活塞走到头，使换向

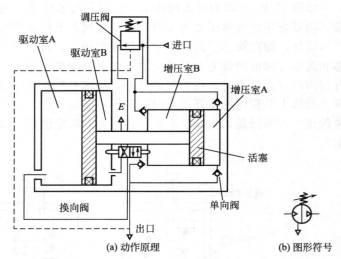

图 13-22　增压阀的动作原理和图形符号

阀切换，则驱动室 A 进气，驱动室 B 排气，大活塞反向运动，增压室 A 增压，打开单向阀，继续从输出口送出高压气体。以上动作反复进行，便可从出口得到连续输出的高压气体。出口压力反馈至调压阀，可使出口压力自动保持在某一值。得到在增压比范围内的任意设定的出口压力。

13.3　流量控制阀

13.3.1　流量控制原理

在气动自动化系统中，通常需要对压缩空气的流量进行控制，如控制气缸的运动速度，延时阀的延时时间等。对流过管道（或元件）的流量进行控制，只需改变管道的截面积即

可。从流体力学的角度看,流量控制是在管路中制造一种局部阻力装置,改变局部阻力的大小,就能控制流量的大小。

实现流量控制的方法有两种:一种是固定的局部阻力装置,如毛细管、孔板等;另一种是可调节的局部阻力装置,如节流阀。

13.3.2 节流阀

节流阀是依靠改变阀的流通面积来调节流量的。要求节流阀流量的调节范围较宽,能进行微小流量调节,调节精确,性能稳定,阀芯开度与通过的流量成正比。

在流量控制阀中调节阀口开度进而调节通气流量的结构有多种,如平板式结构、针阀式结构、球阀式结构(图13-23)。由于针阀能实现微小流量的精确控制,因此在流量调节阀中被广泛使用。

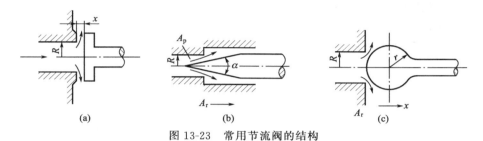

图 13-23 常用节流阀的结构

如图 13-24 是节流阀的结构原理和图形符号。压缩空气从 P 口输入流向 A 口,通过调节调节螺钉就可以实现阀口开度大小,进而调节通气量。

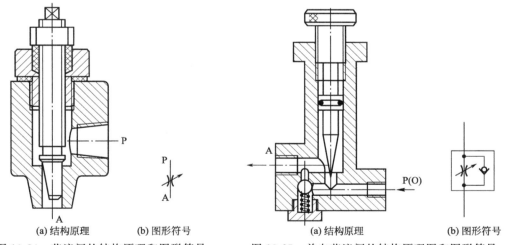

图 13-24 节流阀的结构原理和图形符号　　图 13-25 单向节流阀的结构原理图和图形符号

(1) 针阀式节流阀

(2) 单向节流阀

单向节流阀是由单向阀和节流阀并联而成的流量控制阀,常用于控制气缸的运动速度。

如图 13-25 所示,当压缩气体从 P 口流向 A 口时,单向阀关闭,气体只能通过节流阀流向 A 口,通过调节节流阀的开度就可以调节气体的流量。当压缩气体从 A 口流向 P 口时,单向阀打开,气体不通过节流阀而从单向阀流向 P 口。因此从 A 口流向 P 口时气体并未节流。

思考题与习题

13-1 简述单向阀与气控单向阀的工作原理。
13-2 简述梭阀的工作原理。
13-3 简述双压阀的工作原理。
13-4 简述快速排气阀的工作原理。
13-5 根据控制方式的不同,换向阀可以分为哪些种类?
13-6 根据阀的通口数量的不同,换向阀可以分为哪些种类?
13-7 根据阀的工作位置的不同,换向阀可以分为哪些种类?
13-8 气控换向阀分为哪些种类?它们是如何工作的?
13-9 简述减压阀的工作原理。
13-10 简述顺序阀的工作原理。
13-11 简述节流阀的工作原理。

第14章 气动基本回路

气动系统也是由一些基本控制回路组成的。根据控制目的和控制功能的要求不同，在长期实践的基础上，人们用各种气动元件组成了很多气动基本回路，这些回路用于实现各种不同的控制功能。按其实现控制功能不同，气动基本回路分为方向控制回路、速度控制回路、压力控制回路、多缸同步回路等。

14.1 换向回路

通过改变进气的方向来改变执行元件的方向的回路称为换向回路。根据执行元件的作用方式不同，换向回路可分为单作用换向回路（图14-1和图14-2）和双作用换向控制回路（图14-3和图14-4）。单作用换向回路的回程由弹簧力或其他形式的外力来驱动。双作用的换向回路，气缸的伸缩都由压缩空气进行驱动。

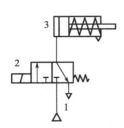

图14-1 单作用气缸换向回路（电磁阀控制）
1—气源；2—电磁换向阀；3—单作用气缸

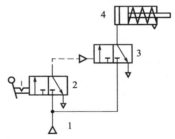

图14-2 单作用气缸换向回路（气控阀）
1—气源；2—手动换向阀；3—气控换向阀；4—单作用气缸

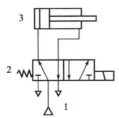

图14-3 双作用气缸换向回路（电磁阀控制）
1—气源；2—电磁换向阀；3—双作用气缸

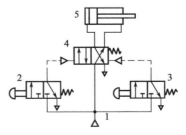

图14-4 双作用气缸换向回路（气控阀）
1—气源；2,3—手动换向阀；
4—气控换向阀；5—双作用气缸

14.2 调速回路

因为气动系统的使用功率不大，因此气动执行元件的速度调节常采用节流调速的方式来实现。如图 14-5 和图 14-6 所示的控制回路用于实现单作用气缸的双向调速和双作用气缸的双向调速。如图 14-5 所示，活塞杆伸出的速度取决于单向节流阀 3 的开度，活塞杆收回的速度取决于单向节流阀 4 的开度。如图 14-6 所示的速度调节回路中，活塞杆伸出的速度取决于单向节流阀 4 的开度，活塞杆收回的速度取决于单向节流阀 3 的开度。

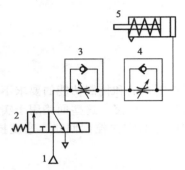

图 14-5 单作用气缸双向调速回路
1—气源；2—电磁换向阀；3,4—单向节流阀；5—气缸

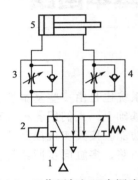

图 14-6 双作用气缸双向调速回路
1—气源；2—电磁换向阀；3,4—单向节流阀；5—气缸

14.3 差动快速回路和速度换接回路

与液压的差动回路相似，气压的差动回路也可以在气缸结构尺寸和形式已定、不增大气源的供气量的情况下实现气缸的快速运动。如图 14-7 所示为差动快速回路。当电磁换向阀 2 未得电时，气源 1 通过电磁换向阀 2 直通气缸的无杆腔，有杆腔排出的气体也通过电磁换向阀 2 进入气缸的无杆腔，从而实现差动快速回路。

速度换接回路的主要功能是把执行元件从一种速度转换为另一种速度。如图 14-8 所示，气缸活塞杆刚伸出时，行程阀 4 处于接通的状态，气缸 5 有杆腔排出的气体经行程阀 4、气控换向阀 2 排空。活塞杆以较快的速度运动。当活塞杆的挡铁压下行程阀时，行程阀断开，有杆腔排除的气体经单向节流阀 3、气控换向阀 2 排空。活塞杆以较慢的速度运动。行程阀的接通和断开实现了活塞杆运动速度的快慢换接。

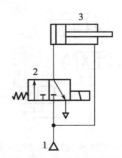

图 14-7 差动快速回路
1—气源；2—电磁换向阀；3—气缸

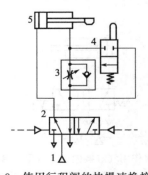

图 14-8 使用行程阀的快慢速换接回路
1—气源；2—气控换向阀；3—单向节流阀；4—行程阀；5—气缸

如图 14-9 所示为慢进快退的速度控制回路。按下手动换向阀 2，压缩空气经二位五通气控换向阀 4、快速排气阀 5 进入气缸 7 的无杆腔。从有杆腔排出的气体经单向节流阀 6 进入气控换向阀 4 排空。活塞杆以较慢的速度伸出。当机动换向阀 3 触发时，压缩空气经气控换向阀 4 右位、单向节流阀 6 进入气缸 7 的有杆腔，无杆腔排出的气体经快速排气阀 5 排空，因为有杆腔截面积较小且压缩空气未被节流调速，因此活塞杆以较快的速度退回。

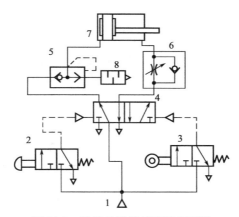

图 14-9 慢进快退的速度控制回路

1—气源；2—手动换向阀；3—机动换向阀；4—气控换向阀；5—快速排气阀；6—单向节流阀；7—气缸；8—消声器

14.4 压力控制回路

对气动系统压力进行调节和控制的回路称为压力控制回路。

（1）一次压力控制回路

一次压力控制回路又称为气源压力控制回路。如图 14-10 所示，本回路主要用于控制储气罐 3 内的压力。储气罐 3 开有两个控制口：一个控制口接压力继电器（压力开关 4），用于控制空压机 1 的启停；另一个控制口接安全阀 2，主要用于限定储气罐的最高压力。

（2）设备压力控制回路（二次压力控制回路）

设备压力控制回路主要是通过不同的调压回路控制压力输出以满足不同设备对压力的需求。如图 14-11 所示是高低压输出控制回路，

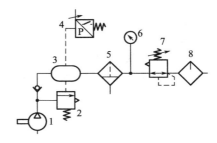

图 14-10 一次压力控制回路

1—空压机；2—安全阀；3—储气罐；4—压力开关；5—分水过滤器；6—压力表；7—减压阀；8—油雾器

如图 14-12 所示是二次压力控制回路，如图 14-13 所示是双压力控制回路。这些控制回路主要由气源、气动三联件（分水过滤器、减压阀、油雾器）等组成。图 14-11 可以实现高压、低压两路输出，高压用于控制高压设备，低压用于控制低压设备。高压压力的大小取决于减压阀 3，低压压力的大小取决于减压阀 4。如图 14-12 所示的控制回路只能向设备提供一种压力，该压力的大小取决于减压阀 3 的调节压力，压力表 4 用于显示当前设备测得的实际压力（不高于减压阀 3 的调节压力），油雾器 5 为气动设备提供雾化的润滑油。如图 14-13 所示的压力控制回路主要应用于气缸伸出与缩回时控制压力不同的情况。活塞杆伸出系统的压力取决于气源 1 的压力。气缸缩回时，气缸的工作压力取决于减压阀 3 所调定的压力。

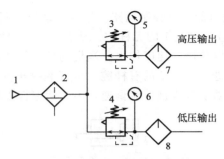

图 14-11 高低压输出控制回路

1—气源；2—分水过滤器；3—减压阀（高压）；4—减压阀（低压）；5,6—压力表；7,8—油雾器

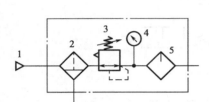

图 14-12 二次压力控制回路

1—气源；2—分水过滤器；3—减压阀；
4—压力表；5—油雾器

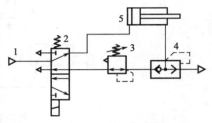

图 14-13 双压力控制回路

1—气源；2—电磁换向阀；3—减压阀；
4—快速排气阀；5—气缸

14.5 "与"逻辑的双手操作回路

如图 14-14 和图 14-15 所示，这两种回路都是"与"逻辑的操作回路。图 14-14 用于控制一个单作用气缸 5 的换向，图 14-15 用于控制一个双作用气缸 7 的换向。两个气缸的换向都是通过气控换向阀 4 的换向实现的。而气控换向阀要实现换向并让压缩空气进入到气缸就必须将手动控制阀 2、3 同时按下，气缸的换向才能实现。单独按下一个手动换向阀时，气缸无法完成换向。

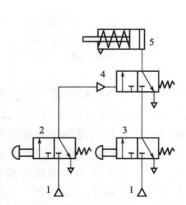
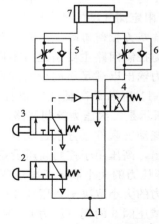

图 14-14 单作用"与"逻辑的双手操作回路　　图 14-15 双作用"与"逻辑的双手操作回路

1—气源；2,3—手动换向阀；　　　　　　　　1—气源；2,3—手动换向阀；4—气控换向阀；
4—气控换向阀；5—气缸　　　　　　　　　　5,6—单向节流阀；7—气缸

14.6 互锁回路

如图 14-16 所示为互锁回路。气缸 6 要实现换向就必须触发气控换向阀 5，通过三位四通气控换向阀 5 的换向来改变气缸的伸出或缩回状态。而气控换向阀 5 通入有压气体使气缸 6 伸出，串联在气控回路的三个机动换向阀 2～4 就必须全部处于压下状态。只要有一个机动换向阀处于释放状态，气缸 6 就不会伸出。三个机动换向阀与气缸是互锁的关系。

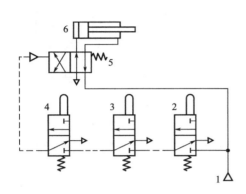

图 14-16　互锁回路
1—气源；2～4—机动换向阀；5—气控换向阀；6—气缸

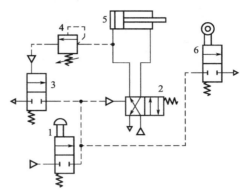

图 14-17　过载保护回路
1—手动换向阀；2,3—气控换向阀；
4—顺序阀；5—气缸；6—行程阀

14.7 过载保护回路

如图 14-17 所示为过载保护回路。按下手动控制阀 1，气控换向阀 2 换向，有压气体经气控换向阀 2 进入气缸 5 的无杆腔，活塞杆伸出，当活塞杆触发行程阀 6 时，控制气源经行程阀 6 排空，气控换向阀因失去压力而换向，气缸活塞杆缩回，完成一个工作循环。如果活塞杆伸出时所受的负载很大时，气缸无杆腔的压力升高，当压力大于顺序阀 4 的控制压力时，有压气体经顺序阀 4 作用于气控换向阀 3 使来自手动控制阀的控制气体经气控换向阀 3 排空。从而保证了气缸无杆腔的气体压力不高于顺序阀 4 所调定的压力，进而实现了系统的保护。

14.8 往复回路

如图 14-18 所示为一次往复回路，按下手动换向阀 2，有压气体经手动控制阀 2 作用于气控换向阀 3 左侧，气控换向阀换向，有压气体经气控换向阀 3 进入气缸 5 的无杆腔，活塞杆伸出，当活塞杆伸出位置到达行程阀 4 时，行程阀 4 被触发，气源 1 经行程阀 4 作用于气控换向阀 3 右侧，气控换向阀 3 换向，气源 1 经气控换向阀 3 进入气缸 5 的有杆腔，活塞杆缩回，完成一次往复运动。其中，气控换向阀 3 具有自保持功能。手动换向阀 2 按下，气控换向阀 3 换向后，要松开手动换向阀 2，使其自动复位。

如图 14-19 所示为连续往复回路，手动换向阀 3 具有定位机构，当其处于上位排空状态时，气控换向阀 2 左侧控制气体没有压力，气源 1 经气控换向阀 2 右位进入气缸 6 的有杆腔，活塞杆缩回至初始位置并压下行程阀 4。按下手动换向阀 3 使其处于接通状态，气源经手动换向阀3、行程阀4作用于气控换向阀2的左侧，气控换向阀2换向，气源1经气控换向阀2进入气缸6的无杆腔，活塞杆伸出。当伸出位置到达行程阀5时，行程阀5被压下，来自于手动换向阀3的控制气体经行程阀5排空，气控换向阀2控制气源失去压力换向，活塞杆缩回。当活塞杆缩回位置到达行程阀4时，行程阀4被压下，有压气体经手动换向阀3和行程阀4作用于气控换向阀2的左侧，活塞杆再次伸出，周而复始连续往复运动。

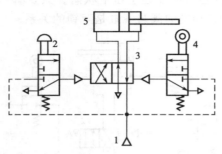

图14-18　一次往复回路

1—气源；2—手动换向阀；3—气控换向阀；4—行程阀；5—气缸

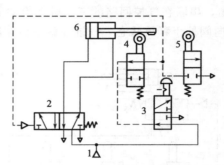

图14-19　连续往复回路

1—气源；2—气控换向阀；3—手动换向阀；4,5—行程阀；6—气缸

14.9　延时顺序动作控制回路

如图14-20所示为单向延时顺序动作控制回路，气控换向阀2右位通入有压控制气体，气源1经气控换向阀2进入气缸7的无杆腔，气缸7活塞杆伸出，气源1的另一支路经节流阀4进入气室5和气控换向阀6的左侧。气室5充入气体后压力开始增大，一定时间后，气室5的压力升高到可以克服气控换向阀6的弹簧力使其换向，气缸8开始伸出。当气缸7、8都伸出到终了位置时，气控换向阀2左侧通入控制气体时，气源1经气控换向阀2进入气缸7、8的有杆腔，气缸7、8的活塞杆同时缩回。

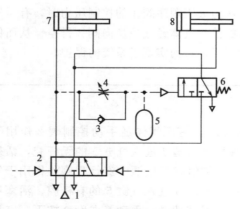

图14-20　单向延时顺序动作控制回路

1—气源；2—气控换向阀；3—单向阀；4—节流阀；5—气室；6—气控换向阀；7,8—气缸

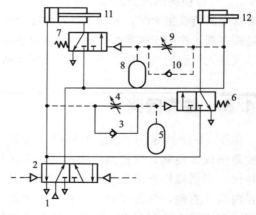

图14-21　延时双向顺序动作控制回路

1—气源；2—气控换向阀；3,10—单向阀；4,9—节流阀；5,8—气室；6,7—气控换向阀；11,12—气缸

如图14-21所示为延时双向顺序动作控制回路，原理与单向顺序动作回路近似。伸出

时，气缸 11 的活塞杆先伸出，延时后，气缸 12 的活塞杆再伸出；缩回时，气缸 12 的活塞杆先缩回，延时一定时间后，气缸 11 的活塞杆再缩回。

两个回路都是通过气室充气，实现延时动作，延时的时间通过调节气室前面的节流阀的开度来改变。开度小，延时时间长；开度大，延时时间短。

14.10 同步控制回路

如图 14-22 所示为气液联动同步控制回路。气液同步缸 5 的有杆腔充入气体，无杆腔充入液体，气液同步缸 6 的有杆腔充入液体，无杆腔充入气体。活塞杆伸出时，气液同步缸 6 排出的液体等于气液同步缸 6 充入的液体，活塞杆缩回时，气液同步缸 5 排出的液体等于气液同步缸 6 充入的液体。气液同步缸 5 的无杆腔的截面积与气液同步缸 6 的有杆腔的环形截面面积相同。这保证了气液同步缸 6 伸出和缩回的高度与气液同步缸 5 伸出和缩回的高度相同，从而实现双缸同步。双缸伸出的速度由单向节流阀 3 来调节，双缸缩回的速度由单向节流阀 4 来调节。

如图 14-23 所示为机械连接双缸同步控制回路。两个气缸的活塞杆与两个齿条相连接，两个齿轮通过一根轴连在一起。通过齿轮齿条副的机械连接来实现两者的同步。单向节流阀 3、4 用于调节活塞杆缩回和伸出的速度。

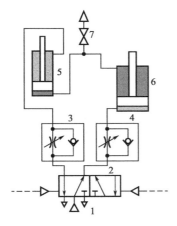
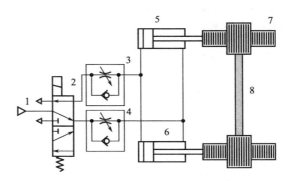

图 14-22　气液联动同步控制回路
1—气源；2—气控换向阀；3,4—单向节流阀；
5,6—气液同步缸；7—放气阀

图 14-23　机械连接同步控制回路
1—气源；2—气控换向阀；3,4—单向节流阀；
5,6—气液同步缸；7,8—齿轮齿条副

14.11 计数回路

如图 14-24 所示为计数控制回路。该回路实现的功能为：第 1、3、5…次（奇数）按下手动换向阀 2 时，气缸 8 伸出；第 2、4、6…次（偶数）按下手动换向阀 2 时，气缸 8 缩回。其工作原理是：按下手动换向阀 2，有压气体 1 经气控换向阀 3 右位进入气控换向阀 7 的左侧和气控换向阀 4 的右侧，气控换向阀 4 处于右位截止状态。气控换向阀 7 处于左位，有压气体 5 经气控换向阀 7 进入气缸 8 的无杆腔，活塞杆伸出。松开手动换向阀 2，弹簧复位，气控换向阀 3 排空，气控换向阀 4 右侧失去控制压力弹簧复位，气控换向阀 4 处于左位接通状态，有压气体 5 经气控换向阀 7、气控换向阀 4 作用于气控换向阀 3 左侧，气控换向阀 3

换向处于左位。第二次按下手动换向阀 2 时，有压气体 1 经过气控换向阀左位进入气控换向阀 7 右位和气控换向阀 6 左位，气控换向阀 6 断开，有压气体 5 经过气控换向阀 7 右位进入气缸 8 有杆腔，活塞杆缩回。手动换向阀 2 松开弹簧复位，手动换向阀 2 排空，气控阀 6 左侧的控制气体失去压力弹簧复位，气控换向阀 6 接通，有压气体 5 经气控换向阀 7 右位、气控换向阀 6 右位作用于气控换向阀 3 的右侧，气控换向阀 3 换向等待下一次手动控制阀的动作，周而复始，从而实现奇数次按下时气缸伸出，偶数次按下时气缸缩回。

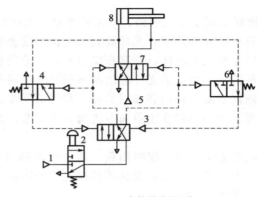

图 14-24 计数控制回路

1,5—有压气体；2—手动换向阀；3,4,6,7—气控换向阀；8—气缸

思考题与习题

14-1 按功能划分，列出几种常见的基本回路。

14-2 一次压力控制回路、二次压力控制回路有何不同？各应用于什么场合？

14-3 设计一个双作用气缸的速度控制回路。

14-4 利用双压阀设计一个双手操作回路。

14-5 利用延时阀设计一个延时换向回路。

14-6 试绘出气控回路图，要求气缸缸体左右换向，可在任意位置停止，并使其左右运动速度不等。

14-7 如图 14-25 所示为多级压力控制回路，写出各个数字对应的图形符号所代表的气动元件名称并分析其工作原理。

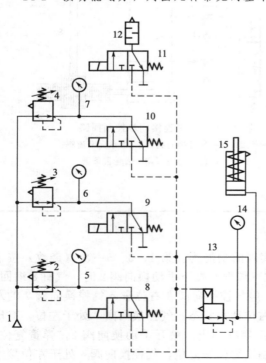

图 14-25 多级压力控制回路

第15章

典型气动系统

气动技术被广泛应用于各类工业生产中，在实现工业生产机械化、自动化、智能化方面起到了重要的作用，由于气压传动介质为压缩空气，所以气压传动系统可以在高温、振动、粉尘、易燃、易爆等恶劣的工作环境下安全、可靠地工作。本章简要介绍几种在生产中应用的气压传动控制系统实例。

15.1 气动机械手

气动机械手是以气缸、摆缸、气爪、吸盘等气动元件组成的抓取机构，它可以替代人手的部分动作来完成物料的抓取、搬运。从而实现物料的自动上下料，在自动化生产中被广泛的应用。如图15-1所示为典型的气动机械手结构示意。

本机械手由回转气缸、升降气缸、伸缩气缸、气爪等部分构成。回转气缸为齿轮齿条型摆动气缸，作用是使手臂摆动一定的角度。升降缸实现手臂的升降，伸缩缸实现手臂的伸缩。气爪的作用是抓握工件或松开工件。此气动机械手结构简单、制造成本低廉，可根据各种自动化设备的工作需要按规定的控制程序动作。

本机械手的基本工作循环是：初始位置开始（气爪松开状态）→伸缩气缸伸出→气爪夹紧工件→升降气缸升起→回转气缸逆时针摆动90°→工件抓取到位，气爪松开→伸缩气缸缩回→回转气缸顺时针摆动90°→升降气缸降下→回到初始位置开始。气动机械手气动控制系统原理如图15-2所示。

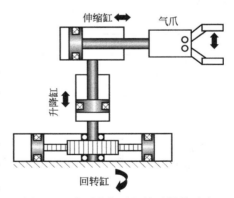

图15-1 典型的气动机械手结构示意

工作原理：气源1为气动机械手提供了动力源，即必需的压缩空气。来自气源1的压缩空气经气动三联件2分配给四个三位四通电磁换向阀。通过控制三位四通阀的电磁线圈1YA～8YA的通电、断电，控制回转气缸的摆动、升降气缸的升降、伸缩气缸的伸缩、气爪的松开与夹紧。

气动三联件的作用是：①滤除空气中的水分；②将气源的压缩空气的压力减小为系统所需的压力；③通过油雾器为以后的气动元件提供润滑；④实时显示气动系统的压力。

液压与气动技术

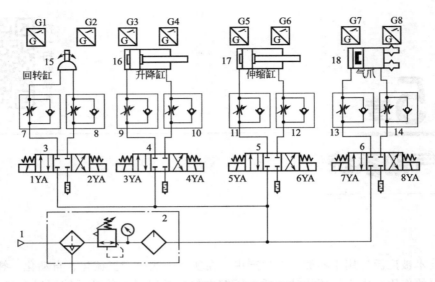

图 15-2 气动机械手气动控制系统原理

1—气源；2—气动三联件；3~6—三位四通电磁换向阀；7~14—单向节流阀；15—回转缸；16—升降气缸；17—伸缩气缸；18—气爪；G1~G8—磁性开关（位置检测）

单向节流阀 7~14 的作用是：通过调节节流阀的开度，控制各个执行元件的动作速度，同时也可减小系统冲击。

G1~G8 为位置检测的磁性开关。G1 通→摆缸逆时针旋转到位指示，G2 通→摆缸顺时针旋转到位指示，G3 通→升降缸在底部指示，G4 通→升降缸在顶部指示，G5 通→伸缩缸完全缩回指示，G6 通→伸缩缸完全伸出指示，G7 通→气爪松开指示，G8 通→气爪夹紧指示。气动机械手动作顺序见表 15-1。

表 15-1 气动机械手动作顺序

项目	回转缸		升降缸		伸气缸		气爪		回转缸		升降缸		伸缩缸		气爪	
操作对象	1YA	2YA	3YA	4YA	5YA	6YA	7YA	8YA	G1	G2	G3	G4	G5	G6	G7	G8
初始状态	+	−	−	+	−	+	−	+	断	通	通	断	通	断	通	断
伸缩缸伸出	+	−	−	+	+	−	−	+	断	通	通	断	断	通	通	断
气爪夹紧	+	−	−	+	+	−	+	−	断	通	通	断	断	通	断	通
升降缸升高	+	−	+	−	+	−	+	−	断	通	断	通	断	通	断	通
回转缸逆时针回转	−	+	+	−	+	−	+	−	通	断	断	通	断	通	断	通
气爪松开	−	+	+	−	+	−	−	+	通	断	断	通	断	通	通	断
伸缩缸缩回	−	+	+	−	−	+	−	+	通	断	断	通	通	断	通	断
回转缸顺时针回转	+	−	+	−	−	+	−	+	断	通	断	通	通	断	通	断
升降缸降低	+	−	−	+	−	+	−	+	断	通	通	断	通	断	通	断

注："+"表示电磁铁得电；"−"表示电磁铁失电。

15.2 工件夹紧气动控制装置

机床夹具气动控制系统的原理图如图 15-3 所示，本气控系统的执行元件为 A、B、C 三个夹紧气缸，通过这三个夹紧气缸来夹紧或松开工件。这个夹紧装置结构简单，工作效率高，故常用于机械加工自动线和组合机床中。

机床夹具气动控制系统工作时动作循环是：工件置位→气缸 A 活塞杆伸出夹紧→工件定位后气缸 B 和气缸 C 的活塞杆伸出→工件侧面被夹紧后加工→气缸 B、C 的活塞杆退回→气缸 A 的活塞杆退回→工件松开。

工作原理如下。

工件定位后，踩下脚踏换向阀 1，脚踏换向阀左位工作，气源 9 的压缩空气经过换向阀 1、单向节流阀 2 进入气缸 A 的无杆腔，有杆腔内的空气经过单向节流阀 3 和换向阀 1 排空，A 缸活塞杆伸出夹紧工件。工件被夹紧的同时，行程阀 4 被压下，气源 10 经行程阀 4 左位、节流阀 6 作用于换向阀 8，换向阀 8 切换为右位，压缩空气 9 经

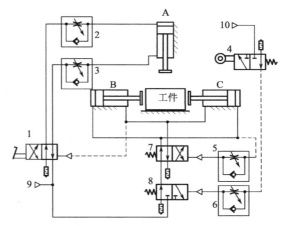

图 15-3 机床夹具气动控制系统的原理
1—二位四通脚踏换向阀；2，3，5，6—单向节流阀；
4—行程阀（二位三通机动换向阀）；
7—二位四通气控换向阀；8—二位
三通气控换向阀；9，10—气源

换向阀 8 右位、换向阀 7 左位进入夹紧气缸 B 和 C 的无杆腔，夹紧气缸 B 和 C 有杆腔的空气经过换向阀 7 排空，气缸 B 和 C 的活塞杆伸出，工件从侧面被夹紧后进行加工，同时气缸 B、C 内的压缩空气经单向节流阀 5 进入换向阀 7 右侧气室，右侧气室压力逐渐升高。待工件加工完毕时，换向阀 7 右侧气室的压力升高使换向阀 7 切换至右位，夹紧气缸 B 和 C 的有杆腔进压缩空气，无杆腔排气，夹紧气缸 B 和 C 松开。夹紧缸 B 和 C 完全松开后，有杆腔内的压力继续增大，控制气路作用于换向阀 1 的右侧使换向阀 1 切换至右位。压缩空气 9 经换向阀 1 右位、单向节流阀 3 进入夹紧气缸 A 的有杆腔，无杆腔经单向节流阀 2 至换向阀 1 排空，夹紧缸 A 活塞杆缩回，夹紧气缸 A 松开工件。至此完成一个工作循环。换向阀 7、8 换向的延时时间由其前面的单向节流阀 5、6 的开度决定，开度越小，延时时间越长；开度越大，延时时间越短。

15.3　气液动力滑台

气液动力滑台采用气-液阻尼缸作为执行元件。气液阻尼缸的活塞杆与动力滑台相连接，活塞杆的伸缩带动滑台往复运动。滑台上安装多轴箱、动力箱等动力部件或工件，因而机床上常用动力滑台来作为实现进给运动的部件。

如图 15-4 所示为气液动力滑台驱动系统原理。图中画双点划线的阀为组合阀，即阀 1～3 和阀 4～6 形成了两个组合阀。这种气液驱动的滑台可以实现两种不同工作循环。

（1）工作循环 1：快进→慢进→快退→停止

当图中阀 4 处于图示位置时（单向导通），就可实现上述循环的进给程序。其动作原理为：当手动换向阀 3 切换至右位时，发出进给指令，压缩空气经手动换向阀 1 左位、手动换向阀 3 右位进入气液阻尼缸气缸部分的上腔，气缸下腔经手动换向阀 3 排空，气缸活塞开始向下运动，气液阻尼缸中活塞下腔油液经行程阀 6 的左位和单向阀 7 进入液压缸活塞的上腔，实现了动力滑台快进；当快进到活塞杆上的挡块 B 的位置时，行程控制阀 6 换向切至右位截止状态，油液只能经节流阀 5、单向阀 7 进入气缸上腔，调节节流阀 5 的开度，即可

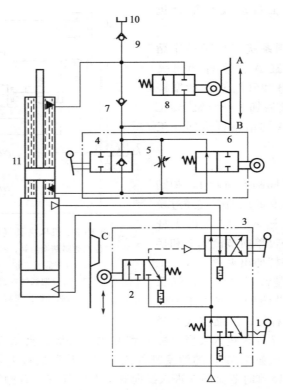

图 15-4　气液动力滑台气液驱动系统原理

1—二位三通手动带定位换向阀；2—二位三通行程阀；3—二位四通手动换向阀；4—二位二通手动换向阀；5—节流阀；6,8—二位二通行程阀；7,9—单向阀；10—油箱；11—气液阻尼缸；A~C—活动挡块

调节气液阻尼缸的运动速度。由于节流阀的节流，气液阻尼缸开始慢进。当慢进到挡块 C 的位置时，挡块 C 使行程阀 2 切换至左位，压缩空气经手动换向阀 1 左位、行程阀 2 左位，作用于手动换向阀 3 的左侧，手动换向阀 3 换向切换至左位，压缩空气经手动换向阀 1 左位、手动换向阀 3 左位进入气缸下腔，气缸活塞开始向上运动。液压缸活塞上腔的油液经换向阀 8 左位、阀 4 右位进入液压缸下腔，从而实现快退。当快退至挡块 A 的位置时，而换向阀 8 被切断，活塞就停止运动。通过改变挡块 A 的位置，就能改变"停"的位置。

(2) 工作循环 2：快进→慢进→慢退→快退→停止

将阀 4 截止（处于左位）时就可实现慢进和慢退双向进给程序，其动作原理为：工作循环（2）中的快进、慢进的动作原理与工作循环（1）相同。当慢进至挡块 C 的位置时，挡块 C 使行程阀 2 切换至左位，输出气信号使手动换向阀 3 切换至左位，压缩空气经手动换向阀 1 左位、行程阀 2 左位，作用于手动换向阀 3 的左侧，手动换向阀 3 换向切换至左位，气缸活塞开始向上运动，这时液压缸上腔的油液经机动控制阀 8 的左位、节流阀 5 进入液压活塞缸下腔，通过节流阀 5 的节流实现慢退。当慢退到挡块 B 离开阀 6 的顶杠而使其复位（处于左位）后，液压缸活塞上腔的油液就经阀 8 的左位，再经阀 6 的左位进入液压活塞缸下腔，开始快退；当快退至挡块 A 的位置位置时，换向阀 8 被切断，活塞就停止运动。

图中油箱 10 和单向阀 9 的作用是补油，当液压系统管路内的油液因为泄漏而减少时，通过油箱 10 进行补油。

习题参考答案

第 2 章

2-12 $x = \dfrac{4(F+mg)}{\rho g \pi d^2} - h$

2-13 A 处，0.025MPa；B 处，0.005MPa

2-14 $F_s = 431.97\text{N}$；$x_0 = 43.2\text{mm}$

2-15 $A_0 = 2.65 \times 10^{-5} \text{m}^2$

2-16 $q = 109.3\text{L/min}$

2-17 （1）液流从点 2 流向 1；（2）液流从点 1 流向 2

2-18 真空度 = 4764Pa

2-19 $H = 1.615\text{m}$

2-20 $v = 0.358\text{m/s}$

2-21 （1）$7.23 \times 10^{-7} \text{m}^3/\text{s}$；（2）$9.9 \times 10^{-7} \text{m}^3/\text{s}$

第 3 章

3-13 ①145L/min；②24.17kW；③26.78kW

3-14 ①159.6L/min；②0.94；③0.93；④84.77kW；⑤852.53N·m

第 4 章

4-4 484.5r/min；128.49N·m；6.52kW；8.08kW

4-5 能运动；向右运动；$v = \dfrac{\pi}{4}p(d_1^2 - d_2^2)$；$F = \dfrac{4q}{\pi(d_1^2 - d_2^2)}$

4-6 $v_1 = 13.6\text{mm/s}$；$F_1 = 42.7\text{kN}$

4-7 ①$F_1 = F_2 = 5\text{kN}$，$v_1 = 0.02\text{m/s}$，$v_1 = 0.016\text{m/s}$；②$F_1 = 5.4\text{kN}$，$F_2 = 4.5\text{kN}$；③$F_2 = 1.125\text{kN}$

第 5 章

5-11 ①0，0；②1.5MPa，1.5MPa；③5MPa，2MPa

5-12 ①6MPa、4MPa、2MPa 三种；②4MPa、2MPa 两种；③2MPa 一种

5-14 ①2.5MPa，2MPa；②4MPa，4MPa；③5MPa，5MPa

5-15 1.65MPa；0.01m/s

第 7 章

7-7 进油节流调速回路，①$7 \times 10^{-3} \text{m/s}$；②$0.65 \times 10^{-3} \text{m}^3/\text{s}$；③2.33kW；④2.9%。旁路节流调速回路，①$17.88 \times 10^{-3} \text{m/s}$；②0；③21W；④89.5%

7-8 ①$p_2 = 0.5\text{MPa}$；②$p_1 = 2 \times 10^6 \text{Pa}$；③$p_y = 2.4\text{MPa}$；④$q_1 = 37 \times 10^{-6} \text{m}^3/\text{s}$；⑤$q_y = 3.79 \times 10^{-4} \text{m}^3/\text{s}$；⑥$q_b = 14.8 \times 10^{-6} \text{m}^3/\text{s}$；⑦$v = 7.4\text{mm/s}$；⑧$P = 1390\text{W}$；⑨$\eta_c = 6.66\%$

7-9 $v = 0.0356\text{m/s}$；$q_溢 = 3.64\text{L/min}$

7-10 换向阀上位时 $p_p = p_B = 4.5\text{MPa}$、$p_c = 0$；换向阀下位时 $p_p = p_B = p_B = 6\text{MPa}$

7-11 ①$n_{max}=960$r/min、$n_{min}=0$；②$T=67.675$N·m；③$P_0=408$kW；④$\eta=0.68$

7-12 活塞运动时 $P_B=P_C=P_A=0.8$MPa；运动到终端位置时 $p_B=4.5$MPa、$p_A=3.5$MPa、$p_C=2$MPa

7-13 ①1MPa 时缸 1 动，缸 2 不动；②2MPa 时两缸同时动作；③4MPa 时缸 2 先动，到终点后，缸 1 再动。

7-14 ①$p_A=p_B=p_C=4$MPa；②活塞运动时，$p_A=p_B=p_C=3.5$MPa；活塞到终点时，$p_A=p_B=p_C=4$MPa；③活塞运动时，$p_A=p_B=p_C=0$；活塞到终点时，$p_A=p_B=4$MPa；$p_C=2$MPa

7-15 1MPa；3MPa

参 考 文 献

[1] 张利平. 液压与气动技术. 北京：化学工业出版社，2006.
[2] 左健民. 液压与气压传动. 北京：机械工业出版社，2016.
[3] 姜继海，胡志栋，王昕. 液压传动. 哈尔滨：哈尔滨工业大学出版社，2015.
[4] 许福玲，陈尧明. 液压与气压传动. 北京：机械工业出版社，2007.
[5] 赵波，王宏元. 液压与气动技术. 北京：机械工业出版社，2015.
[6] 王积伟，章宏甲，黄谊. 液压传动. 北京：机械工业出版社，2006.
[7] 张福臣. 液压与气压传动. 北京：机械工业出版社，2006.
[8] 杨培元，朱福元. 液压系统设计简明手册. 北京：机械工业出版社，2003.
[9] 崔培雪. 液压与气动技术. 北京：机械工业出版社，2014.
[10] 沈兴全. 液压传动系统设计与使用. 北京：国防工业出版社，2013.
[11] 田勇，高长银. 液压与气压传动技术及应用. 北京：电子工业出版社，2011.
[12] 韩庆瑶. 液压与气压传动. 北京：中国电力出版社，2013.
[13] 宋锦春. 液压与气压传动. 第3版. 北京：科学出版社，2014.
[14] 曹建东，龚肖新. 液压传动与气动技术. 北京：北京大学出版社，2006.
[15] 闻邦椿. 机械设计手册：液压传动与控制. 第5版. 北京：机械工业出版社，2010.
[16] 徐炳辉. 气动手册. 上海：上海科学技术出版社，2005.
[17] SMC（中国）有限公司. 现代实用气动技术. 北京：机械工业出版社，2008.
[18] 路甬祥. 液压气动技术手册. 北京：机械工业出版社，2002.
[19] 隋文臣. 液压与气压传动. 重庆：重庆大学出版社，2007.
[20] 曾忆山. 液压与气压传动. 合肥：合肥工业大学出版社，2008.
[21] 袁广. 液压与气压传动. 北京：北京大学出版社，2008.